Métodos de otimização aplicados a sistemas elétricos de potência

Blucher

NELSON KAGAN
HERNÁN PRIETO SCHMIDT
CARLOS C. BARIONI DE OLIVEIRA
HENRIQUE KAGAN

Métodos de otimização aplicados a sistemas elétricos de potência

Métodos de otimização

© 2009 Nelson Kagan
Henrique Kagan
Hernán Prieto Schmidt
Carlos César Barioni de Oliveira

1ª edição - 2009

4ª reimpressão - 2017

Editora Edgard Blücher Ltda.

Blucher

Rua Pedroso Alvarenga, 1245, 4° andar
04531-934 - São Paulo - SP - Brasil
Tel.: 55 11 3078-5366
contato@blucher.com.br
www.blucher.com.br

FICHA CATALOGRÁFICA

Métodos de otimização aplicados a sistemas elétricos de potência / Nelson Kagan ...[et al.]. - São Paulo: Blucher, 2009.

Outros autores: Henrique Kagan, Hernán Prieto Schmidt, Carlos César Barioni de Oliveira

ISBN 978-85-212-0472-5

1. Centrais elétricas 2. Correntes elétricas 3. Energia elétrica - distribuição 4. Energia elétrica - Sistemas 5. Energia elétrica - Transmissão I. Kagan, Nelson, II. Kagan, Henrique, III. Schmidt, Hernán Prieto, IV. Oliveira, Carlos César Barioni de.

08-09692 CDD-621.3191

Índices para catálogo sistemático:

1. Sistemas elétricos de potência: Engenharia elétrica 621.3191

Prefácio

Para nós que temos trabalhado por tanto tempo em técnicas de otimização, com modelos aplicados a sistemas de potência, em nossas produções acadêmicas e em soluções aplicadas principalmente a empresas de energia elétrica, é uma satisfação muito grande disponibilizar este material didático para engenheiros, alunos de graduação, pós-graduação e pesquisadores em geral.

Por vários anos temos nos dedicado ao ensino de algumas dessas técnicas aos nossos alunos de graduação e, principalmente, de pós-graduação, tentando mostrar a potencialidade das técnicas na resolução de problemas práticos de engenharia elétrica.

Foi com grande satisfação que tivemos a oportunidade de sermos patrocinados pela FINEP/MCT (Financiadora de Estudos e Projetos do Ministério da Ciência e Tecnologia) no desenvolvimento de um software didático com aplicação de técnicas de otimização a problemas de engenharia de potência. Este software, denominado OTIMIZA, tem a pretensão de ser um primeiro contato dos estudiosos nesta área, sem a necessidade de um conhecimento matemático profundo, colaborando para que os engenheiros utilizem estas técnicas realmente como ferramentas na formulação de modelos para a solução de problemas reais. Este software didático foi desenvolvido com a idéia de ser distribuído gratuitamente a Universidades e Centros de Pesquisa, facilitando o ensino e a aprendizagem de importantes técnicas de otimização que vêm sendo utilizadas pelos engenheiros por quase meio século.

O desenvolvimento da implementação computacional contou com a inestimável colaboração do engenheiro de software João Carlos Guaraldo, a quem os autores expressam sua mais sincera gratidão.

A partir da finalização do software OTIMIZA, sentimos a necessidade de um material didático de acompanhamento, o que resultou neste livro, que tem por objetivo apresentar algumas das principais técnicas de otimização, exemplos ilustrativos e, principalmente, as aplicações disponibilizadas no software OTIMIZA.

Temos também a pretensão de que, apesar das aplicações serem voltadas para os sistemas elétricos de potência, engenheiros de outras áreas consigam utilizar estas técnicas para a construção de modelos de otimização para seus problemas específicos.

Esperamos que um pouco de nossas experiências, em pesquisas e no ensino nesta área, sejam transferidas com este texto. De forma alguma imaginamos ser este material completo para os pesquisadores, mas acreditamos que seja elemento de motivação aos nossos engenheiros e pesquisadores na produção de modelos que vislumbrem eficiência e produtividade, para melhoria da nossa sociedade.

Os Autores

Conteúdo

1 Técnica para Solução de Problema de Otimização

1.1 INTRODUÇÃO

Este livro apresenta soluções para diversos problemas de otimização normalmente encontrados em Sistemas Elétricos de Potência, com particular destaque para os Sistemas de Distribuição de Energia Elétrica. O livro destina-se a engenheiros eletricistas e pesquisadores da área, e também a estudantes de engenharia elétrica que estejam cursando o último ano de graduação ou desenvolvendo programa de pós-graduação. Conhecimentos básicos de sistemas trifásicos e valores por-unidade (pu) são suficientes para acompanhar o desenvolvimento dos tópicos.

O livro está organizado a partir dos métodos de otimização empregados (Programação Linear, Programação Dinâmica, etc.), mas procura colocar a ênfase nos problemas abordados através desses métodos (aplicações). Através da compreensão dos tópicos apresentados, o objetivo principal do livro é incentivar o leitor a formular e resolver outros problemas que sejam relevantes em sua vida profissional ou acadêmica.

Um aspecto fundamental do livro é a ferramenta computacional que o acompanha, o software denominado OTIMIZA Esta ferramenta pode ser obtida livremente na rede Internet (endereço **http://www.blucher.com.br**, opção downloads). Desta forma, o leitor poderá dispor sempre da versão mais atual do sistema. O sistema apresenta uma interface homem-máquina bastante amigável que torna o processo de entrada de dados e análise de resultados muito fácil, além de contar com um abrangente sistema de ajuda ("help"). O software tem por finalidade permitir desenvolvimento rápido de casos de estudo, contribuindo de forma significativa para o aprendizado dos tópicos.

Cumpre destacar que o livro, pelo seu foco orientado às aplicações em sistemas elétricos, não constitui uma referência completa no tema geral de métodos de otimização. Para aprofundar o estudo dos métodos de otimização em si, o leitor deverá consultar as referências listadas ao fim de cada capítulo.

1.2 MODELAGEM DOS PROBLEMAS

Cada um dos problemas de otimização tratados neste livro pode ser formulado de diversas maneiras. Dependendo de como um problema é modelado, uma técnica para o seu tratamento pode se mostrar mais ou menos adequada que as demais, e os resultados obtidos também podem diferir significativamente.

A seguir são apresentadas algumas definições fundamentais no desenvolvimento do livro.

a) **Funções objetivo:** os problemas podem ser tratados considerando-se a otimização de uma única função objetivo, ou então duas ou mais funções. Ou seja, é possível modelar um problema com um único objetivo ou com múltiplos objetivos. Alguns exemplos de atributos de otimização que podem ser utilizados em problemas de sistemas de potência:
   - Custos de investimento, também chamados de custos de instalação ou fixos.
   - Custos operacionais, geralmente representados pelos custos das perdas elétricas, também chamados de custos variáveis.
   - Índice de confiabilidade, geralmente representado pela END — energia não distribuída.
   - Número de chaves manobradas.

b) **Número de estágios:** para a solução de alguns problemas devem ser consideradas suas condições em múltiplos estágios, enquanto que outros podem ser modelados considerando-se um único estágio. O problema de planejamento da expansão de um sistema elétrico deve considerar vários estágios (normalmente em anos), ou seja, é preciso determinar a configuração do sistema, com os reforços necessários, a cada estágio (ano a ano). O problema de reconfiguração da rede numa condição de emergência, por sua vez, pode ser modelado como um problema de um único estágio.

c) **Restrições:** os problemas podem ser modelados considerando-se restrições técnicas, econômicas, ou de outra natureza. Podem ser citadas, por exemplo:
   - 1ª lei de Kirchhoff ou balanço de demanda.
   - 2ª lei de Kirchhoff.
   - Carregamento máximo de condutores, chaves e transformadores.
   - Queda de tensão máxima ao longo da rede.

- Radialidade da rede, ou seja, configuração do sistema com todos os alimentadores operando de forma radial, sem fechamento de malhas.
- Restrições financeiras/orçamentárias.
- Número máximo de chaves que podem ser manobradas.

d) **Incertezas:** com relação a este aspecto, os problemas podem ser modelados com três enfoques:

- Determinístico, quando não se consideram aspectos de incertezas, ou se consideram simplesmente através da simulação do modelo determinístico com análise de sensibilidade sobre alguns parâmetros de interesse.
- Probabilístico, quando alguns parâmetros do problema são considerados como variáveis aleatórias.
- Possibilístico, quando as incertezas são tratadas através da teoria dos conjuntos difusos.

1.3 TÉCNICAS PARA RESOLUÇÃO DOS PROBLEMAS

As técnicas utilizadas para o tratamento dos problemas tratados neste livro podem ser classificadas em três grupos:

- Técnicas baseadas na utilização de métodos de otimização clássicos;
- Modelos híbridos, que utilizam métodos de otimização em conjunto com métodos heurísticos;
- Técnicas que utilizam conceitos ou ferramentas da área de Inteligência Artificial.

Os métodos de otimização baseiam-se na utilização de técnicas de programação matemática, que têm por escopo a otimização de alguma(s) função(ões) objetivo sujeita(s) a um conjunto de restrições. Neste trabalho são consideradas as seguintes definições:

- **Programação linear:** tem por objetivo a maximização ou minimização de uma função linear sujeita a restrições representadas por equações e inequações lineares.
- **Programação inteira:** utilizada em problemas de otimização nos quais todas as variáveis são inteiras. Um problema de programação linear em que todas as variáveis são inteiras, é também chamado de problema de programação linear inteira ou de programação linear inteira pura.
- **Programação linear inteira mista:** utilizada em problemas de programação linear em que parte das variáveis são inteiras e parte são contínuas.

- **Programação não linear:** tem por objetivo a maximização ou minimização de uma função não linear, sujeita a restrições lineares ou não lineares.
- **Algoritmos de transporte:** algoritmos de programação linear específicos para o tratamento de problemas de fluxo em redes.
- **Programação dinâmica:** tem por objetivo o tratamento de problemas de otimização com múltiplos estágios.

Muitos dos modelos desenvolvidos para o tratamento de problemas de sistemas de potência utilizam uma ou mais destas técnicas. Outros, entretanto, utilizam uma combinação destes algoritmos com regras ou procedimentos heurísticos, com duas finalidades básicas:

- Reduzir o esforço computacional, em termos de tempo de processamento.
- Possibilitar a consideração de alguns aspectos difíceis de serem incorporados nos modelos de otimização.

Heurística pode ser definida como uma técnica que, baseada em informações específicas do domínio de um problema, permite melhorar a eficiência de um processo de busca.

A utilização adequada de heurísticas em conjunto com técnicas de otimização possibilita a manutenção de um certo grau de precisão na solução de um problema, enquanto assegura convergência e tempos de processamento aceitáveis.

O uso de regras ou procedimentos heurísticos pode apresentar vantagens e desvantagens quando se faz uma comparação com os métodos de otimização puros. A utilização de heurísticas adequadas ao problema possibilita que o espaço de busca de soluções seja convenientemente reduzido, permitindo assim que vários aspectos do problema sejam modelados simultaneamente, sem que o esforço computacional seja proibitivo. Além disso, pode-se incorporar aspectos que são de difícil modelagem (ou mesmo que não podem ser modelados) quando se utilizam somente algoritmos de programação matemática.

Por outro lado, a utilização de heurísticas deve ser criteriosa pois, com a sua utilização, geralmente não se pode mais garantir que a solução "ótima" seja encontrada e, o que é mais grave, a utilização de heurísticas inadequadas pode levar a soluções errôneas ou mesmo impossibilitar a resolução do problema.

A aplicação prática de técnicas de Inteligência Artificial (IA) na área de sistemas de potência vem crescendo consideravelmente nos últimos anos. Algumas técnicas têm sido bastante utilizadas:

- **Sistemas especialistas:** são sistemas dedicados baseados em regras, com uma arquitetura composta por uma base de dados, uma base de conhecimento e um mecanismo de inferência. Baseiam-se na aquisição de conhecimento de especialistas no assunto. A idéia central é de que o sistema será capaz de fazer conclusões similares às dos especialistas, utilizando as informações deles obtidas e transformadas em conjuntos de regras (geralmente do tipo *if-then-else*).

- **Redes neurais artificiais:** baseiam-se na reprodução de alguns processos conhecidos do funcionamento do cérebro humano. Seus elementos principais são os neurônios e suas interligações. O aprendizado ocorre pelo treinamento da rede, que é o ponto chave para o seu bom funcionamento. Normalmente o treinamento da rede consome um tempo considerável, e alterações no sistema em análise podem requerer um novo processo de treinamento. Quando bem aplicadas, podem produzir resultados muito rápidos para problemas bastante complexos.
- **Métodos de busca heurística:** são técnicas utilizadas para direcionar o processo de busca em problemas combinatórios, e que formam o núcleo da maior parte dos sistemas de inteligência artificial. Existem muitas destas técnicas, e algumas delas serão detalhadas no Capítulo 6.
- **Algoritmos genéticos:** trata-se de uma técnica que se baseia nos princípios evolucionários de seleção natural de Darwin. Os elementos que definem um estado do problema formam uma população, e são representados por cromossomos, que por sua vez são constituídos por genes. Utilizando-se de analogias com mecanismos biológicos como cruzamento, mutação e sobrevivência dos mais aptos, novas populações vão sendo sucessivamente geradas. Ou seja, cada população representa um estado do problema, com a tendência de que cada nova geração seja melhor que as anteriores, caminhando em direção à solução "ótima" procurada.
- **Recozimento simulado (*simulated annealing*):** é uma estratégia de busca baseada numa analogia entre a minimização de uma função objetivo (por ex., minimização do custo) e a obtenção de um estado de mínima energia em sistemas físicos. Recozimento (*annealing*) é um processo metalúrgico pelo qual um material, a partir de sua temperatura de fusão (alto nível de energia), é lentamente resfriado até que seja obtida uma configuração cristalina estável. O objetivo desse processo é o de produzir um estado final de mínima energia.

1.4 ORGANIZAÇÃO DO LIVRO

Cada capítulo é organizado da mesma forma: inicialmente apresenta-se o método de otimização correspondente, seguido de uma aplicação no âmbito de sistemas elétricos de potência. A formulação do problema é apresentada no maior grau de detalhe possível, pois considera-se que a etapa de formulação é fundamental para o sucesso da solução do problema. Finalmente apresenta-se a solução de um problema exemplo utilizando o software OTIMIZA e discute-se os resultados alcançados. Alguns dos problemas abordados, como é o caso da configuração de redes de distribuição com minimização de perdas, são resolvidos através de vários métodos e por isso aparecem em vários capítulos.

O Capítulo 2 trata da Programação Linear (PL), na qual são abordados problemas de otimização onde tanto a função objetivo como as restrições são representadas por funções lineares nas variáveis de decisão. O método utilizado neste caso é o conhecido Simplex, desenvolvido há mais de quarenta anos. Para ilustrar inicialmente a utilização de programação linear, são apresentados dois exemplos ilustrativos bastante simples. O primeiro deles é resolvido pelo método SIMPLEX. O segundo, que trata do problema de minimização de perdas em redes de distribuição, mostra como a programação linear pode ser utilizada para modelar, de forma aproximada, este tipo de problema. Também, neste capítulo, apresenta-se uma ferramenta disponível no software Otimiza, que permite com que o estudioso escreva as suas próprias formulações de PL para o aplicativo achar a solução ótima. O software OTIMIZA conta também com duas aplicações específicas para otimização em redes de distribuição. A primeira aplicação trata da alocação de bancos de capacitores em redes de distribuição, tendo por objetivo minimizar o custo de capacitores para atender a um perfil de tensão, isto é, com tensões nas barras dentro de faixa aceitável. A segunda aplicação trata da avaliação de áreas de influência de subestações de distribuição, apresentando um modelo bastante simples para definição de como as subestações de uma região devem atender os consumidores instalados em diversos centros de carga.

O Capítulo 3 aborda a Programação Linear Inteira (PLI), onde a função objetivo e as restrições são também representadas por funções lineares e algumas das variáveis de decisão (ou todas) podem ser do tipo binário (assumindo valores 0 ou 1 somente) ou do tipo inteiro (assumindo valores inteiros). Para tratamento do problema de programação linear inteira, são apresentados dois métodos de solução. O primeiro, trata de método de enumeração implícita, que é adequado para programação inteira binária, ou seja, na qual todas as variáveis do problema assumem valores 0 ou 1. O segundo método trata do algoritmo *Branch-and-Bound*, que pode ser utilizado para quaisquer tipo de problemas de programação linear inteira, seja no caso de variáveis binárias ou inteiras, seja para o caso no qual todas as variáveis ou parte delas são inteiras, este segundo caso denominado de Programação Linear Inteira Mista (PLIM). Os exemplos ilustrativos tratam de duas aplicações apresentadas de forma bastante simples. O primeiro exemplo é relacionado ao planejamento de uma pequena rede elétrica e o segundo exemplo é relacionado a minimização de investimentos em um pequeno sistema de distribuição. Em ambos os casos, o procedimento de busca da solução é mostrado, de forma que o leitor tem um melhor entendimento dos métodos em casos aplicados. Também é mostrada ferramenta do software OTIMIZA que permite com que o estudioso escreva as suas próprias formulações PLIM para depois a solução ser determinada pela utilização do método *Branch-and-Bound*. No software Otimiza, são realizadas duas aplicações de PLI. A primeira trata do problema de priorização de obras, no qual deseja-se maximizar o benefício global de um conjunto de obras a serem realizadas, com algumas restrições, dentre elas o limite orçamentário. Este problema é tratado com os dois métodos, por poder ser formulado através de programação linear binária, isto é, pode ser resolvido pelo método de enumeração implícita e pelo algoritmo *Branch-and-Bound*. A segunda aplicação trata do problema de despacho da geração, no qual a função custo de cada unidade geradora é não linear (função côncava). Neste caso, uma formulação PLIM permite o tratamento do problema de forma adequada. Este mesmo problema é tratado no Capítulo 5, através da aplicação de programação dinâmica.

O Capítulo 4 trata do Problema de Transporte, o qual constitui uma especialização do problema geral de Programação Linear. Neste caso o algoritmo Simplex é também aplicável, porém isso não é normalmente feito por considerações de eficiência computacional. Como o Problema de Transporte apresenta uma estrutura especial na matriz dos coeficientes das restrições, algoritmos específicos foram desenvolvidos com a finalidade de explorar estas particularidades do problema. Neste caso é apresentado o algoritmo conhecido por *Out-of-Kilter*, bastante consagrado, que permite resolver o problema de transporte de forma bastante eficiente. Três aplicações foram implementadas no software OTIMIZA A primeira delas trata do problema de minimização de perdas em sistemas de distribuição, apesar de não serem consideradas restrições de radialidade da rede e também as perdas serem linearizadas, trata-se de uma aplicação interessante para a determinação da melhor configuração para operação da rede de distribuição; nos locais onde o fluxo de potência resultante é nulo, a aplicação automaticamente abre a chave correspondente, o que possibilita a determinação do estado das chaves existentes na rede. A segunda aplicação trata do problema de planejamento de sistemas de distribuição, que consiste em uma formulação PLIM que pode ser resolvida pelo método de *Out-of-Kilter* de maneira integrada com o método *Branch-and-Bound*. Nesta aplicação, é dado enfoque para o aspecto de múltiplos objetivos em problemas de otimização, quando formulam-se duas funções objetivo, quais sejam o custo de investimento e perdas na rede e a energia não distribuída, que consistem dois objetivos, conflitantes, a serem minimizados. A terceira aplicação consiste no problema de planejamento de sistemas de distribuição através da aplicação dos métodos de *Branch-and-Bound* e *Out-of-Kilter*. Todas as aplicações fornecem relatórios texto com a formulação PL ou PLIM que permite com que o estudioso entenda em detalhes os modelos. Estas formulações são escritas em formato compatível que permite a utilização da ferramenta de resolução de problemas PL e PLIM existentes no software OTIMIZA

A Programação Dinâmica é abordada no Capítulo 5. O texto trata da programação dinâmica, apresentando esta técnica que permite o tratamento de problemas com múltiplos estágios, como é o caso de várias situações reais da engenharia que devem ser resolvidas por técnicas de otimização. É interessante notar que, quando esta técnica pode ser aplicada, podem ser utilizadas funções objetivo e restrições não lineares. O software OTIMIZA conta com duas aplicações para esta técnica. A primeira aplicação consiste no problema de despacho da geração, mesmo problema tratado no Capítulo 3, por formulação PLIM. A segunda aplicação trata do problema de política ótima de transformadores de distribuição, quando deseja-se avaliar quais são os transformadores que devem ser utilizados, em um dado horizonte de planejamento, num determinado local com crescimento de carga pré-definido, de modo que o custo operacional seja mínimo. As aplicações são ilustradas através de árvores de decisão utilizadas no processo de solução por PD, o que facilita o entendimento.

O Capítulo 6 trata da Busca Heurística. Neste capítulo são tratadas diferentes técnicas de busca (busca em profundidade, busca em amplitude, etc.), bem como diferentes estratégias para a solução de problemas. Um primeiro exemplo ilustrativo mostra como busca heurística pode ser utilizada para o planejamento de um pequeno sistema de distribuição de energia elétrica, o que permite mostrar como diferentes técnicas de busca permitem a determinação de soluções de formas distintas, afetando principalmente na eficiência do processo. O software OTIMIZA também conta com aplicação utilizando técnicas de busca heurística; o problema considerado consiste na reconfiguração de sistemas de distribuição, quando um defeito ocorre em dado ponto do sistema. A aplicação conta com recursos para isolar o bloco defeituoso a partir de abertura de chaves e determinação da melhor configuração para atendimento dos blocos que resultaram desenergizados.

O Capítulo 7 aborda a técnica de Algoritmos Evolutivos, a qual possui a importante vantagem de ser muito flexível em sua adaptação a problemas de otimização em geral, o que explica seu grande sucesso nas aplicações em engenharia elétrica. A base de algoritmos evolutivos é explicada neste capítulo, sendo basicamente considerados os algoritmos genéticos e as estratégias evolutivas. Três exemplos ilustrativos permitem uma maior familiaridade com os algoritmos evolutivos: a minimização de perdas de uma rede com duas alternativas de suprimento, a minimização de investimentos no planejamento de um pequeno sistema de distribuição e o despacho econômico de uma unidade de geração distribuída em rede de distribuição. O software OTIMIZA conta com duas aplicações. A primeira trata do problema de alocação de unidades de geração distribuída em redes de distribuição, e a segunda trata do problema de reconfiguração de redes, onde se determina o estado das chaves para que as perdas no sistema sejam mínimas e os critérios técnicos de carregamento dos componentes do sistema sejam atendidos.

Finalmente, o Capítulo 8 aborda alguns aspectos específicos da Programação Não-Linear (PNL). Devido às dificuldades próprias dos problemas não lineares, a PNL é uma área relativamente menos desenvolvida que a área de Programação Linear. Conseqüentemente, na PNL há menos opções ou então opções menos robustas de algoritmos destinados à solução de problemas. No Capítulo é abordado o Método de Newton com Derivadas Segundas (Matriz Hessiana), cuja aplicação é particularmente atraente em problemas quadráticos (problemas nos quais a função objetivo não-linear é representada por uma função quadrática). Inicialmente considera-se o problema de obter a distribuição de correntes em uma rede elétrica de forma a minimizar a perda total e respeitando restrições da Primeira Lei de Kirchhoff e de carregamento máximo das ligações. Neste caso considera-se que a rede pode operar em malha, porém com configuração fixa (as chaves existentes na rede não têm seu estado aberto/fechado alterado). Posteriormente inclui-se o estado das chaves no conjunto de variáveis de decisão do problema, e o objetivo passa a ser reconfigurar a rede (isto é, determinar o estado das chaves) para minimizar a perda total, respeitando as restrições anteriores e ainda a restrição de radialidade da rede, a qual ocupa um papel fundamental em sistemas de distribuição. Os dois problemas tratados neste capítulo foram formulados como problemas quadráticos convexos e resolvidos através do Método de Newton com Derivadas Segundas. Ambas aplicações foram incorporadas no software Otimiza, cuja utilização nos dois casos é ilustrada através de exemplos.

2 Programação Linear

2.1 INTRODUÇÃO

Neste capítulo, apresenta-se, de forma sucinta, como a programação linear se enquadra nos problemas de tomada de decisão, de modo que o engenheiro de potência tenha uma familiaridade maior com a formulação geral do problema e tenha condições de modelar problemas utilizandos esta importante técnica de otimização. Além disso, apresenta-se uma breve descrição do método tradicional de cálculo SIMPLEX.

O primeiro estudo abrangente da programação linear, contendo aspectos de modelagem e resolução (no caso, o algoritmo SIMPLEX), foi realizado em 1947, por Dantzig [4], com base em problemas militares de atribuição de atividades.

Um grande número de problemas, tratados por técnicas de otimização, podem ser resolvidos diretamente, ou através de simplificações e condições para utilização, através de técnicas de Programação Linear – PL, formulados por meio de funções lineares.

Nas relações lineares, todos os termos consistem em apenas uma variável contínua elevada a primeira potência, conforme é mostrado na equação:

$$
\begin{aligned}
&f(x) = a_1 x_1 + a_2 x_2 + \ldots + a_n x_n \\
&x \in \Re^n \\
&a_i \in \Re,\ i = 1,\ldots,n
\end{aligned}
$$

O problema clássico de programação linear consiste na alocação de recursos limitados a atividades em competição, de forma ótima. Dentre os exemplos clássicos, podem ser citados o da dieta ótima, no qual o decisor, no caso um nutricionista, deseja elaborar uma refeição com combinação de ingredientes de menor custo e que atenda exigências mínimas de nutrientes. Os dados de entrada do problema são os custos unitários dos ingredientes e as quantidades de nutrientes por unidade de ingrediente e as quantidades mínimas de nutrientes necessários e máximas de gorduras maléficas.

De uma forma geral, a utilização de técnicas de otimização requer os seguintes passos: (i) definição do problema, (ii) aplicação de técnica de resolução e (iii) análise de sensibilidade da solução. Os dois primeiros passos serão contemplados neste texto. Para melhor ilustrar a aplicação de programação linear, são apresentados dois exemplos ilustrativos bastante simples, que permitem vislumbrar a modelagem de problemas em engenharia de potência. Finalmente, são mostradas as aplicações disponibilizadas no software OTIMIZA.

2.2 DEFINIÇÃO DO PROBLEMA MATEMÁTICO

A definição do problema matemático tem como meta estabelecer relações necessárias para que a decisão seja tomada com a máxima racionalidade.

As etapas tradicionais para a definição do problema matemático são:

- **Escolha das variáveis de decisão:** as variáveis de decisão são aquelas que, geralmente, fornecem diretamente a solução do problema: no caso da programação linear, será formada por um vetor de variáveis, $x \in \Re^n$, com $\text{x} = [x_1\ x_2 \ldots x_n]^t$.
- **Função objetivo:** no processo de tomada de decisão deseja-se, em geral, otimizar um objetivo, que consiste, por exemplo, em maximizar o lucro, ou um certo índice de qualidade, ou minimizar os custos, etc. Estes objetivos, no caso da programação linear, devem ser representados através de relações lineares das variáveis de decisão do problema.
- **Espaço de soluções:** o espaço de soluções é delimitado através de um conjunto de equações e inequações lineares, denominadas de restrições do problema. Supondo um conjunto de m restrições, representadas por funções g_j, tem-se:

$$g_j(x) = a_{1j}x_1 + a_{2j}x_2 + \ldots + a_{nj}x_n \{\leq, =, \geq\}\ b_j,\ j = 1,\ldots,m$$

A Figura 2.1 ilustra um espaço de soluções, com duas variáveis de decisão, x_1 e x_2, delimitado por 6 restrições lineares g_1 a g_6, formando uma região viável, isto é, um conjunto de possíveis valores do vetor de decisão que satisfaz as restrições. A figura também ilustra como uma determinada solução pode ser refletida no espaço da função objetivo.

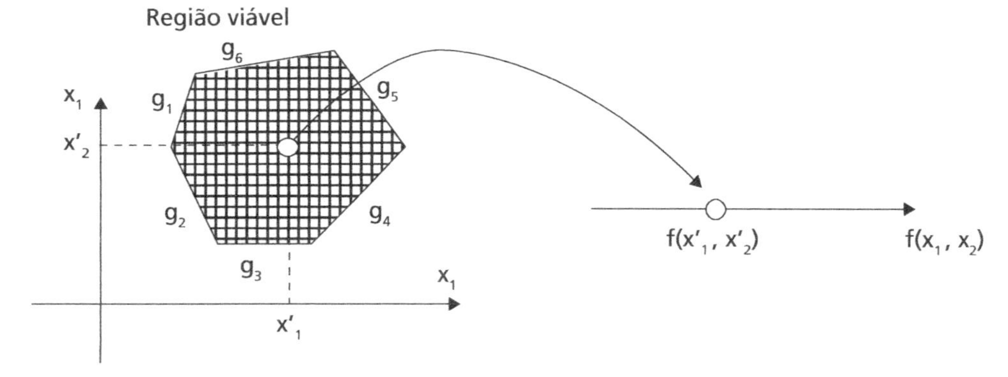

Figura 2.1 - Ilustração de espaço de soluções e função objetivo

De forma matemática, o problema pode ser apresentado na formulação abaixo, que configura a forma padrão canônica de um PL:

max/min $c_1x_1 + c_2x_2 + \ldots + c_nx_n$

sujeito às restrições:

$a_{11}.x_1 + a_{12}.x_2 + \ldots + a_{1n}.x_n \ (\leq, =, \geq) \ b_1$

$a_{21}.x_1 + a_{22}.x_2 + \ldots + a_{2n}.x_n \ (\leq, =, \geq) \ b_2$

...

$a_{m1}.x_1 + a_{m2}.x_2 + \ldots + a_{mn}.x_n \ (\leq, =, \geq) \ b_m$

$x_i \geq 0$, i = 1,...,n

A formulação apresentada é denominada de programa **primal** de programação linear. Pode-se também definir a forma dual de representação do mesmo problema[2][3], porém esta não será tratada aqui neste texto.

2.3 INTRODUÇÃO AO MÉTODO SIMPLEX

A forma canônica em sua representação matricial, para a aplicação do método de solução denominado SIMPLEX, é mostrada abaixo:

max $\mathbf{cx}$

sujeito a:

$\mathbf{Ax} \leq \mathbf{b}$

$\mathbf{x} \geq 0$

Onde **c** representa o vetor de coeficientes da função objetivo linear, a matriz ***A*** contém os coeficientes de m restrições lineares do problema e b representa o vetor de termos conhecidos, ou também o segundo membro das restrições. A aplicação do método SIMPLEX tem como fundamento os requisitos de um programa linear, apresentados a seguir. A comprovação destes requisitos pode ser encontrada em Novaes [1] e Ignizio e Cavalier [2].

- Conjunto de soluções viáveis convexo: o espaço definido pelo conjunto de restrições lineares é convexo ou seja, qualquer combinação linear de duas soluções quaisquer pertencentes a este espaço também é viável. As Figuras (2.2a) e (2.2b) mostram exemplos de espaços convexo e não convexos em problema de duas variáveis.

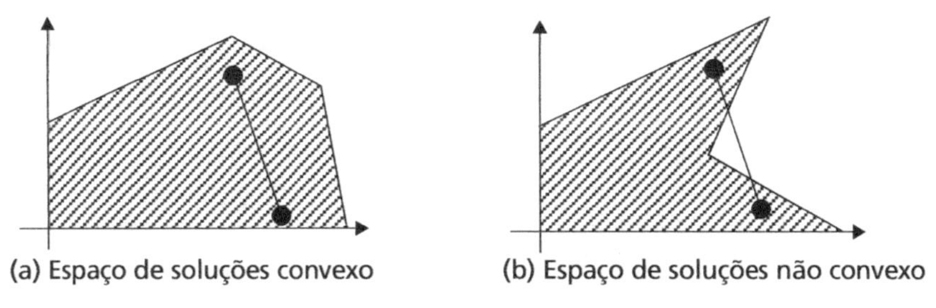

(a) Espaço de soluções convexo
(b) Espaço de soluções não convexo

Figura 2.2 - Convexidade

- Ótimo em ponto extremo do conjunto de soluções: dada uma função objetivo linear e um espaço de soluções definido por restrições lineares, a solução ótima do problema corresponde a um vértice ou aresta do poliedro definido. A Figura 2.3 ilustra esta característica de problemas de programação linear.

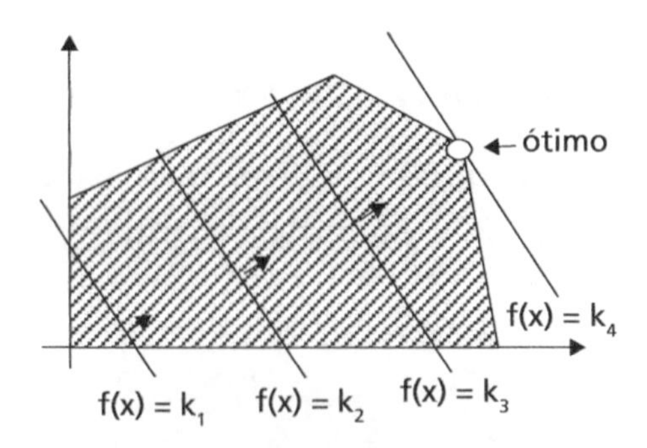

Figura 2.3 - Ótimo em extremo da região viável

- Vértices do poliedro viável correspondem a soluções básicas do problema de programação linear, conforme ilustrado na Figura 2.4.

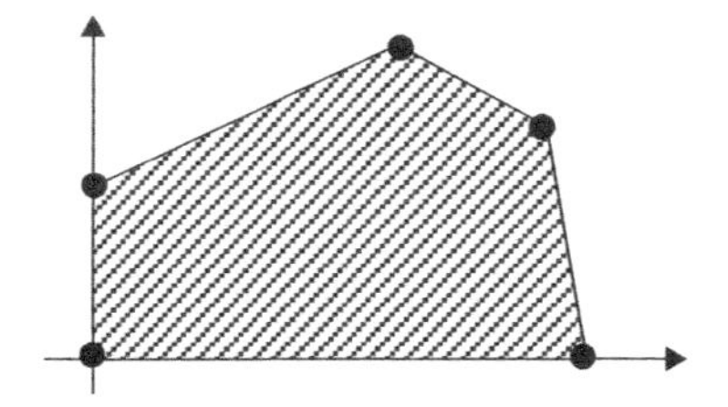

Figura 2.4 - Bases do problema PL são vértices da região viável

A primeira etapa do algoritmo SIMPLEX consiste na construção da forma básica inicial do problema. A forma básica inicial para o problema na forma canônica da equação, apresentada abaixo, é obtida diretamente através do acréscimo de variáveis residuais para cada uma das restrições do tipo menor ou igual.

max $\boldsymbol{cx}$

sujeito às restrições:

$\boldsymbol{Ax} + \boldsymbol{Ix_r} = \boldsymbol{b}$

$\boldsymbol{x} \geq 0$

$\boldsymbol{x_r} \geq 0$

As soluções básicas, correspondentes aos vértices do poliedro que define a região viável do problema, consistem em soluções do problema com no máximo m variáveis positivas, onde m corresponde ao número de restrições do problema formulado.

A solução básica inicial do problema consiste em se assumir todas as variáveis que formam o vetor x nulas. Esta hipótese é válida desde que o vetor x nulo pertença à região viável. Ou seja, as variáveis que formam a solução básica serão as próprias variáveis residuais do problema na sua forma básica inicial. Conforme mencionado anteriormente, cada solução básica do problema corresponde a um vértice da região viável. O método SIMPLEX consiste em se movimentar de vértice em vértice da região viável, até que seja comprovado que a função objetivo não pode sofrer melhoria, ou seja, que o ótimo foi alcançado. Para se movimentar de um vértice para o outro, o procedimento consiste em se retirar uma variável da base e inserir uma variável não básica (nula) na base. Assim, os passos para a obtenção da base ótima do espaço de soluções, após a escolha da base inicial, são apresentados a seguir:

- **Escolha da variável que entra na base:** a variável escolhida para entrar na base, ou seja sair do limite inferior, normalmente zero, e entrar na base, é a variável que permite o maior ganho unitário positivo na função objetivo.

- **Escolha da variável que sai da base:** a variável escolhida para sair da base consiste na variável que proporciona o maior acréscimo na variável que entra na base. Esta variável consiste na variável que atinge em primeiro lugar o limite inferior, normalmente zero.
- **Condição de otimalidade:** a condição de otimalidade é atingida quando o vértice ou a aresta do poliedro é tal que não exista ganho positivo da entrada de qualquer variável não básica na base.

A transformação da forma canônica para a forma básica é imediata quando todas as restrições são do tipo menor ou igual. A condição inicial de todas as variáveis do vetor x serem nulas constitui um ponto da região viável.

Porém, nos casos em que existem restrições do tipo maior ou igual, ou igual, é necessário proceder a uma fase de preparação para a obtenção de base inicial. Neste caso, para cada restrição, conforme o tipo de operador, os procedimentos descritos a seguir são percorridos:

- **Operador** $\leq$: neste caso é acrescida variável residual para que a restrição se torne uma igualdade.
- **Operador** $\geq$: neste caso é acrescida variável residual, com coeficiente unitário e com sinal negativo para a restrição se tornar uma igualdade. A seguir é acrescida uma variável básica artificial com coeficiente unitário e positivo.
- **Operador** $=$: neste caso é acrescida variável básica artificial com coeficiente unitário e positivo.

Nos casos em que existe o acréscimo de variável básica artificial é necessário se utilizar de metodologia para que o problema seja descrito somente em função das variáveis do problema original e das variáveis residuais. Um método comumente utilizado é o "Big M" no qual à função objetivo original são acrescidos termos das variáveis artificiais com coeficientes muito negativos. Estas variáveis naturalmente tendem a sair da base, ou se anularem, criando a base desejada e o problema na forma inicial. O segundo método que é denominado de método das duas fases é descrito a seguir.

No método de duas fases, o primeiro problema tem como objetivo obter base inicial que contenha variáveis iniciais do problema e variáveis residuais. Para a obtenção da base inicial a função objetivo original, na qual os coeficientes das variáveis artificiais são nulos, é substituída por função objetivo para a primeira fase. Esta função tem coeficientes negativos para as variáveis artificiais e nulo para as demais.

O intuito da primeira fase, considerando-se um problema de maximização, é naturalmente, pelo fato dos coeficientes negativos na função objetivo da primeira fase, levar as variáveis artificiais que participam da base inicial se anularem saindo da base. Após a solução da primeira fase, a função objetivo é devidamente modificada e então o processo continua, porém a partir de uma base que constitui solução viável e que permite a aplicação do procedimento original.

2.4 EXEMPLOS ILUSTRATIVOS

Neste item é apresentado um problema didático da engenharia elétrica, no qual são aplicados conceitos da programação linear.

2.4.1 Exemplo 1 — Maximização de Produção de Energia

Para ilustrar a aplicação de PL, considere o seguinte problema:

> "Um produtor independente dispõe de 2 unidades de geração, que podem ser conectadas ao sistema elétrico em pontos distintos, para a venda do excedente de energia elétrica que são capazes de produzir. Tanto os custos de produção quanto as tarifas negociadas para a venda de energia são distintos para os 2 geradores. O produtor deseja vender o máximo possível de energia, seguindo entretanto seu plano de negócios, que não permite gastar acima de um valor pré-estabelecido para a produção de energia elétrica."

Dados do problema:

	Gerador 1	Gerador 2
Capacidade de produção (MWh)	5.000	7.000
Custo de produção (R$/MWh)	50	100
Tarifa de venda (R$/MWh)	90	120
Máximo custo de produção total (R$)	800.000	

A formulação PL correspondente ao problema, na qual x_1 representa a energia vendida pelo Gerador 1 e x_2 representa a energia vendida pelo Gerador 2, é dada por:

$$\max Z = 90x_1 + 120x_2$$

s.a.

$$x_1 \leq 5.000$$

$$x_2 \leq 7.000$$

$$50x_1 + 100x_2 \leq 800.000$$

$$x_1, x_2 \geq 0$$

A Figura 2.5 apresenta a interpretação geométrica do problema, mostrando a região viável de possíveis soluções do problema, ou seja, região onde todos os valores de x_1 e de x_2 atendem ao conjunto de restrições estabelecidas. A Figura 2.6 apresenta a solução do problema, na qual as diversas retas em paralelo correspondem diferentes valores da função objetivo. A reta de máximo valor, que tangencia a região viável em um vértice corresponde à solução ótima do problema.

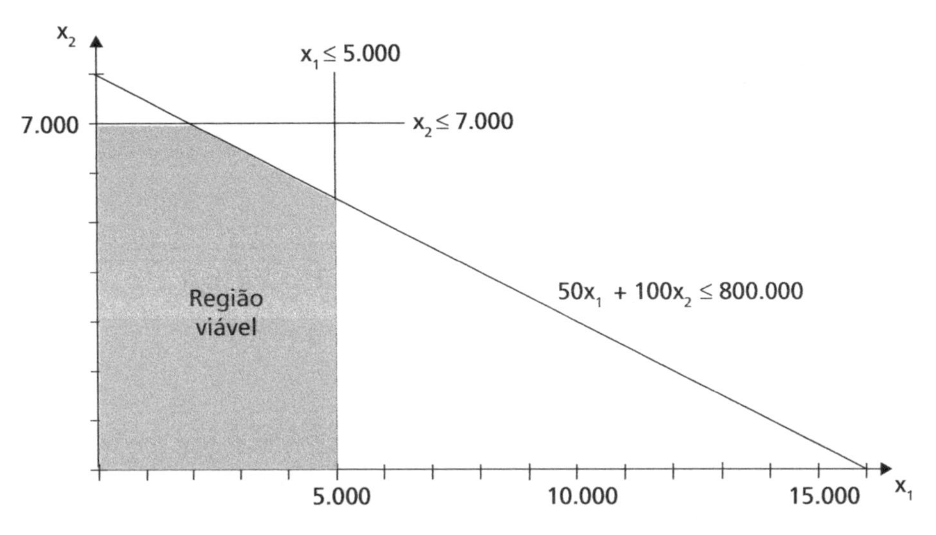

Figura 2.5 - Interpretação geométrica do problema

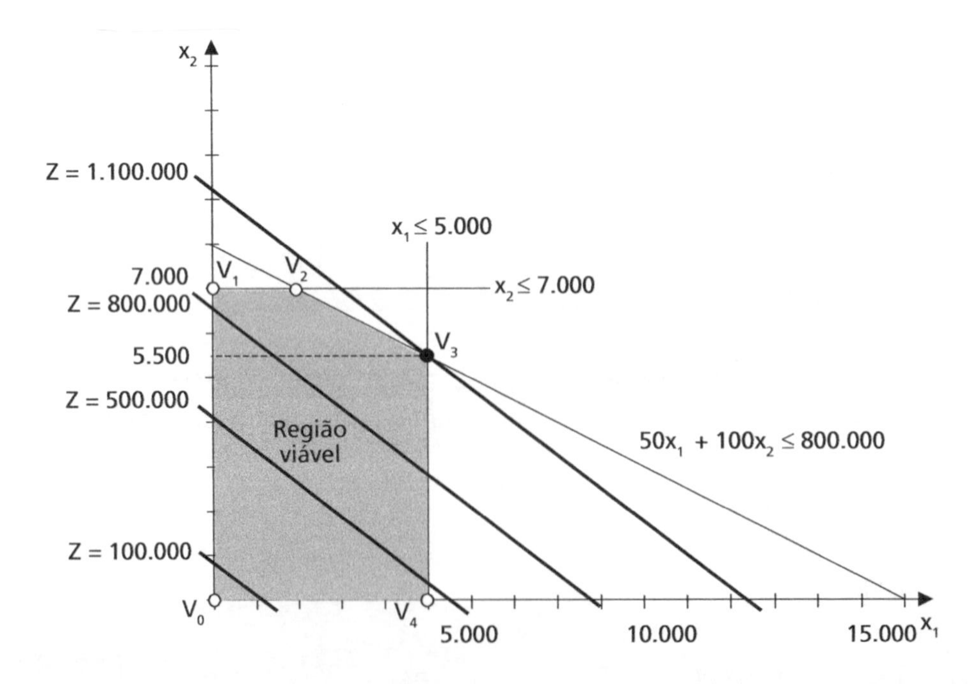

Figura 2.6 - Solução do problema (Z = 1.100.000, x_1 = 5.000, x_2 = 5.500)

A partir das Figuras 2.5 e 2.6, observa-se que a solução ótima para o produtor é utilizar a capacidade máxima do Gerador 1 (x_1 = 5.000 MWh), que tem um custo de produção menor (50 R$/MWh) e uma margem de lucro na venda maior (Margem = Tarifa de venda – Custo de produção). A produção do gerador 2 (x_2 = 5.500 MWh) é menor que sua capacidade máxima (7.000 MWh) devido à restrição de máximo custo de produção total (R$ 800.000).

É interessante avaliar o que ocorreria se o custo de produção do gerador 1 passasse de 50 R$/MWh para 80 R$/MWh. A Figura 2.7 ilustra esta situação, com a nova solução sendo dada por: Z = 952.500, x_1 = 1.250, x_2 = 7.000.

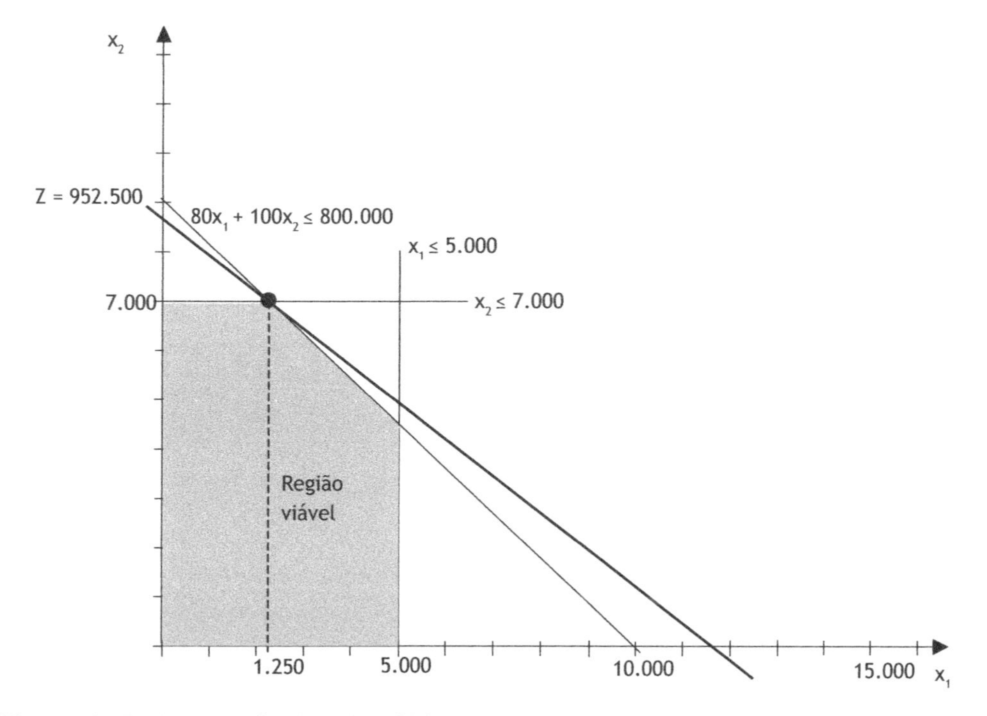

Figura 2.7 - Nova solução (Z = 952.500, x_1 = 1.250, x_2 = 7.000)

Neste caso, embora o custo de produção do Gerador 1 continue menor, a margem de lucro na venda da energia produzida pelo Gerador 2 torna-se melhor (margem do gerador 1 igual a 10 R$/MWh, contra 20 R$/MWh do Gerador 2). Neste caso, a melhor alternativa para o produtor é utilizar a capacidade máxima do gerador 2 (x_2 = 7.000 MWh), e complementar sua produção com o gerador 1 (x_1 = 1.250 MWh).

O Problema (2.6) pode também ser resolvido pelo método SIMPLEX. O problema na forma padrão para a aplicação do método SIMPLEX, ou seja, incluindo as variáveis residuais, é apresentado abaixo:

$Max\ Z = 90x_1 + 120x_2 \Rightarrow Z - 90x_1 - 120x_2 = 0$
s.a.
$x_1 + x_3 = 5.000$
$x_2 + x_4 = 7.000$
$50x_1 + 100x_2 + x_5 = 800.000$
$x_1, x_2 \geq 0$
$x_3, x_4, x_5 \geq 0$: variáveis residuais

A seqüência de tabelas, denominadas de *Tableaus*, relativas às iterações do algoritmo SIMPLEX é apresentada a seguir. Conforme mencionado anteriormente, adota-se como base inicial as variáveis residuais, ou seja, (x_3, x_4, x_5). Assim a solução inicial corresponde a $x_1 = 0$, $x_2 = 0$ e $x_3 = 5.000$, $x_4 = 7.000$, $x_5 = 800.000$, com a função objetivo Z igual a zero. A Tabela 2.1 ilustra o tableau inicial.

Tabela 2.1 - Tableau inicial do SIMPLEX

		z	x_1	↓ x_2	x_3	x_4	x_5	b
Objetivo		1	-90	-120	0	0	0	0
Restrição 1	x_3	0	1	0	1	0	0	5.000
Restrição 2	← x_4	0	0	1	0	1	0	7.000
Restrição 3	x_5	0	50	100	0	0	1	800.000

Na Tabela 2.1, a coluna da variável não básica com menor coeficiente negativo na linha da função objetivo é a que corresponde à variável x_2. Portanto, x_2 entra na base. A linha com a mínima da razão (b_i/a_{i2}), com $a_{i2}>0$, é a correspondente à Restrição 2. Portanto, a variável x_4 sai da base. A nova tableau, com nova base (x_3,x_2,x_5), realizando a pivotação, é apresentada na Tabela 2.2. A solução nesta fase corresponde a $x_1 = 0$, $x_2 = 7.000$ e $x_3 = 5.000$, $x_4 = 0$, $x_5 = 100.000$, com função objetivo z = 840.000. A pivotação corresponde a operações algébricas simples sobre a tableau que a coluna da variável x_2, que sai da base, contenha valores nulos a menos de um valor unitário na linha correspondente a variável que sai (linha da Restrição 2, neste caso).

Tabela 2.2 - Tableau do segundo passo do SIMPLEX

		z	↓ x_1	x_2	x_3	x_4	x_5	b
Objetivo		1	-90	0	0	120	0	840.000
Restrição 1	x_3	0	1	0	1	0	0	5.000
Restrição 2	x_2	0	0	1	0	1	0	7.000
Restrição 3	← x_5	0	50	0	0	-100	1	100.000

Na Tabela 2.2, a coluna da variável não básica com menor coeficiente negativo na linha da função objetivo é a correspondente a variável x_1. Portanto, x_1 entra na base. A linha com a mínima da razão (b/a_{i1}), com $a_{i1}>0$, é a correspondente à Restrição 3. Portanto, a variável x_5 sai da base. A nova tableau, com nova base (x_3,x_2,x_1), realizando a pivotação, é apresentada na Tabela 2.3. A solução nesta fase corresponde a $x_1 = 2.000$, $x_2 = 7.000$ e $x_3 = 3.000$, $x_4 = 0$, $x_5 = 0$, com função objetivo z = 1.020.000.

Tabela 2.3 - Tableau do terceiro passo do SIMPLEX

		z	x_1	x_2	x_3	↓ x_4	x_5	b
Objetivo		1	0	0	0	-60	9/5	1.020.000
Restrição 1	←x_3	0	0	0	1	2	-1/50	3.000
Restrição 2	x_2	0	0	1	0	1	0	7.000
Restrição 3	x_1	0	1	0	0	-2	1/50	2.000

Na Tabela 2.3, a coluna da variável não básica com menor coeficiente negativo na linha da função objetivo é a correspondente à variável x_4. Portanto, x_4 entra na base. A linha com a mínima da razão (b/a_{i4}), $a_{i4}>0$ é a correspondente à Restrição 1. Portanto, a variável x_3 sai da base. A nova tableau, com nova base (x_4,x_2,x_1), realizando a pivotação, é apresentada na Tabela 2.4.

Tabela 2.4 - Tableau do último passo do SIMPLEX

		z	x_1	x_2	x_3	x_4	x_5	b
Objetivo		1	0	0	30	0	6/5	1.110.000
Restrição 1	x_4	0	0	0	1/2	1	-1/100	1.500
Restrição 2	x_2	0	0	1	-1/2	0	1/100	5.500
Restrição 3	x_1	0	1	0	1	0	0	5.000

Pela Tabela 2.4, nota-se que os coeficientes da função objetivo são todos maiores ou iguais a zero. A condição de otimalidade é satisfeita com z = 1.110.000, $x_1 = 5.000$, $x_2 = 5.500$, $x_3 = 0$, $x_4 = 1.500$, $x_5 = 0$, o que corresponde à mesma solução encontrada na interpretação geométrica, conforme Figura 2.6. É interessante notar também que as soluções do problema, obtidas em cada passo do processo SIMPLEX, definidos nas tableaus mostradas nas Tabelas 2.1 a 2.4, correspondem a evolução da solução como mostrado na Figura 2.6, pelos vértices V_0, V_1, V_2 e V_3, que é a solução ótima.

O software OTIMIZA conta com recurso para resolver formulações PL utilizando o método SIMPLEX. A Figura 2.8 ilustra a tela de entrada do software OTIMIZA.

O botão ilustrado na Figura 2.8 permite a seleção de ferramenta que permite a resolução de problemas de programação linear e linear inteira mista (a ser vista no próximo capítulo). Ao pressionar este botão, é apresentado ao usuário a interface da Figura 2.9. Daí em diante, basta o usuário escrever a formulação correspondente na parte superior da janela de entrada de dados, para obter a solução do problema na parte inferior da janela através da seleção do botão "Executar PL", conforme ilustrado na Figura 2.10 para o Exemplo 1, com solução igual à encontrada, conforme Figura 2.6.

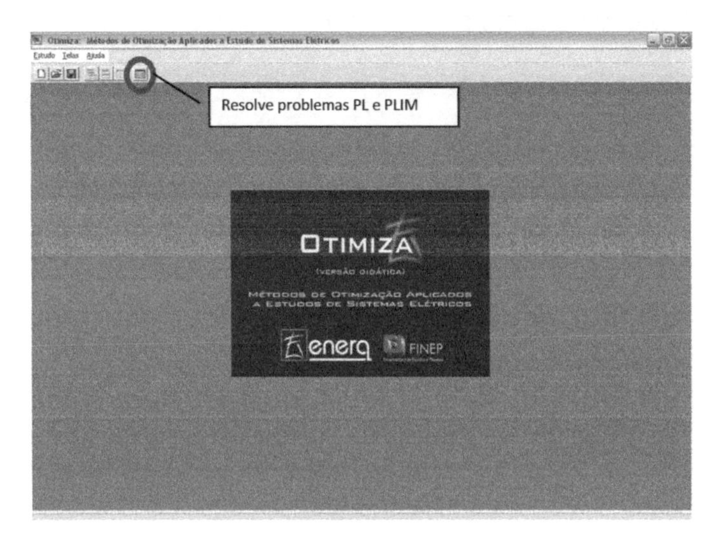

Figura 2.8 - Tela de entrada do software OTIMIZA

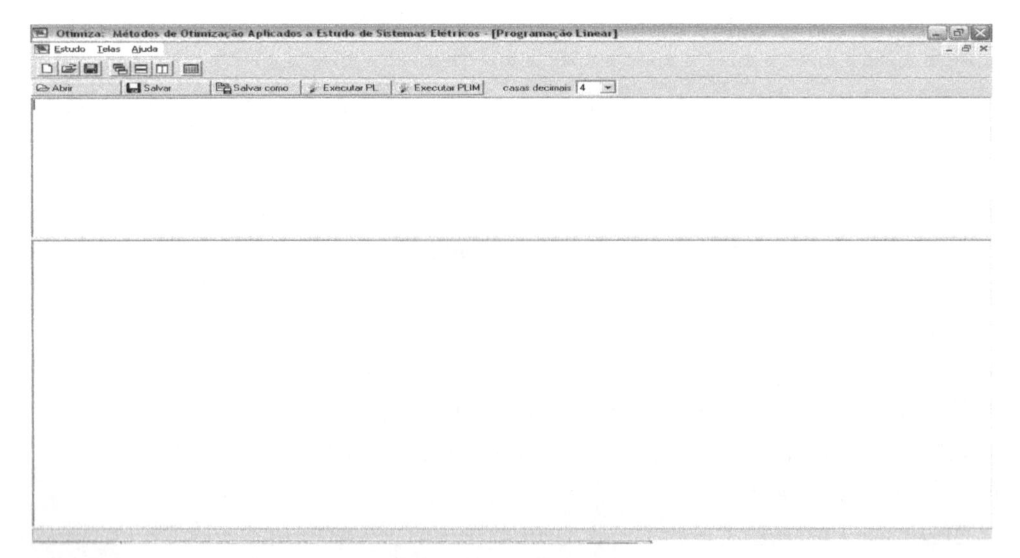

Figura 2.9 - Solução de Problemas PL e PLIM no software OTIMIZA

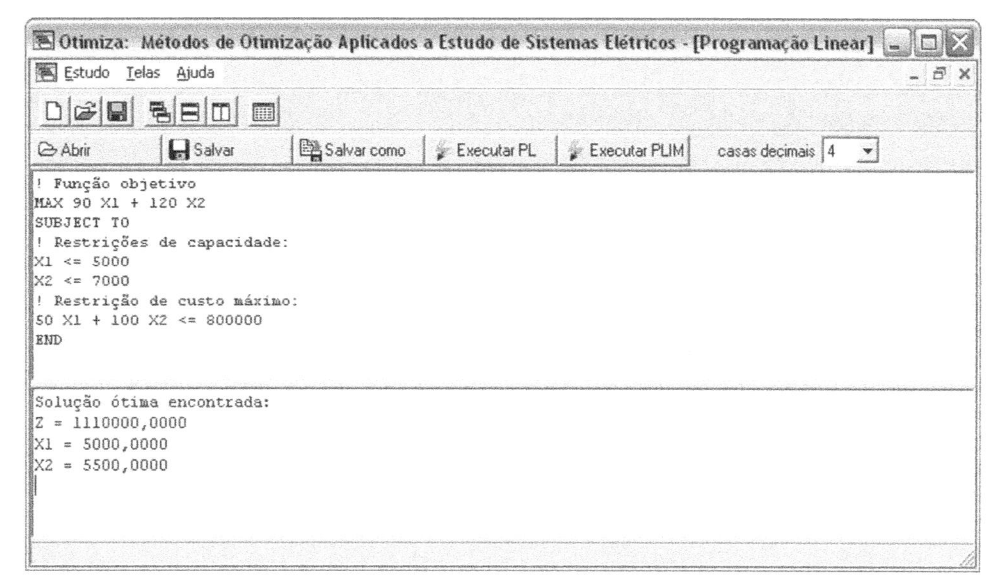

Figura 2.10 - Solução encontrada pelo software OTIMIZA

2.4.2 Exemplo 2 - Minimização das Perdas Elétricas

A Figura 2.11 ilustra a porção de uma rede de distribuição na qual se deseja minimizar o valor das perdas elétricas. O problema básico é o de determinação dos fluxos de potência que devem fluir pelas ligações *1* e *2* (provenientes dos subsistemas S_1 e S_2, respectivamente), para que as perdas elétricas no sistema sejam minimizadas. Admite-se que a demanda D no nó 1 possa ser dividida de acordo com os fluxos provenientes das duas ligações.

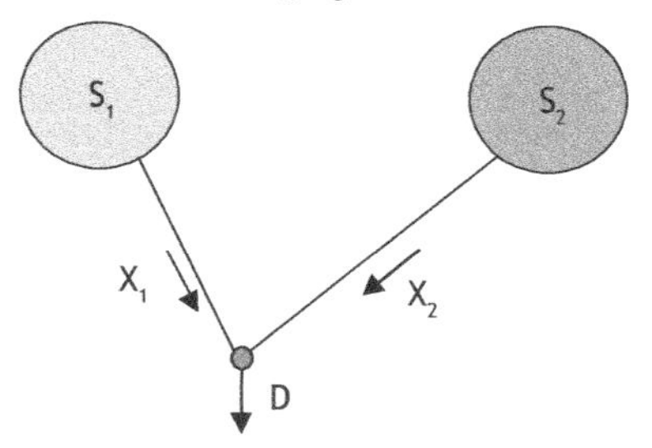

Figura 2.11 - Rede para o Exemplo Ilustrativo 1

Assumindo-se também que os fluxos nas ligações *1* e *2* sejam não limitados, o problema pode então ser formulado conforme (2.1) a seguir:

$$\min p_{tot} = r_1 X_1^2 + r_2 X_2^2$$
$$\text{s.a.} X_1 + X_2 \geq D \qquad (2.1)$$

Onde:

p_{tot} – perdas totais na porção de rede em análise;
r_1, r_2 – resistências ôhmicas nas ligações *1* e *2*, respectivamente.

O Problema (2.1) é bastante simples, e de resolução direta. Notando que a inequação pode ser escrita como uma igualdade pelo problema ser de minimização, tem-se que $X_2 = D - X_1$, donde:

$$\min p_{tot} = r_1 X_1^2 + r_2 (D - X_1)^2 = (r_1 + r_2) X_1^2 - 2 r_2 D X_1 + r_2 D^2$$

e, a partir de

$$\frac{dp_{tot}}{dX_1} = 2 (r_1 + r_2) X_1 - 2 r_2 D = 0$$

o ponto de mínimas perdas resulta:

$$X_1 = \frac{r_2}{r_1 + r_2} D; \; X_2 = \frac{r_1}{r_1 + r_2} D \text{ e } p_{tot} = \frac{r_1 r_2}{r_1 + r_2} D^2 \qquad (2.2)$$

A Formulação (2.1) não pode ser resolvida por programação linear, pois a função objetivo é não linear. Para uso de modelos baseados em PL, existe então a necessidade de linearização desta função, por exemplo utilizando linearização por partes (*piecewise linearisation*), conforme ilustrado na Figura 2.12. Na aproximação 1, tem-se aproximação por um segmento de reta $p_{aprox1} = c_1 . X$, $c_1 = \overline{p} / \overline{X}$. Na aproximação 2, tem-se linearização por dois segmentos e ainda:

$$p_{aprox2} = c'X' + c''X'', \; c' = \overline{\overline{p}} / \overline{\overline{X}}, \; c'' = (p_{max} - \overline{\overline{p}})/(X_{max} - \overline{\overline{X}})$$

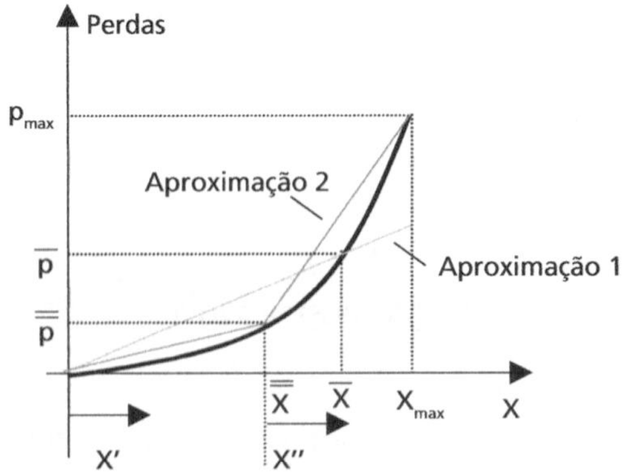

Figura 2.12 - Perdas e sua linearização

Na aproximação 1, o Problema (2.1) pode ser assim escrito: $\min c_1 X_1 + c_2 X_2$, *s.a.* $X_1 + X_2 \geq D$. Neste caso, pela resolução gráfica da Figura 2.13, nota-se o erro que se incorre utilizando-se o modelo linear. A solução recai para $X_1 = D$ ou $X_2 = D$, dependendo se c_1 é, respectivamente, menor (que é o caso da Figura 2.13) ou maior que c_2.

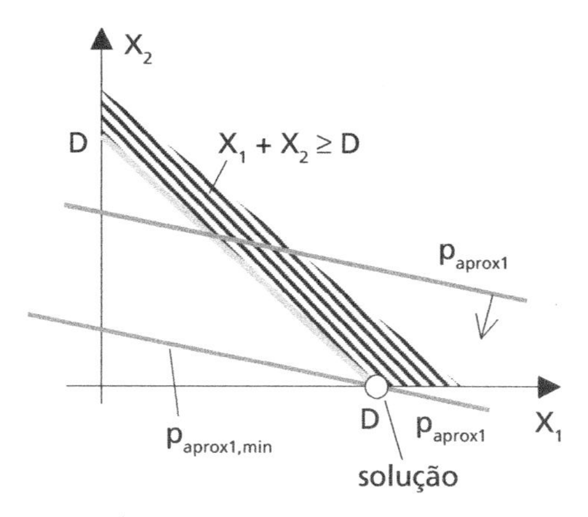

Figura 2.13 - Resolução gráfica – aproximação 1

Obviamente, com a segunda aproximação o erro deve diminuir, porém com a necessidade de serem utilizadas mais variáveis de fluxo de potência por ligação. Não é possível a visualização gráfica da segunda aproximação. Para comparar os modelos, é interessante a análise de um caso numérico de aplicação. Para tanto, assumem-se os seguintes dados: D = 0,08 pu; X_{max} = 0,08 pu; r_1 = 1,0 pu e r_2 = 1,5 pu.

A aplicação de (2.2) resulta na solução exata que minimiza as perdas elétricas na rede, a ser usada como referência de comparação: X_1 = 0,048 pu; X_2 = 0,032 pu e min p_{tot} = 0,00384 pu.

Na modelagem por programação linear, aproximação 1, admitindo-se $\bar{X} = X_{max}/\sqrt{2}$, resultam os custos das ligações 1 e 2 iguais a $c_1 = (\sqrt{2}/2)r_1X_{max}$ = 0,05657 pu e c_2 = 0,08485 pu. Sendo o custo da ligação 1 inferior ao da ligação 2, resulta X_1 = 0,08 pu; X_2 = 0 pu e portanto p_{tot} = 0,0064 pu.

Na aproximação 2, admite-se $\bar{X} = X_{max}/2$, que resulta nos custos unitários de cada intervalo de linearização, para as duas ligações iguais a: c_1' = 0,04 pu; c_1'' = 0,12 pu e c_2' = 0,06 pu; c_2'' = 0,18 pu e a formulação PL correspondente fica:

$$\min c_1'X_1' + c_1''X_1'' + c_2'X_2' + c_2''X_2''$$

$$s.a.\ X_1' \leq 0{,}04;\ X_1'' \leq 0{,}04$$

$$X_2' \leq 0{,}04;\ X_2'' \leq 0{,}04$$

$$X_1' + X_1'' + X_2' + X_2'' \geq 0{,}08$$

Resulta na solução: $X_1' = 0{,}04$ pu; $X_1'' = 0$ pu; $X_2' = 0{,}04$ pu; $X_2'' = 0$ pu, ou seja, $X_1 = 0{,}04$ pu; $X_2 = 0{,}04$ e as perdas totais são iguais a $p_{tot} = 0{,}0040$ pu, conforme ilustrado na figura 2.14, pela aplicação do software OTIMIZA. Ou seja, nota-se então que com a segunda aproximação feita, o valor de fluxos e de perdas resultantes ficam mais próximos do ótimo (min $p_{tot} = 0{,}00384$ pu – erro de 4,2%).

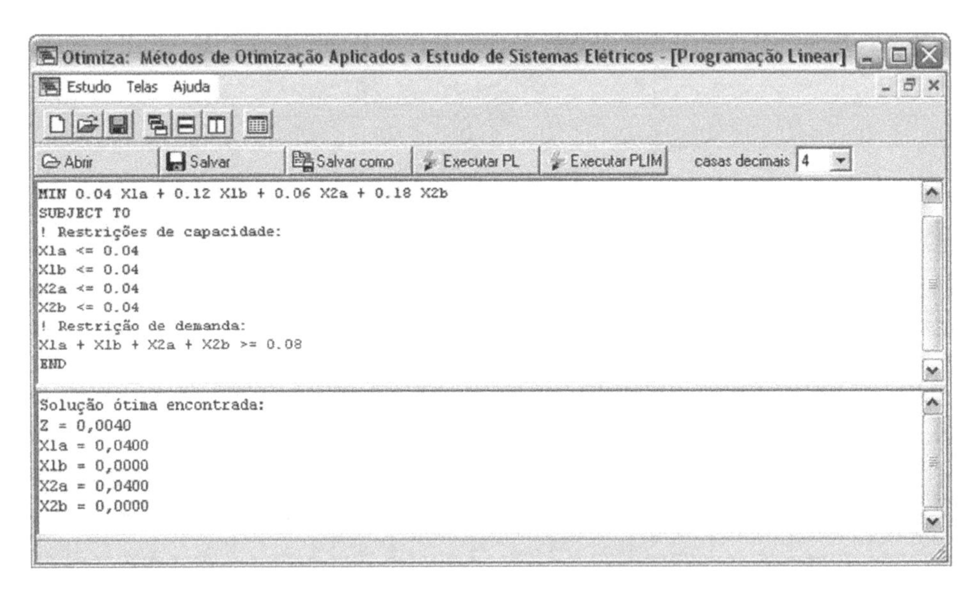

Figura 2.14 - Solução do problema utilizando o software OTIMIZA

2.5 APLICAÇÕES DE PL NO SOFTWARE OTIMIZA

Neste item são apresentados dois problemas na área de engenharia de distribuição que ilustram a aplicação de programação linear. Deve-se destacar que os problemas têm interesse somente didático, não sendo o objetivo realizar uma modelagem mais completa dos problemas considerados.

O primeiro problema consiste na locação de bancos de capacitores em redes de distribuição, tendo por objetivo a minimização dos reativos instalados para que os níveis de tensão na rede estejam em faixa pré-definida, ou seja, em todas as barras, entre uma tensão mínima e uma tensão máxima.

O segundo problema consiste numa aplicação que determina áreas de influência de subestações de distribuição para suprimento a regiões formadas por centros de carga. O problema é formulado de maneira bastante simples, sem levar em conta a rede de distribuição existente. Ou seja, formula-se uma função objetivo que minimiza a somatória do produto de cargas por distância a cada subestação de distribuição.

2.5.1 Aplicação 1 - Locação de Bancos de Capacitores em Redes de Distribuição

O problema de locação de capacitores pode ser formulado da seguinte forma:

> "Para uma rede de distribuição primária de energia elétrica em que se verificam problemas de tensão (valores de tensão em barras da rede fora de uma faixa pré-especificada de valores admissíveis), deseja-se determinar em quais barras devem ser instalados bancos de capacitores, qual a sua capacidade (a partir de bancos padronizados especificados pelo usuário), de tal forma a se garantir que a tensão em todas as barras da rede fiquem dentro da faixa de valores admissíveis, com a otimização da função objetivo *Custo de Instalação dos Bancos*, representada pelo valor das correntes injetadas na rede pelos bancos instalados."

A Figura 2.15 ilustra um sistema de distribuição, com problemas no perfil de tensão, no qual deseja-se avaliar a possibilidade de instalação de bancos de capacitores fixos, em derivação.

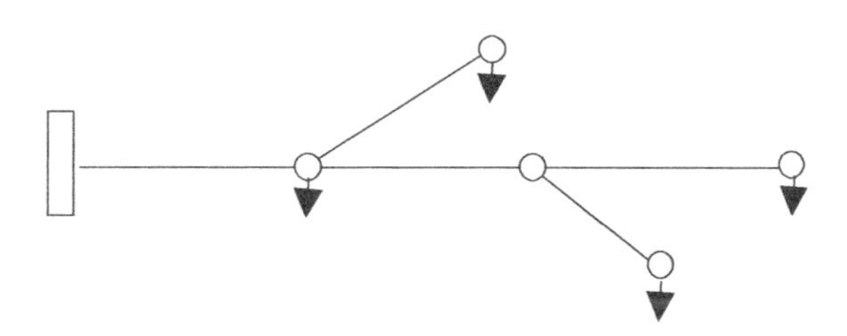

Figura 2.15 - Rede de distribuição

Para a análise do impacto de bancos de capacitores sobre os níveis de tensão nas barras do sistema, toma-se como hipótese que todas as cargas e bancos de capacitores serão tratados como geradores de corrente constante. Assim, imaginando a instalação de bancos em determinado número de barra, os novos níveis de tensão podem ser determinados pelo teorema da superposição, conforme ilustrado na Figura 2.16, com a instalação de bancos de capacitores nas barras 2, 4 e 6. Na Figura 2.16a apresenta-se a rede sem bancos de capacitores instalados, e a rede da Figura 2.16b apresenta a rede somente com os bancos de capacitores, com o suprimento desativado (tensão nula, ou curto circuito para a terra) e com os cargas desativadas (em aberto).

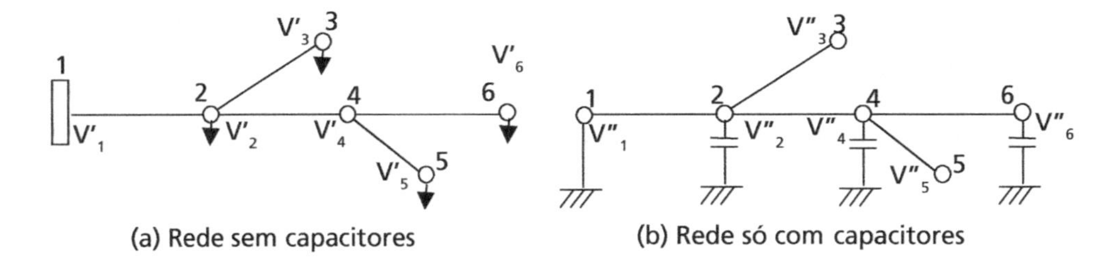

Figura 2.16 - Superposição de efeitos

Assim, para uma barra i qualquer, a tensão resultante será dada pela superposição dos efeitos das duas redes, ou seja:

$$V_i = V_i' + V_i'' \tag{2.3}$$

A rede da Figura 2.16a pode ser calculada por qualquer modelo de fluxo de potência. Em particular, para as redes radiais, este cálculo é bastante simples [6]. A rede da Figura 2.16b pode ser tratada genericamente pela matriz de impedâncias nodais, que relaciona as tensões nodais com as correntes injetadas, neste caso pelos capacitores:

$$\begin{bmatrix} V_1'' \\ \ldots \\ V_i'' \\ \ldots \\ V_n'' \end{bmatrix} = \begin{bmatrix} Z_{11} & \ldots & Z_{1i} & \ldots & Z_{1n} \\ \ldots & \ldots & \ldots & \ldots & \ldots \\ Z_{i1} & \ldots & Z_{ii} & \ldots & Z_{in} \\ \ldots & \ldots & \ldots & \ldots & \ldots \\ Z_{n1} & \ldots & Z_{ni} & \ldots & Z_{nn} \end{bmatrix} \begin{bmatrix} I_{cap,1} \\ \ldots \\ I_{cap,i} \\ \ldots \\ I_{cap,n} \end{bmatrix}$$

Ao realizarmos o produto de um elemento da matriz de impedâncias, por exemplo Z_{ij}, por um corrente injetada por banco de capacitor, por exemplo, $I_{cap,j}$, tem-se:

$$Z_{ij}.I_{cap,j} = (R_{ij}+jX_{ij})(-jI_{cap,j}) = X_{ij}I_{cap,j} - jR_{ij}I_{cap,j} \tag{2.4}$$

Na expressão (2.4), a parte imaginária pode ser desprezada pois, ao realizar a soma dos termos em (2.3), nota-se que a parcela V''_i tem componente real muito maior que a imaginária, e próxima de 1 pu, o que permite desprezar as parcelas $jR_{ij}I_{cap,j}$. Desta forma, os elementos da matriz Z de impedâncias nodais são representados somente pela sua parcela indutiva.

Assim, pode-se então ser formulado o problema PL que minimiza os custos em bancos de capacitores (assumidos proporcionais às injeções de corrente de capacitores), sujeito a restrições de limites inferiores e superiores de níveis de tensão em todas as barras da rede:

$$min\sum_{i=1}^{n} I_{cap,i}$$

$$s.a.$$

$$V_i = V_i^{'} + \sum_{j=1}^{n} Z_{ij} I_{cap,j} \leq V_{max}$$

$$V_i = V_i^{'} + \sum_{j=1}^{n} Z_{ij} I_{cap,j} \geq V_{min}$$

A formulação pode ser escrita também como:

$$min\sum_{i=1}^{n} I_{cap,i}$$

$$s.a.$$

$$V_i^{''} - \sum_{j=1}^{n} Z_{ij} I_{cap,j} = 0, \; i = 1,\ldots,n$$

$$V_i^{''} \geq V_{min} - V_i^{'}$$

$$V_i^{''} \leq V_{max} - V_i^{'} \qquad (2.5)$$

A solução do problema de programação linear (2.5) fornece o valor da corrente injetada pelos capacitores em determinadas barras do sistema. Obviamente, quanto o valor de corrente de uma dada barra resultar nulo significa que não é necessária a instalação de banco de capacitores nesta barra. Quando, no entanto, o valor for positivo, isto significa a necessidade de um banco de capacitores cuja potência reativa pode ser aproximada pelo valor da corrente injetada, em pu. Também, no caso de serem utilizados unidades de bancos de capacitores padrão, é necessária a determinação do número de bancos a serem instalados na barra, o que pode ser determinado pela relação entre a potencia reativa determinada pelo modelo e a potencia nominal de uma unidade padrão. Este número de bancos normalmente irá resultar num valor não inteiro; por aproximação, seleciona-se o número inteiro superior mais próximo. Por exemplo, se resultarem 3,6 unidades numa barra, aproxima-se para 4 unidades.

A Figura 2.17 ilustra a seleção da aplicação de alocação de bancos de capacitores existente no software OTIMIZA. Neste caso, foi selecionado um caso previamente montado, armazenado em arquivo denominado Rede1.txt, cuja configuração da rede é apresentada na Figura 2.18. Nesta figura, são apresentados os dados de trechos (código, comprimento em km e tipo de cabo), os dados de barras de carga (código), dados de Subestação (código e tensão nominal em kV) e dados da carga (código, potência ativa em MW e potência reativa em MVAr).

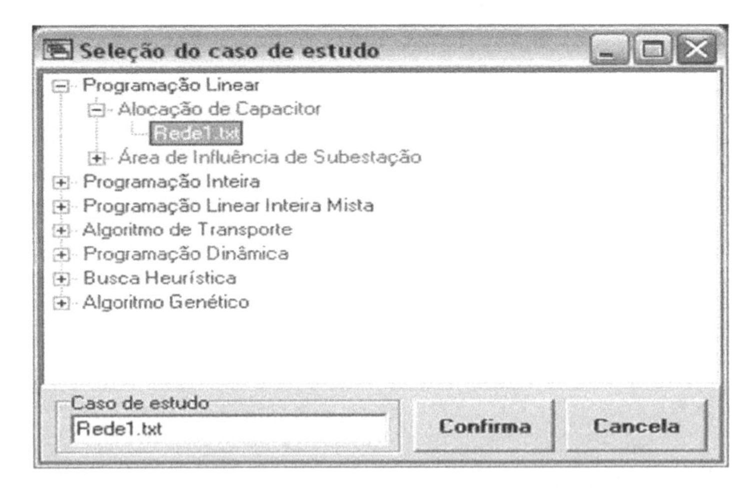

Figura 2.17 - Seleção de um caso para alocação de bancos de capacitores

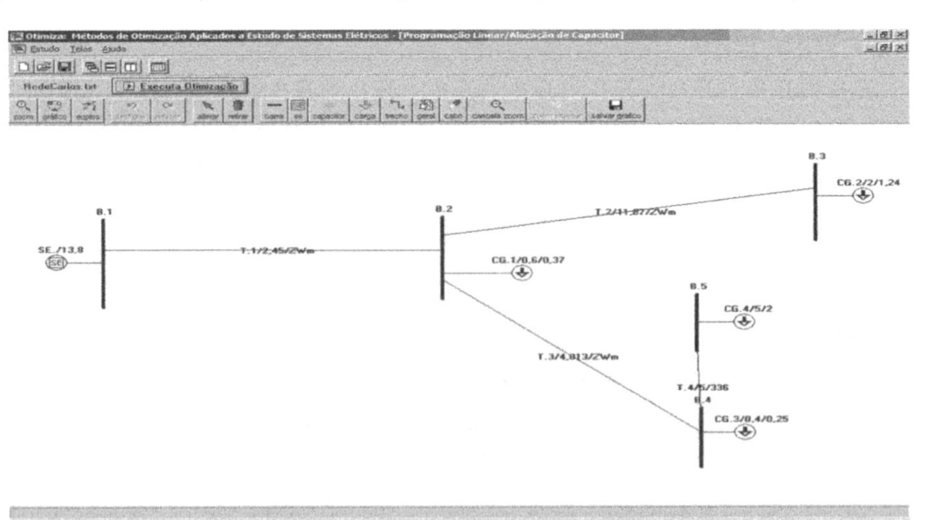

Figura 2.18 - Rede para alocação de bancos de capacitores

A Figura 2.19 apresenta os dados gerais do caso, relativos ao banco de capacitores padrão (unidades de 300 kVAr), faixa aceitável de tensões (valor mínimo de 0,95 e máximo de 1,05 pu) e valores de base de potência e tensão.

Edição da tabela GERAL

Insere | Retira | Confirma

#	QCAP	VMIN	VMAX	SBASE	VBASE
1	300	0.95	1.05	10	13.8

descrição: Potência do banco de capacitor trifásico
unidade: kVAr
default: 300

Figura 2.19 - Dados gerais para a alocação de bancos de capacitores

O software OTIMIZA permite uma série de relatórios relativos aos casos de alocação de bancos de capacitores.

A Tabela 2.5 apresenta os resultados do fluxo de potência da rede original, onde nota-se que a tensão na barra B.3 está inferior ao valor mínimo, de 0,95 pu.

Tabela 2.5 - Tensões e correntes na rede original

Resultados de Barras		
Barra	V(kV)	V(pu)
B.1	14,076	1,02
B.2	13,608	0,986
B.4	13,505	0,979
B.3	12,097	0,877

Resultados de Ligações		
Ligação	Corrente (A)	Corrente (pu)
T.1	147,677	0,353
T.2	19,734	0,047
T.3	98,451	0,235

Para a formulação de PL que otimiza a alocação de unidades na rede de distribuição, deve ser inicialmente montada a matriz de impedâncias nodais. A matriz é dada por:

$$Z = \begin{bmatrix} Z_{T.1} & Z_{T.1} & Z_{T.1} \\ Z_{T.1} & Z_{T.1} + Z_{T.3} & Z_{T.1} \\ Z_{T.1} & Z_{T.1} & Z_{T.1} + Z_{T.2} \end{bmatrix} = \begin{bmatrix} 0{,}077 + j0{,}058 & 0{,}077 + j0{,}058 & 0{,}077 + j0{,}058 \\ 0{,}077 + j0{,}058 & 0{,}204 + j0{,}153 & 0{,}077 + j0{,}058 \\ 0{,}077 + j0{,}058 & 0{,}077 + j0{,}058 & 0{,}451 + j0{,}338 \end{bmatrix} pu$$

Portanto, a formulação de PL para o problema resulta:

$$
\begin{array}{l}
\text{MIN } I_{b2} + I_{b4} + I_{b3} \\
\text{s.a.} \\
0.058\ I_{b2} + 0.058\ I_{b4} + 0.058\ I_{b3} \geq -0.03608 \\
0.058\ I_{b2} + 0.058\ I_{b4} + 0.058\ I_{b3} \leq 0.06392 \\
0.058\ I_{b2} + 0.153\ I_{b4} + 0.058\ I_{b3} \geq -0.02865 \\
0.058\ I_{b2} + 0.153\ I_{b4} + 0.058\ I_{b3} \leq 0.07135 \\
0.058\ I_{b2} + 0.058\ I_{b4} + 0.338\ I_{b3} \geq 0.07341 \\
0.058\ I_{b2} + 0.058\ I_{b4} + 0.338\ I_{b3} \leq 0.17341
\end{array}
$$

que leva a solução do problema com de I_{b3} igual a 0,217 pu. Como cada unidade padrão tem potência nominal de 300kVAr = 0,3/10 = 0,03 pu, são necessárias 7,23 unidades, ou aproximadamente 8 bancos de 300 kVAr a serem instalados na barra B.3.

Após a instalação dos bancos de capacitores, os valores de tensão e corrente na rede resultam os indicados na Tabela 2.6. Nesta rede, nota-se que todas as tensões estão com tensões dentro da faixa especificada. Além disso, nota-se a diminuição das correntes nos trechos T.1 e T.3, o que representa também redução nas perdas técnicas do sistema.

Tabela 2.6 - Tensões e correntes na rede com bancos de capacitores

Resultados de Barras		
Barra	V(kV)	V(pu)
B.1	14,076	1,02
B.2	13,799	1,00
B.4	13,697	0,993
B.3	13,296	0,963

Resultados de Ligações		
Ligação	Corrente (A)	Corrente (pu)
T.1	127,194	0,304
T.2	19,734	0,047
T.3	95,757	0,229

2.5.2 Aplicação 2 - Determinação de Áreas de Influência de Subestações de Distribuição

O problema de determinação da área de influência de duas ou mais subestações em uma certa área geográfica pode ser descrito como a seguir:

> "Para um conjunto de n subestações localizadas numa determinada área geográfica, que devem atender a um grupo de m cargas (ou aglomerados de cargas) instaladas nessa região, procura-se determinar a melhor divisão de cargas entre as subestações, de forma a minimizar os custos de suprimento das cargas, respeitando-se a restrição de capacidade máxima das subestações. O custo para o suprimento de uma carga j por uma subestação i foi obtido pelo produto do custo unitário de transporte C_p , em R$/(kVA . km) pelo fluxo de potência entre a subestação e a carga x_{ij}, em kVA, e pela distância entre a subestação e a carga d_{ij}, em km."

A formulação do problema de PL pode ser escrita da seguinte forma:

$$min \ \sum_{j=1}^{m}\sum_{i=1}^{n} C_p d_{ij} x_{ij} = C_p \sum_{j=1}^{m}\sum_{i=1}^{n} d_{ij} x_{ij}$$

$$s.a.$$

$$\sum_{j=1}^{m} x_{ij} \leq S_{max,i} \quad i = 1,\dots,n$$

$$\sum_{i=1}^{n} x_{ij} = S_j \quad j = 1,\dots,m$$

Onde:

C_p : custo unitário de transporte, em R$/(kVA.km)

d_{ij} : distância entre a subestação i e a carga j, em km

x_{ij} : fluxo de potência entre a subestação i e a carga j, em kVA

$S_{max,i}$: capacidade máxima da subestação i, em kVA

S_j : carga da barra j, em kVA

A Figura 2.20a ilustra o caso de determinação de área de influência em uma região com 3 subestações e 5 centros de carga.

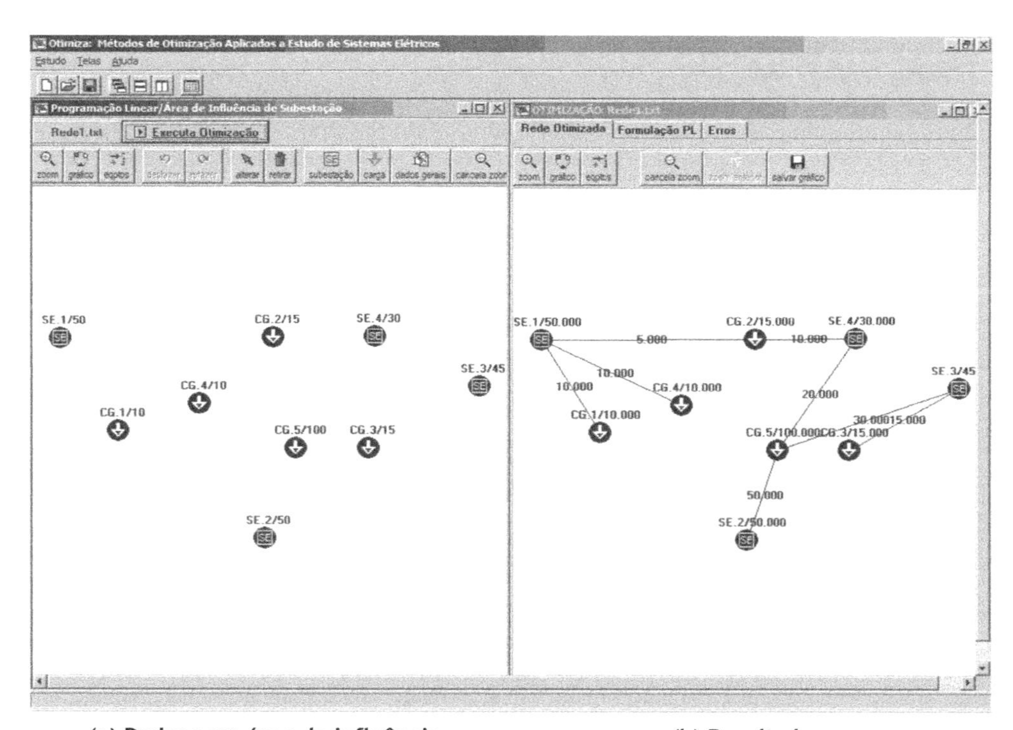

(a) Dados para área de influência (b) Resultados

Figura 2.20 - Determinação de área de influência de subestações de distribuição

Na Figura 2.20 ainda são mostradas as potências das cargas e as capacidades das subestações. A formulação de PL, assumindo-se o valor de C_p igual a 15 R$/kVA.m resulta ilustrada na Figura 2.21, retirada de um dos relatórios do software OTIMIZA:

```
MIN 162.09F1 + 304.74F2 + 470.86F3 + 222.10F4 + 374.05F5
+ 262.54F6 + 299.72F7 + 200.74F8 + 220.45F9 + 141.70F10 +
520.30F11 + 304.27F12 + 182.98F13 + 401.77F14 + 278.88F15 +
392.81F16 + 146.04F17 + 165.74F18 + 270.95F19 + 200.96F20
SUBJECT TO
! restrições de capacidade das SEs:
F1 + F2 + F3 + F4 + F5 < = 50.00
F6 + F7 + F8 + F9 + F10 < = 50.00
F11 + F12 + F13 + F14 + F15 < = 45.00
F16 + F17 + F18 + F19 + F20 < = 30.00
! restrições de demanda das Cargas:
F1 + F6 + F11 + F16 = 10.00
F2 + F7 + F12 + F17 = 15.00
F3 + F8 + F13 + F18 = 15.00
F4 + F9 + F14 + F19 = 10.00
F5 + F10 + F15 + F20 = 100.00
END
!
!---------------------------------------------------------------
! descrição das variáveis:
!---------------------------------------------------------------
! F1: fluxo da subestação 'SE.1' p/ carga 'CG.1'
! F2: fluxo da subestação 'SE.1' p/ carga 'CG.2'
! F3: fluxo da subestação 'SE.1' p/ carga 'CG.3'
! F4: fluxo da subestação 'SE.1' p/ carga 'CG.4'
! F5: fluxo da subestação 'SE.1' p/ carga 'CG.5'
! F6: fluxo da subestação 'SE.2' p/ carga 'CG.1'
! F7: fluxo da subestação 'SE.2' p/ carga 'CG.2'
! F8: fluxo da subestação 'SE.2' p/ carga 'CG.3'
! F9: fluxo da subestação 'SE.2' p/ carga 'CG.4'
! F10: fluxo da subestação 'SE.2' p/ carga 'CG.5'
! F11: fluxo da subestação 'SE.3' p/ carga 'CG.1'
! F12: fluxo da subestação 'SE.3' p/ carga 'CG.2'
! F13: fluxo da subestação 'SE.3' p/ carga 'CG.3'
! F14: fluxo da subestação 'SE.3' p/ carga 'CG.4'
! F15: fluxo da subestação 'SE.3' p/ carga 'CG.5'
! F16: fluxo da subestação 'SE.4' p/ carga 'CG.1'
! F17: fluxo da subestação 'SE.4' p/ carga 'CG.2'
! F18: fluxo da subestação 'SE.4' p/ carga 'CG.3'
! F19: fluxo da subestação 'SE.4' p/ carga 'CG.4'
! F20: fluxo da subestação 'SE.4' p/ carga 'CG.5'
```

Figura 2.21 - Formulação PL para o exemplo de determinação de áreas de influência de SEs

Pela resolução da formulação da Figura 2.21, determina-se a solução do problema de programação linear, que é ilustrada de forma gráfica na Figura 2.20b. Deve-se notar que alguns centros de carga são atendidos por mais de uma subestação, como é o caso das cargas CG.2 e CG.5.

REFERÊNCIAS BIBLIOGRÁFICAS

[1] A. G. Novaes. *Métodos de otimização:* aplicação aos transportes, Edgar Blücher, 1978.

[2] J. P. Ignizio, T. M. Cavalier. *Linear programming*, Prentice-Hall, 1994.

[3] F. S. Hillier, G. J. Lieberman. *Introduction to operations research*, 6th Edition, McGraw-Hill, 1995.

[4] G. B. Dantzig. *Linear programming and extensions*, Princeton University Press, Princeton, New Jersey, 1963.

[5] S. Vajda. *Mathematical programming*, Addison-Wesley, 1961.

[6] N. Kagan; E. J. Robba; C. C. B. de Oliveira. *Introdução aos sistemas de distribuição de energia elétrica*, Edgard Blücher, 2005.

3 Programação Linear Inteira

3.1 INTRODUÇÃO

A programação inteira surge com a necessidade da modelagem dos problemas através de variáveis inteiras (discretas) e, conseqüentemente, não contínuas. Nestes casos, a hipótese da programação linear em que todas as variáveis são reais e contínuas não é mais adequada. Como exemplos de problemas que se enquadram nesta família temos: problemas de planejamento, no qual desejamos otimizar investimentos (realizar ou não o investimento); problemas de configuração de redes elétricas nos quais desejamos atingir configurações de chaves abertas ou fechadas de modo a minimizar perdas; problemas de programação de turmas de manutenção e operação da rede elétrica, etc.

Os problemas de programação inteira podem ser classificados em problemas de programação inteira puros e programação inteira mista. A primeira classe consiste em problemas em que todas as variáveis do problema assumem valores inteiros. Nesta classe pode-se destacar os problemas de programação binária em que as variáveis correspondem a "não ou sim" ou (0,1). A programação inteira mista trata de problemas nos quais algumas variáveis são inteiras e as demais são contínuas reais.

Como exemplo ilustrativo, poderíamos citar o de alocação de equipes para a manutenção de defeitos. Considere que existam equipes em uma rede elétrica em posições conhecidas (x,y) e uma distribuição de defeitos, também com posições conhecidas, a serem corrigidos para o restabelecimento de energia, conforme ilustrado na Figura 3.1. Admitindo que cada equipe será responsável pela correção de um defeito, como devemos designá-las de forma a minimizar o percurso, admitindo que todas voltarão a uma mesma base? Neste caso uma variável inteira binária δ_{ij} pode ser criada para cada combinação equipe i / defeito j, que assume valores 0 ou 1 (1 se a equipe i está designada para o defeito j e 0 senão). Assim, a formulação de programação matemática pode ser escrita como:

$$\min \sum_{i=1}^{n} \sum_{j}^{m} (t_{ij}.\delta_{ij})$$

s.a.

$$\sum_{i=1}^{n} \delta_{ij} = 1 \qquad j = 1,..., m \text{ (R1)}$$

$$\sum_{j=1}^{m} \delta_{ij} = 1 \qquad i = 1,..., n \text{ (R2)}$$

$$\delta_{ij} \in \{0, 1\}$$

Onde:

t_{ij}: Representa o tempo de deslocamento da equipe i para o defeito j, reparo do defeito e retorno à base.

R1: Constituem as restrições que impõem que cada defeito j é atendido por uma única equipe.

R2: Constituem as restrições que impõem que cada equipe i atende um único defeito.

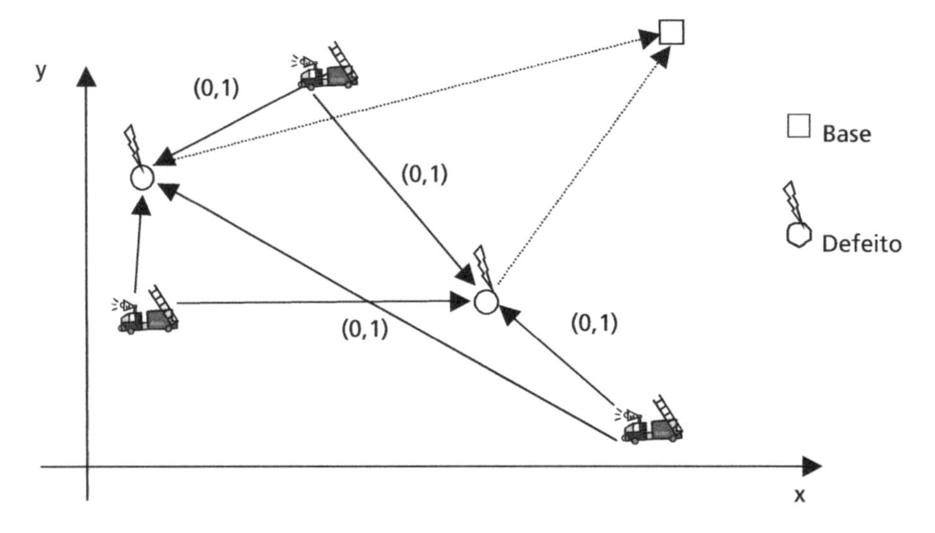

Figura 3.1 - Alocação de equipes de manutenção

O problema descrito constitui uma formulação com variáveis binárias apenas. Considerando-se que, por exemplo, para problemas de programação inteira pura exista, em geral, um número finito e enumerável de soluções a serem avaliadas, o problema se tornaria de menor complexidade. Poderíamos testar todas as soluções, ordená-las e selecionar a que resulta na de máximo ou mínimo valor da função objetivo – no caso do problema apresentado, seria a resposta que impõe menor somatória de tempos das equipes.

Com esta afirmação, de enumeração completa de soluções em problemas de pequena dimensão, poderíamos concluir, numa análise precipitada, que os problemas envolvendo variáveis inteiras teriam resoluções mais fáceis que as de problemas de programação linear, solucionados normalmente através do método SIMPLEX, conforme discutido no capítulo anterior.

Na realidade, mesmo para problemas com poucas variáveis que assumem valores inteiros, o número de soluções possíveis cresce exponencialmente. Por exemplo, no caso de 12 variáveis que assumem 10 valores possíveis teríamos 12^{10} soluções a serem avaliadas o que, na prática, mesmo com os atuais avanços computacionais, seria inviável. Os problemas com variáveis inteiras são portanto de natureza combinatória e podem ser classificados em problemas não polinomiais reais ("NP problems"). Neste caso, é necessária a adoção de técnicas que reduzem o número de soluções a serem avaliadas. Estas técnicas podem ser divididas em métodos exatos, utilizados para problemas considerados de tamanho médio e em métodos heurísticos, para problemas reais tratados nos Capítulos 6 e 7 deste livro.

Neste capítulo serão apresentadas a formulação matemática básica do problema de programação inteira e a interpretação de um problema graficamente. Finalmente serão apresentadas estratégias exatas de resolução, para problemas de programação inteira binária (somente com variáveis binárias) e inteira mista (com variáveis inteiras e contínuas).

3.2 DEFINIÇÃO DO PROBLEMA MATEMÁTICO

Tal como o problema de programação linear, o problema de programação inteira é formado por uma função objetivo e um conjunto de restrições que são funções das variáveis de decisão do problema. No caso genérico tratado neste capítulo, o conjunto de variáveis pode ser dividido em dois subconjuntos:

- de variáveis reais contínuas: $\mathbf{x} = [x_1, x_2, ..., x_n]$; $x_i \in R$
- e de variáveis inteiras: $\mathbf{y} = [y_1, y_2, ..., y_n]$; $y_i \in N$

E a formulação do problema é dada por:

max/ min $\mathbf{cx} + \mathbf{dy}$

s.a.

$\mathbf{Ax} + \mathbf{Dy} \leq \mathbf{b}$

$\mathbf{x} \geq \mathbf{0}$

$\mathbf{y} \geq \mathbf{0}$

$\mathbf{y}$ inteiro

Para um melhor entendimento do problema, apresenta-se na Figura 3.2 a interpretação geométrica de um problema com duas variáveis inteiras.

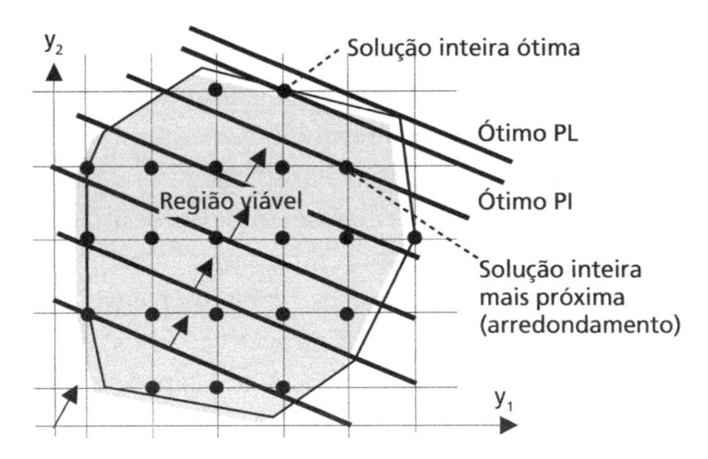

Figura 3.2 - Problema com duas variáveis inteiras (y_1 e y_2)

Dois aspectos importantes podem ser depreendidos da Figura 3.2.

- O primeiro é que no problema de programação linear correspondente a relaxação das restrições inteiras do problema original, a região de soluções reais (área hachurada) envolve ou contém as soluções inteiras (pontos dentro da área hachurada). Desta maneira o problema original tem solução ótima limitada ao problema relaxado de programação linear, ou seja, a solução do problema original (Ótimo PI) é sempre pior, ou no máximo igual, ao problema com restrições relaxadas (Ótimo PL). Esta propriedade é ilustrada na Figura 3.2 através das duas retas paralelas onde, para um caso de maximização, pode-se observar que existe uma diferença entre o máximo da programação linear e o máximo da programação inteira.
- Outro aspecto é que a resolução do problema de programação linear com relaxação das restrições das variáveis inteiras, seguido de um "arredondamento" para uma solução inteira viável não leva necessariamente (e em geral não leva) ao ótimo do problema original de programação inteira. Este fato pode ser visto na Figura 3.2, através da distância entre o valor da função objetivo na solução inteira próxima ou "arredondada" e a solução ótima do problema original inteiro.

Nos itens subseqüentes serão abordadas as técnicas exatas de solução do problema de programação binária por técnica denominada de enumeração implícita e solução do problema de programação linear inteira mista, através do método denominado *Branch-and-Bound.*

3.3 TÉCNICAS DE RESOLUÇÃO DO PROBLEMA DE PROGRAMAÇÃO INTEIRA

As técnicas ou métodos de resolução de problemas combinatórios de programação inteira podem ser classificados em:

- **Métodos exatos:** adequados a problemas com poucas variáveis inteiras. Nestes métodos pode-se garantir a solução ótima do problema.
- **Métodos "aproximados":** estes métodos são adequados a problemas de maior escala, onde os métodos exatos tornam-se ineficientes, sendo necessário lançar-se mão de técnicas heurísticas nas quais não garante-se o alcance da solução ótima, mas sim uma condição de compromisso entre a qualidade da solução e o tempo de processamento. Estas estratégias são de grande valor para problemas reais de engenharia.

A seguir são apresentadas as técnicas exatas utilizadas no software OTIMIZA, quais sejam, de enumeração implícita e de enumeração *Branch-and-Bound* (ramifica e delimita).

3.3.1 Enumeração Implícita para Programação Inteira Binária

A enumeração implícita consiste em um processo de resolução de problemas de otimização para variáveis de decisão que assumem valores 0 ou 1, conforme é apresentado na equação:

$$\min c_1y_1 + c_2y_2 + c_3y_3$$

s.a.

$$a_{11}\cdot y_1 + a_{12}\cdot y_2 + a_{13}\cdot y_3 \leq b_1$$
$$a_{21}\cdot y_1 + a_{22}\cdot y_2 + a_{23}\cdot y_3 \leq b_2$$
$$a_{31}\cdot y_1 + a_{32}\cdot y_2 + a_{33}\cdot y_3 \leq b_3$$
$$y_i \in (0,1),\ i = 1, 2, 3$$

O método de enumeração implícita é assim denominado porque, dado um subconjunto de variáveis binárias do problema fixadas, em 0 ou 1, pode-se concluir, através de testes descritos a seguir neste capítulo, que não é necessário enumerar explicitamente todas as possibilidades restantes. As soluções não avaliadas explicitamente estarão implicitamente enumeradas.

Conforme mencionado anteriormente, a solução de problemas de programação inteira pode ser avaliada por enumeração de todas as soluções possíveis. Isto pode ser realizado através do desenvolvimento de uma árvore de decisão, conforme apresentado na Figura 3.3. Nesta árvore, a cada nó corresponde a ramificação correspondente aos valores possíveis de uma das variáveis binárias do problema. Os nós finais desta árvore corresponderiam à enumeração explícita de todas as soluções possíveis. No caso do problema com 3 variáveis, tem-se 2^3 soluções possíveis, que correspondem aos 8 nós finais da Figura 3.3.

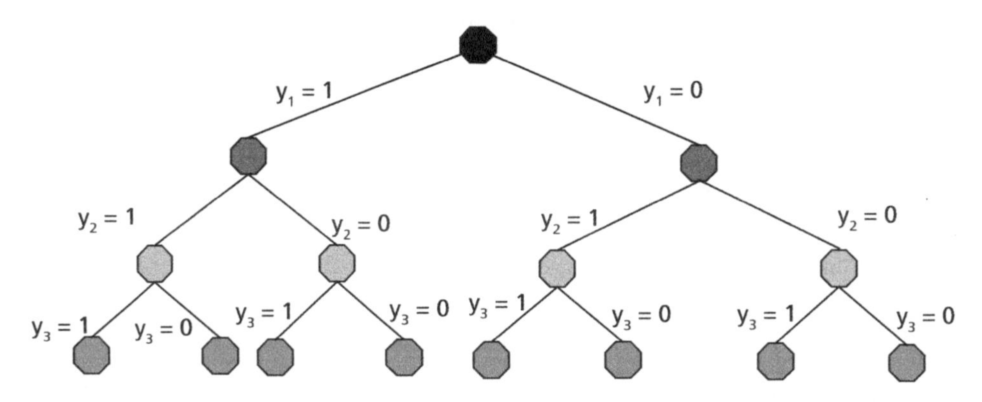

Figura 3.3 - Árvore de decisão com 3 variáveis binárias

Através de testes específicos, podem ser analisados subconjuntos de alternativas que levam a soluções inviáveis, ou com função objetivo pior do que uma dada solução já encontrada. A este procedimento dá-se o nome de método de enumeração implícita. Quanto melhor forem estes testes, menos soluções serão explicitamente analisadas e, portanto, mais eficiente será o método de solução.

A implementação do método é realizada em três etapas que são apresentadas abaixo:

- Preparação do problema
- Formação da árvore de busca
- Eliminação de ramos ou subproblemas

Preparação do problema: o problema de otimização deve ser preparado em sua forma básica, na qual todos os coeficientes da função objetivo devem ser não negativos. Para alguma variável $y_{k,}$ com coeficiente na função objetivo negativo, realiza-se uma troca de variável do tipo $y_k = (1\text{-}y_k')$, de modo que o coeficiente da nova variável tenha valor positivo. Quando a solução do problema é encontrada, realiza-se a transformação para as variáveis originais correspondentes.

Assim, a formulação do problema preparado, onde os elementos do vetor **c** são não negativos, resulta:

$$\min \boldsymbol{cy}$$
$$s.a.$$
$$\boldsymbol{Ay} \leq \boldsymbol{b}$$
$$y_i \in \{0,1\}$$

Formação da árvore de busca: a árvore de decisão é dividida em níveis associados a cada uma das variáveis. Para cada nó da árvore, as variáveis de níveis acima estão fixas em valores 0 ou 1 e as variáveis abaixo do nível são designadas como livres (não tiveram valor fixado até aquele nível). Conforme ilustrado na Figura 3.3, todas as variáveis são livres no nível 0, podendo assumir valores 0 ou 1. Para o nível 2, as variáveis y_1 e y_2 têm valores fixados e a variável y_3 tem valor livre.

A formação da árvore é realizada em direção a níveis superiores atribuindo-se valores unitários para as variáveis até que algum nó de ponta da árvore seja eliminado (o processo de eliminação será apresentado a seguir). Quando o nó é eliminado, segue-se na árvore no sentido dos nós pais (nós correspondentes aos níveis inferiores) até encontrar nó com apenas uma ramificação. A partir deste nó, realiza-se a segunda ramificação atribuindo à variável correspondente valor nulo e o processo continua do novo nó criado. Este procedimento é interrompido quando todos os nós de ponta dos ramos da árvore tenham sido eliminados.

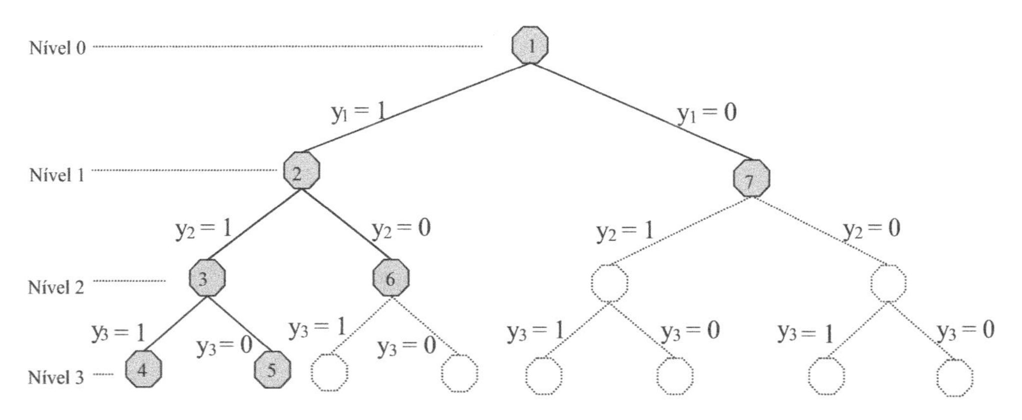

Figura 3.4 - Árvore binária e seqüência de nós criados

Acompanhando a formação da árvore da Figura 3.4, tem-se que o processo se inicia no nó do nível 0 (nó 1). A seguir cria-se um subproblema com $y_1 = 1$ (nó 2), depois com $y_1 = y_2 = 1$ (nó 3), e depois $y_1 = y_2 = y_3 = 1$ (nó 4), quando uma solução inteira é encontrada e o ramo é interrompido. Para o próximo passo, sobe-se um nível e ramifica-se o nó 3 para formar o nó 5 com $y_1 = y_2 = 1$ e $y_3 = 0$ no qual uma nova solução inteira é encontrada. A seguir sobem-se dois níveis, para encontrar o nó 2 com apenas um ramo; então este nó é ramificado para $y_1 = 1$, $y_2 = 0$, quando é eliminado por um dos critérios descritos a seguir. Sobe-se então até o primeiro nó não ramificado, nó 1 para formar o nó 7 com $y_1 = 0$; neste nó, as soluções descendentes são enumeradas implicitamente e as ramificações são eliminadas. No caso ilustrado avaliamos de 15 soluções apenas 7.

Eliminação: conforme citado e mostrado na árvore de decisão da Figura 3.4, ramificações de nós da árvore de busca são eventualmente eliminadas e as soluções descendentes podem ser implicitamente enumeradas. Este procedimento é realizado através de dois testes, que são apresentados a seguir:

- do mínimo valor da função objetivo
- do teste de viabilidade de soluções a jusante

Teste do valor inferior do ramo ou complementação com zeros: o valor mínimo da função objetivo, descrito através da função objetivo transformada, obtida na primeira fase de preparação do problema, para um determinado nó do nível k qualquer é alcançado se todas as variáveis livres assumem valor zero. Se o mínimo valor do ramo é menor que a solução até o momento encontrada prossegue-se no teste de viabilidade, descrito a seguir. Se é maior ou igual, tendo-se em conta que o problema é de minimização, as ramificações são eliminadas, pois as soluções do ramo produzem soluções no mínimo iguais ao valor calculado que é pior que a melhor solução até o momento encontrada. Ou seja, o valor da função objetivo é obtido pelas variáveis dos níveis anteriores já fixadas (com valores , $\bar{y}_i$, $i=1,..,k$) e as demais com valor nulo, isto é, o valor limite $\bar{z}$ da função objetivo é dado por:

$$\bar{z} = \boldsymbol{cy}$$
$$y_i = \bar{y}_i,\ i = 1 \ldots k$$
$$y_i = 0,\ i = k + 1 \ldots n$$

Teste de viabilidade: no teste de viabilidade é verificado, para cada restrição do problema, dadas as variáveis fixadas até determinado nível k, a possibilidade de solução viável, ou seja que a sobra máxima de uma dada restrição j da formulação obtida na primeira fase de preparação do problema, representada por s_j, seja positiva para todas as restrições do problema. Este teste pode ser representado matematicamente na seguinte equação. Quando este teste não é satisfeito para uma dada restrição, indicando que a condição de ≤ da restrição não foi satisfeita, todos os ramos subseqüentes são eliminados.

$$s_j = b_j - \sum_{i=1}^{k} \bar{y}_i a_{ij} - \sum_{i=k+1}^{n} \min\,(0, \bar{y}_i a_{ij})$$

3.3.2 Método de Enumeração *Branch-and-Bound*

O método de enumeração *Branch-and-Bound* consiste na solução do problema original através de subproblemas de programação linear, com resolução possível utilizando, por exemplo, o método SIMPLEX abordado no capítulo precedente.

O método parte da relaxação da condição de todas variáveis inteiras, isto é, estas variáveis são inicialmente admitidas como contínuas, sendo eventualmente somente limitadas ao seu valor máximo (no caso de variáveis binárias, introduz-se a restrição $y_i \leq 1$). Desta forma, o problema inicial consiste na solução de um problema de programação linear P0, cuja solução representa o ótimo do PL, conforme representado na Figura 3.2. O nó P0 consiste no nó inicial da árvore de busca da Figura 3.4, com valor da função objetivo Z0. No caso de um problema de maximização, o valor Z0 corresponderia a um limitante superior da função objetivo. A partir daí, são gerados subproblemas em estrutura da árvore, com o acréscimo progressivo de restrições, de forma que o valor da função objetivo deve sofrer piora para busca da solução inteira. A Figura 3.5 ilustra a árvore de decisão formada.

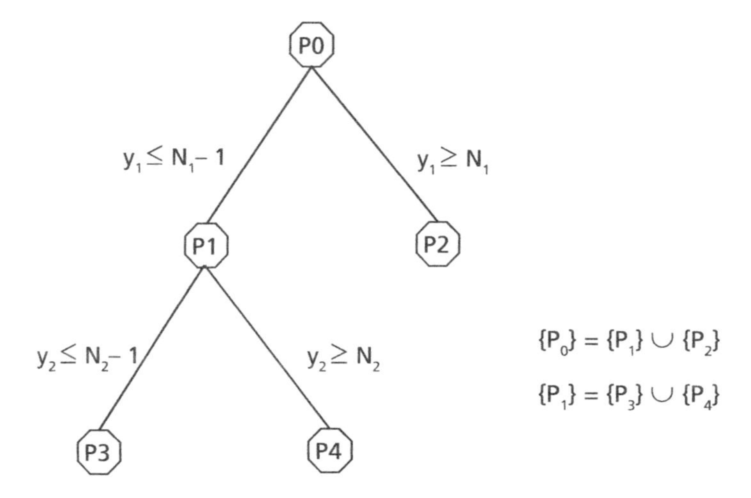

Figura 3.5 - Árvore de decisão para o método *Branch-and-Bound*

Observando as Figuras 3.5 e 3.2, nota-se que a primeira solução encontrada corresponde às variáveis y_1 e y_2 não inteiras. Assim, escolhendo-se a variável inteira y_1 para a ramificação, são criados dois subproblemas pela adição das restrições $y_1 \leq N_1 - 1$ e $y_1 \geq N_1$, onde N_1 representa o valor inteiro truncado de y_1 da solução P0. Os problemas P1 e P2 correspondentes são ilustrados na Figura 3.6a, com as soluções Z1 e Z2, respectivamente. Em particular, o problema P2 representa uma solução inteira do problema e, portanto, a árvore de busca não precisa mais de ramificações a partir deste nó. O problema P1, no entanto, consiste solução não inteira para a variável y_2 e, portanto, seleciona-se

y_2 para ramificação, conforme ilustrado na Figura 3.6b, com a geração dos problemas P3 e P4. Os problemas P3 e P4 resultam em soluções inteiras, portanto não exigindo ramificações e a árvore de busca está completa. As soluções inteiras P2 e P3 são descartadas e a solução P4 é solução ótima do problema.

O método, como o de enumeração implícita apresentado no item anterior, compreende três etapas:

- de ramificação
- de cálculo de limites
- de corte de ramos

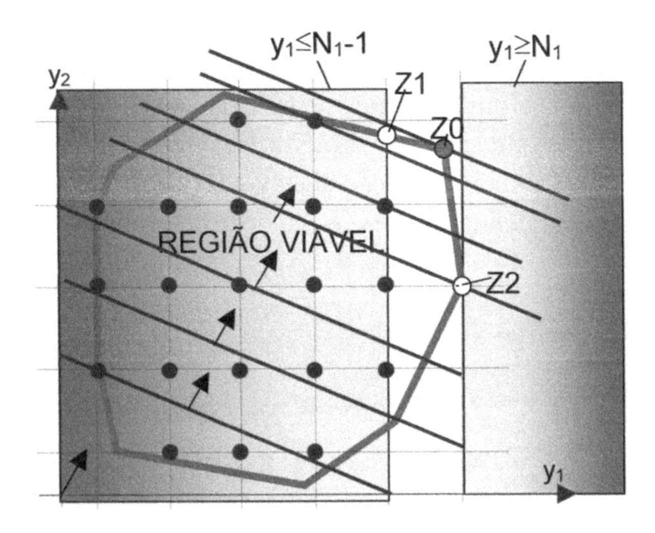

(a) Definição dos problemas P1 e P2

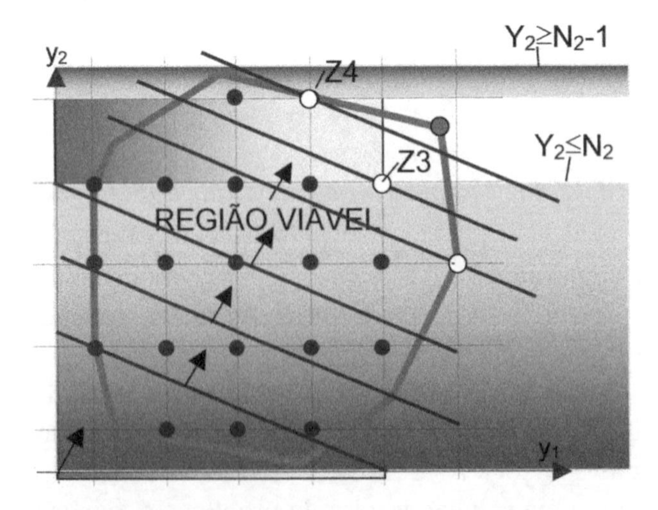

(b) Definição dos problemas P3 e P4

Figura 3.6 - Ramificações do algoritmo *branch-and-bound*

Ramificação: a ramificação de um nó consiste no acréscimo de restrições de forma a reduzir os problemas a um número de subconjuntos cuja união dos espaços corresponda ao espaço do problema pai, conforme ilustrado na Figura 3.5.

Cálculo de limites: para cada nó pendente o valor ótimo do problema de programação linear relaxado consiste em limite superior para a função objetivo no caso de problema de maximização (e inferior no caso de minimização) para os nós filhos. O valor inferior do problema consiste na melhor solução inteira encontrada até o momento.

Corte de ramos: três possibilidades podem ocorrer para que as soluções a jusante ou o ramo seja descartado.

- O subproblema consiste em solução inteira.
- O valor da função objetivo da solução do problema de programação linear relaxado é pior do que a melhor solução inteira até então encontrada.
- A resolução do problema de programação linear relaxado não tem solução viável.

A extensão para a solução do problema de programação inteira pura para o de programação linear mista é muito simples. Parte-se do problema de programação linear relaxado e acrescentam-se restrições somente para as variáveis inteiras que não assumiram valores inteiros no problema pai.

3.4 EXEMPLOS ILUSTRATIVOS

3.4.1 Exemplo 1 — Planejamento da Rede Elétrica

O problema em questão, ilustrado pela Figura 3.7, consiste em determinar a melhor configuração para atendimento da demanda D, através de construção da linha proveniente de S1 (trecho 1), ou através da linha proveniente de S2 (trecho 2) ou ainda da construção de ambas as linhas. Para tanto, deseja-se avaliar a solução de minimização do custo total. O trecho 1 apresenta custo de investimento C_{f1} e custo de perdas C_{p1} e o trecho 2 apresenta custo de investimento C_{f2} e custo de perdas C_{p2}.

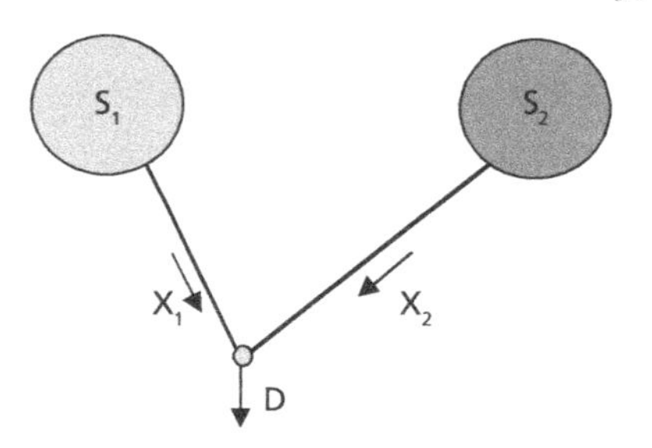

Figura 3.7 - Rede para o Exemplo Ilustrativo 1

Este problema é uma extensão do exemplo do item 2.4.2 (minimização de perdas elétricas), e pode ser formulado com a utilização de duas variáveis binárias, que correspondem a construção ou não dos trechos e duas variáveis contínuas X_1 e X_2, que correspondem aos carregamentos nos trechos. Admite-se que a demanda D possa ser dividida de acordo com os fluxos provenientes das duas ligações. A função objetivo, representada pelo custo total, é composta pela soma, para os dois trechos, do custo fixo C_{fi} de implantação e do custo de perdas C_{pi}, aproximado por uma função linear do fluxo no trecho, $C_{pi}X_i$. O custo de cada trecho pode ser então representado por uma função côncava, conforme ilustrado na Figura 3.8.

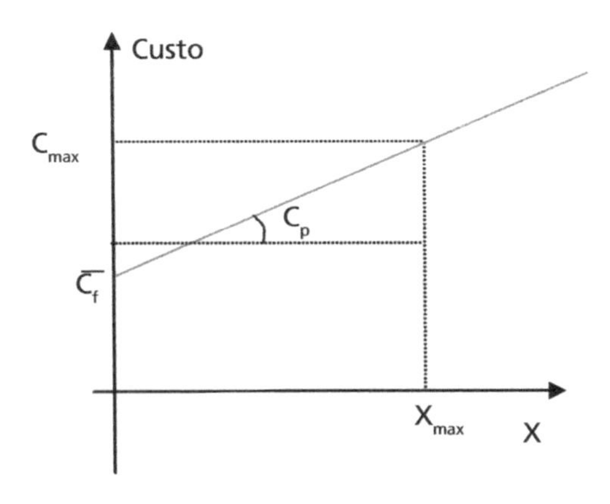

Figura 3.8 - Custo total para um trecho de rede

A região viável do problema é delimitada pelas restrições de atendimento da demanda D, e pelas restrições que garantem que a variável binária de cada trecho seja igual a 1 somente quando houver fluxo maior que zero. Além disso devem satisfazer as condições de carregamentos máximos dos trechos 1 e 2, com valores, respectivamente, M_1 e M_2. A formulação matemática para este problema pode então ser dada por:

$$\min Z = C_{f1}\delta_1 + C_{p1}\delta_1 + C_{f2}\delta_2 + C_{p2}\delta_2$$

$$s.a.$$

$$x_1 + x_2 \geq D$$

$$x_1 - M_1\delta_1 \leq 0$$

$$x_2 - M_2\delta_2 \leq 0$$

$$x_1, x_2 \geq 0$$

$$\delta_1, \delta_2 \in \{0,1\}$$

Assumindo-se uma demanda D = 12 os custos fixos C_{f1} = 100, C_{f2} = 50 os custos variáveis C_{p1} = 10, C_{p2} = 15 e os fluxos máximos M_1 = 15, M_2 = 12 a árvore de resolução do problema é apresentada na Figura 3.9. Nas ligações entre os problemas pais e descendentes serão apresentadas as restrições acrescidas e nos nós serão apresentados os valores da função objetivo das soluções dos problemas lineares relaxados.

Inicialmente o problema de programação linear relaxado é resolvido e a solução $\delta_1 = 0{,}8$, $\delta_2 = 0$ é obtida e o valor superior para a função objetivo é 200. Procede-se à ramificação para 2 subproblemas com as restrições $\delta_1 \leq 0$ e $\delta_1 \geq 1$. O primeiro subproblema é inviável e o ramo é encerrado. O segundo problema é resolvido, resultando em solução inteira e ótima (todos os ramos pesquisados) $\delta_1 = 1$, $\delta_2 = 0$.t

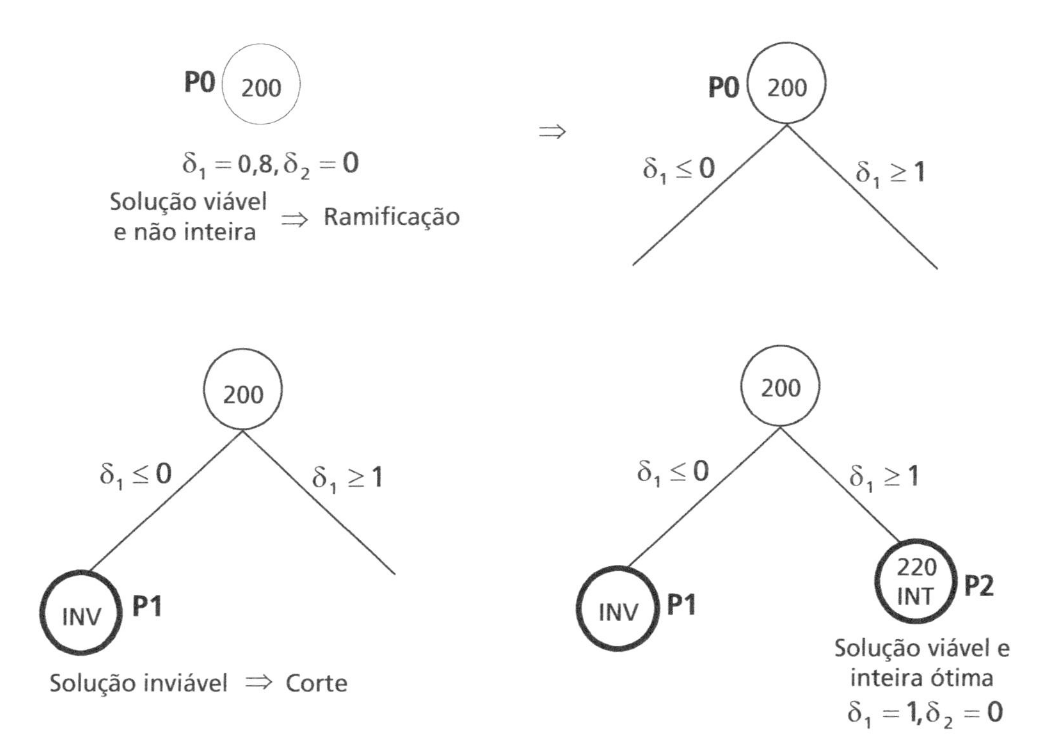

Figura 3.9 - Evolução da árvore do Exemplo 1

A Figura 3.10 ilustra a utilização do software OTIMIZA para solução de problemas de programação linear inteira mista. A interface é a mesma utilizada para problemas de programação linear, porém, neste caso, devem ser acrescidas as variáveis do tipo INT, que são variáveis binárias.

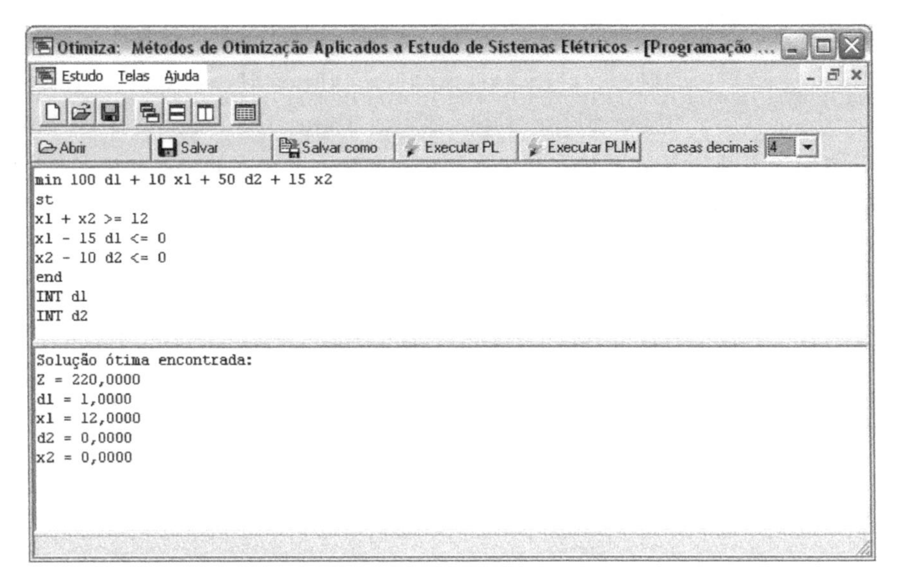

Figura 3.10 - Utilização do módulo de programação linear do Otimiza – Exemplo 1

3.4.2 Exemplo 2 – Minimização de Investimentos no Planejamento

O exemplo do item anterior tratou de um pequeno problema no qual os parâmetros considerados eram basicamente as variáveis de fluxo de potência. Neste segundo problema, analisa-se a parte de custo fixo dos problemas convencionais de configuração de redes, ou seja, aqueles custos que são provenientes de reforços no sistema.

Seja o sistema da Figura 3.11, que deve ser instalado em uma área nova, isto é, onde não existe rede elétrica ou subestação. Nesta, devem ser minimizados os investimentos no sistema de distribuição a ser implantado. A única restrição é que as configurações possíveis devem respeitar o balanço de demanda, isto é, devem suprir todos os nós da rede, não resultando nós isolados na configuração final.

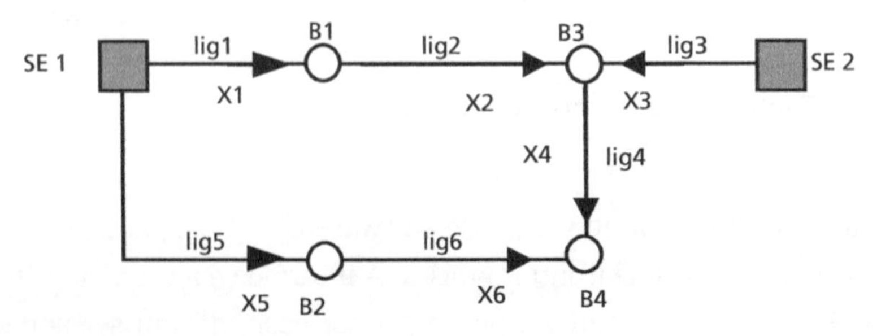

Figura 3.11 - Sistema para o Exemplo 2

A formulação por programação linear inteira mista pode ser expressa como sendo:

$$\min C_f = \min\left(\sum_{i=1}^{6} C_i\delta_i + \sum_{j=1}^{2} C_{sj}\delta_{sj}\right)$$

$$\begin{aligned}
s.a.\quad & X_1 - X_2 = D_1 \\
& X_5 - X_6 = D_2 \\
& X_2 + X_3 - X_4 = D_3 \\
& X_4 + X_6 = D_4 \\
& X_i - M\delta_i \leq 0, i = 1,\ldots,6 \\
& X_1 + X_5 - M\delta_{s1} \leq 0 \\
& X_3 - M\delta_{s2} \leq 0 \\
& \delta_i, \delta_{sj} \in \{0,1\}
\end{aligned}$$

Assumindo-se os custos fixos (em unidades): $C_1 = 5$, $C_2 = 5$, $C_3 = 6$, $C_4 = 5$, $C_5 = 8$, $C_6 = 10$, $C_{s1} = 100$, $C_{s2} = 200$ e demandas unitárias (D_i = 1pu) em todos os nós, a solução do problema PLIM resulta nas seguintes variáveis binárias: $\delta_1 = \delta_2 = \delta_4 = \delta_5 = \delta_{s1} = 1$ e $\delta_3 = \delta_6 = \delta_{s2} = 0$, com fluxos nas ligações: $X_1 = 3pu$, $X_2 = 2pu$, $X_4 = 1pu$, $X_5 = 1pu$, $X_3 = X_6 = 0$ e custo fixo total de 123 unidades, conforme ilustrado na Figura 3.12.

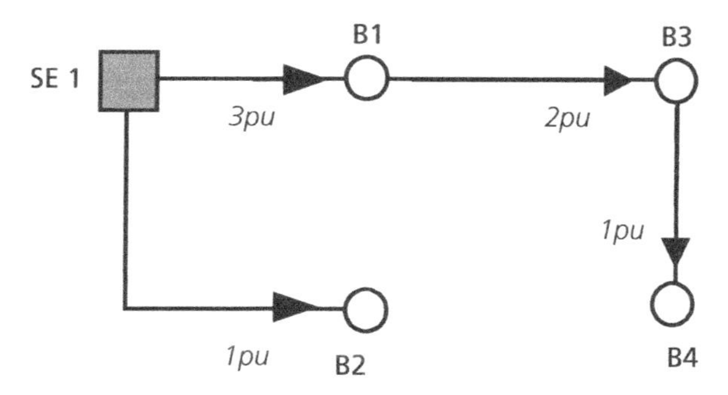

Figura 3.12 - Solução Ótima para o Problema 2

Na Figura 3.13 é apresentada a árvore de busca do método de enumeração *Branch-and-Bound*. Para cada nó da árvore, se existe solução viável para o problema linear relaxado, o valor da função objetivo e a primeira variável inteira com valor não inteiro na solução (variável que participa das restrições acrescidas nos ramos) são apresentados no nó. No caso de solução inteira é utilizado código INT. No caso de não haver solução viável utilizou-se o código INV. A Ordem para a execução dos problemas priorizou a busca em profundidade (último problema criado é o primeiro a ser resolvido). A primeira solução inteira assim obtida foi de $C_f = 324$, seguida de $C_f = 329$, $C_f = 128$ e finalmente $C_f = 123$, com todos os ramos da árvore encerrados e a solução ótima obtida. 33 problemas foram resolvidos, sendo que, neste problema de dimensões pequenas, uma busca exaustiva resultaria em $2^6 = 64$ soluções a serem avaliadas.

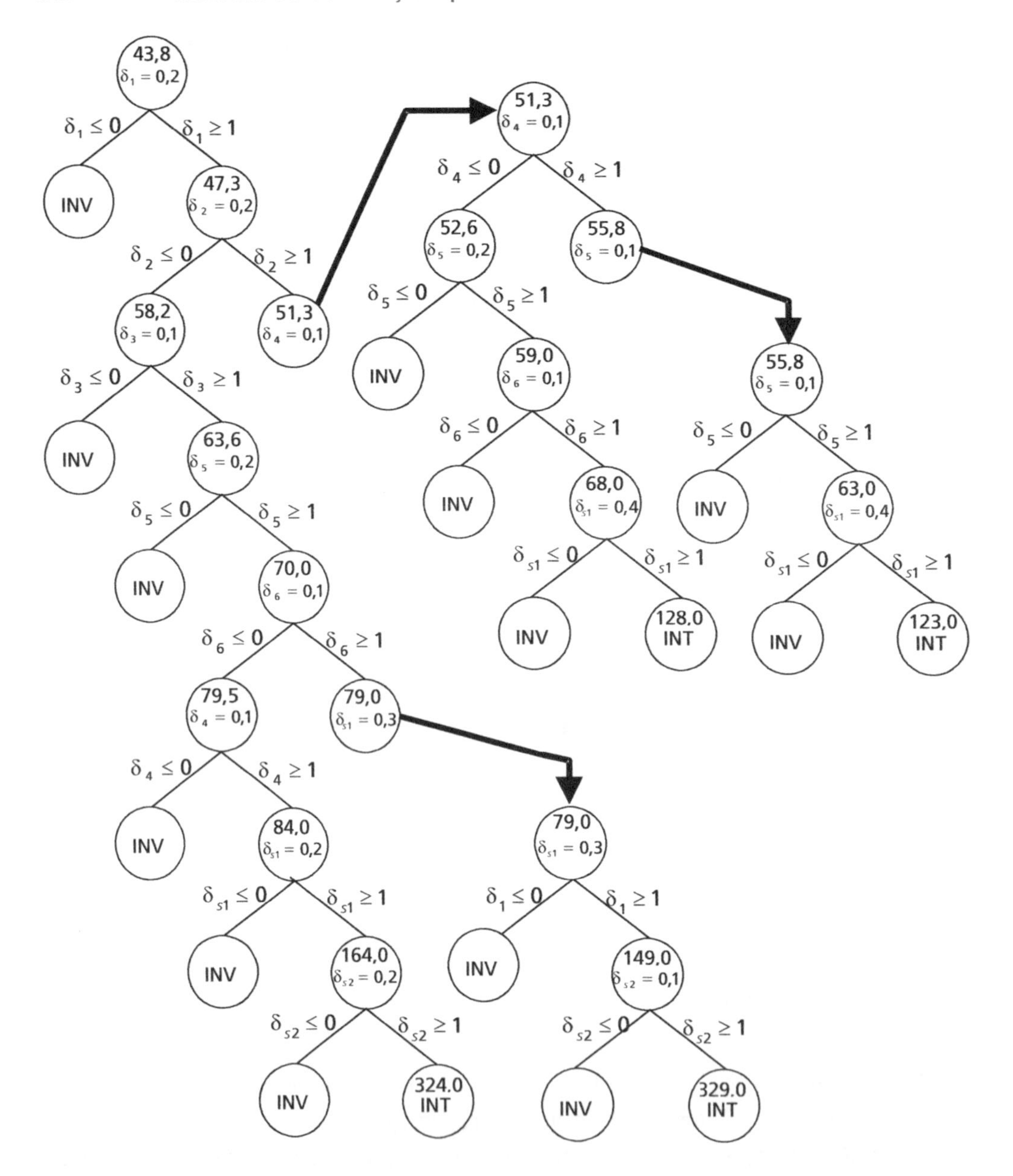

Figura 3.13 - Árvore de resolução do Problema 2 (INV = solução viável, INT = solução inteira)

Na Figura 3.14 é apresentado o módulo de resolução de problemas matemáticos de otimização no software OTIMIZA.

```
MIN 5 d1 + 5 d2 + 6 d3 + 5 d4 + 8 d5 + 10 d6 + 100 ds1 + 200 ds2
ST
x1 - x2 = 1
x5 - x6 = 1
x2 + x3 - x4 = 1
x4 + x6 = 1
x1 - 10d1 <= 0
x2 - 10d2 <= 0
x3 - 10d3 <= 0
x4 - 10d4 <= 0
x5 - 10d5 <= 0
x6 - 10d6 <= 0
x1 + x5 - 10 ds1 <= 0
x3 - 10 ds2 <= 0
END
INT d1
INT d2
INT d3
INT d4
INT d5
INT d6
INT ds1
INT ds2
```

```
Solução ótima encontrada:
Z = 123.0000
d1 = 1.0000
d2 = 1.0000
d3 = 0.0000
d4 = 1.0000
d5 = 1.0000
d6 = 0.0000
ds1 = 1.0000
ds2 = 0.0000
x1 = 3.0000
x2 = 2.0000
x5 = 1.0000
x6 = 0.0000
x3 = 0.0000
x4 = 1.0000
```

Figura 3.14 - Utilização do módulo de programação inteira no OTIMIZA – Exemplo 2

3.5 APLICAÇÕES DE PLI NO SOFTWARE OTIMIZA

Neste item são apresentados dois problemas na área de engenharia de distribuição que ilustram a aplicação de programação linear inteira e programação linear inteira mista.

O primeiro problema consiste na aplicação de programação linear inteira para a priorização de obras ou atividades em uma empresa de distribuição. Cada possível obra/atividade representa um custo de uma ação e também resulta em determinado benefício. O problema de otimização seleciona aquelas obras que propiciam o maior benefício, sendo atendidas restrições relativas ao orçamento da empresa e outras que dependem do inter-relacionamento das obras.

O segundo problema consiste na otimização do despacho da geração. A função de custo de cada gerador é não linear com o fluxo de potência. Estas curvas de custo são aproximadas por segmentos de retas, o que pode ser realizado através de uma formulação de programação linear inteira mista.

3.5.1 Aplicação 1 — Priorização de Obras

A aplicação 1 corresponde a um problema de programação inteira (PI), referente à seleção de um conjunto de obras a serem realizadas, que pode ser solucionado pelas 2 técnicas apresentadas nos itens anteriores, ou seja, pelas técnicas de Enumeração Implícita e de *Branch-and-Bound*.

O problema pode ser descrito da seguinte forma:

> "Para um dado conjunto de obras, definidas pelo usuário, deve-se selecionar aquelas a serem priorizadas de tal forma a se maximizar o Benefício Global, respeitando-se uma determinada restrição orçamentária assim como relações de exclusão ou de obrigatoriedade entre obras. Para cada obra, são conhecidos os valores de Benefício e de Custo correspondentes. Também são dados do problema, fornecidos pelo usuário, as obras que não podem ser feitas simultaneamente (excludentes) e aquelas para as quais existe uma relação de dependência (solidárias), ou seja, uma delas só pode ser feita se a outra também for selecionada."

Formalmente, o problema pode ser formulado da seguinte forma:

$$\max \sum_{i=1}^{n} B_i \, y_i$$

$$s.a.$$

$$\sum_{i=1}^{n} C_i \, y_i \leq INV_{\max} \quad (orçamento)$$

$$y_j + y_k \leq 1 \quad (j \; e \; k \; obras \, excludentes)$$

$$y_m - y_p \geq 0 \quad (obra \, p \; depende \; da \; obra \; m)$$

$$y_i \in \{0,1\} \qquad i = 1,\ldots,n$$

Onde:

n : número total de obras consideradas

B_i : benefício da obra i, em R$

y_i : variável de decisão referente à obra i (1: constrói, 0: não constrói)

INV_{max} : orçamento total disponível, em R$

Na Figura 3.15 são apresentados os dados para um exemplo ilustrativo de priorização de obras. A Figura 3.15a ilustra as 5 possíveis obras candidatas, sendo que cada obra conta com custo e benefício, em valores monetários. A Figura 3.15b ilustra as obras excludentes: por exemplo, ou recondutora-se o circuito, ou instala-se um circuito novo. Ainda, ou expande-se a subestação existente ou constrói-se uma subestação nova. A Figura 3.15c ilustra as obras solidárias, ou dependentes: a título de ilustração, a poda só é executada se for realizado o recondutoramento da rede. Além disso, o orçamento é de 100.000 unidades monetárias.

Edição da tabela OBRA

Insere | Retira | Confirma

#	NOME	CUSTO	BENEFÍCIO
1	Poda	5000	500
2	Recondutora	20000	1000
3	Circuito novo	40000	1500
4	Expansão SE	50000	1000
5	SE nova	80000	1000

unidade: $

(a) Definição das obras, com custos e benefícios correspondentes

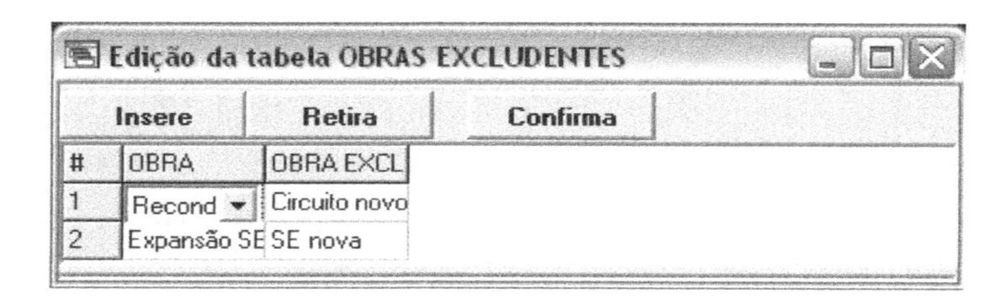

Edição da tabela OBRAS EXCLUDENTES

Insere | Retira | Confirma

#	OBRA	OBRA EXCL
1	Recond	Circuito novo
2	Expansão SE	SE nova

(b) Definição de obras excludentes

Edição da tabela OBRAS SOLIDÁRIAS

Insere | Retira | Confirma

#	OBRA	OBRA SOLID
1	Recond	Poda

(c) Definição de obras solidárias ou dependentes

Figura 3.15 - Dados para o exemplo de priorização de obras

A formulação do problema pode ser dada conforme ilustrado na Figura 3.16, o que é mostrado por um dos relatórios do software OTIMIZA (botão formulação PL).

```
MAX 500.00obra_1 + 1000.00obra_2 + 1500.00obra_3 + 1000.00obra_4 +
1000.00obra_5
SUBJECT TO
! restrições do orçamento:
5000.00obra_1 + 20000.00obra_2 + 40000.00obra_3 + 50000.00obra_4 + 80000.00obra_5
<= 100000.00
! restrições de obras excludentes:
obra_2 + obra_3 <= 1
obra_4 + obra_5 <= 1
! restrições de obras interdependentes:
 -obra_2 + obra_1 >= 0
END
! variáveis binárias
INT obra_1
INT obra_2
INT obra_3
INT obra_4
INT obra_5
!
!------------------------------------------------------------------
! descrição das variáveis:
!------------------------------------------------------------------
! obra_1: inclusão da obra 'Poda'
! obra_2: inclusão da obra 'Recondutoramento'
! obra_3: inclusão da obra 'Circuito novo'
! obra_4: inclusão da obra 'Expansão SE'
! obra_5: inclusão da obra 'SE nova'
```

Figura 3.16 - Formulação do problema de priorização de 5 obras

A Figura 3.17 ilustra o resultado da otimização, obtido pelos métodos de enumeração implícita e *branch-and-bound*, que se aplicam à solução do problema da Figura 3.16.

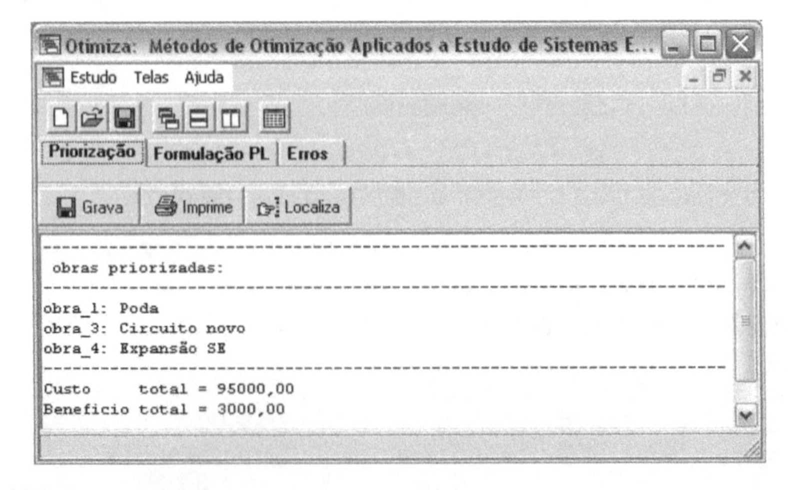

Figura 3.17 - Resultado do problema de priorização de obras

3.5.2 Aplicação 2 — Despacho da Geração

A aplicação 2 corresponde a um problema de programação linear inteira mista (PLIM), referente à determinação do melhor despacho de unidades de geração para o atendimento de uma determinada demanda do sistema.

Assim, o problema pode ser descrito da seguinte forma [4]:

> "Dispõe-se de n geradores que podem ser despachados para o suprimento de uma carga global de um certo valor pré-estabelecido. Cada gerador tem uma capacidade máxima, e o custo de geração de cada unidade foi linearizado por estágios (ou taps). Deseja-se estabelecer o despacho ótimo da geração, ou seja, a potência a ser fornecida por cada um dos geradores, de tal forma a se atender a carga total com o mínimo custo de geração."

Considera-se que o custo de geração é uma função não linear do despacho e que esta função é aproximada por uma série de segmentos de retas, conforme mostrado na Figura 3.18 para um dado gerador G_0. Esta função não necessariamente é convexa (no caso da figura, a função é côncava). Para otimização desta função objetivo, utiliza-se uma formulação de programação linear inteira mista.

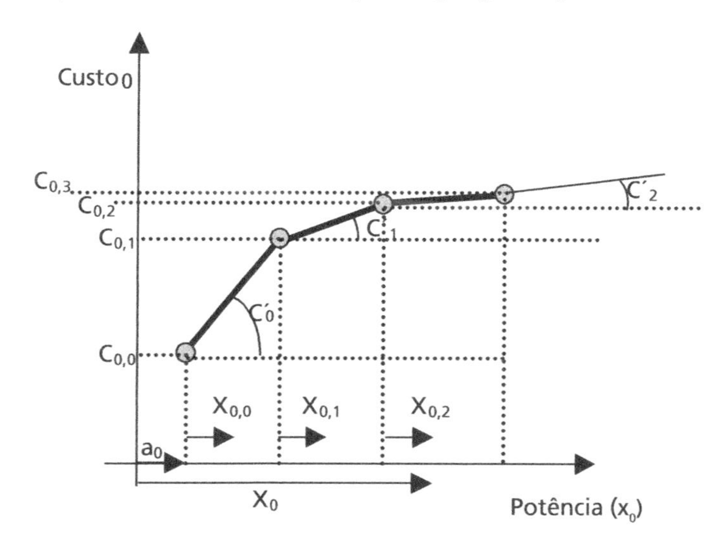

Figura 3.18 - Custo de um gerador

Para um dado despacho do gerador G_0 igual a X_0, a formulação deve contabilizar o custo não linear dado pela curva da Figura 3.18. Sendo este gerador o único disponível para atender a carga D, tem-se a seguinte formulação:

$$\min C_{0,0}\delta_{0,0} + \sum_{i=0}^{2}\left(C'_i X_{0,i}\right)$$
$$s.a.$$
$$\delta_{0,0} \geq \delta_{0,1}$$
$$\delta_{0,1} \geq \delta_{0,2}$$
$$X_{0,0} \leq M_{0,0}\delta_{0,0}$$
$$X_{0,0} \geq M_{0,0}\delta_{0,1}$$
$$X_{0,1} \leq M_{0,1}\delta_{0,1}$$
$$X_{0,1} \geq M_{0,1}\delta_{0,2}$$
$$X_{0,2} \leq M_{0,2}\delta_{0,2}$$
$$X_0 = X_{0,0} + X_{0,1} + X_{0,2} + a_0\delta_0$$
$$X_0 \geq D$$

Na formulação apresentada, tem-se que:

a. Os custos C'_i são custos unitários (por exemplo, em R$/MW), dados pelas tangentes dos segmentos de reta da Figura 3.18.
b. As variáveis $\delta_{0,i}$ representam se o segmento de reta da Figura 3.18 foi utilizado ou não.
c. As variáveis $X_{0,i}$ representam parcelas do fluxo total, correspondendo a cada segmento de reta utilizado.

A generalização da formulação acima, para o caso de n geradores com m segmentos cada pode ser dada por:

$$\min \sum_{j=0}^{n-1}\left[C_{j,0}\delta_{j,0} + \sum_{i=0}^{m-1}\left(C'_{j,i} X_{j,i}\right)\right]$$
$$s.a.$$
$$\delta_{j,i} \geq \delta_{j,i+1}, \quad j = 0,\ldots,n-1, \; i = 0,..m-2$$
$$X_{j,i} \leq M_{j,i}\delta_{j,i} \quad j = 0,\ldots,n-1, \; i = 0,..m-1$$
$$X_{j,i} \geq M_{j,i}\delta_{j,i+1} \quad j = 0,\ldots,n-1, \; i = 0,..m-2$$
$$X_j = a_j\delta_{j,0} + \sum_{i=0}^{m-1} X_{j,i} \quad j = 0,\ldots,n-1$$
$$\sum_{j=0}^{n-1} X_j \geq D$$

Onde:

n : número total geradores;

m : número de segmentos (ou taps) do gerador;

$C_{j,0}$: custo inicial fixo do gerador j, em R$;

$C_{j,i}$: custo unitário do gerador j para o tap i, em R$/MW;

$X_{j,i}$: potência fornecida pelo gerador j no tap i, em MW;

X_j : potência fornecida pelo gerador j, em MW;

$\delta_{j,0}$: variável de decisão referente ao gerador j (1: despacha, 0: não despacha);

$\delta_{j,i}$: variável de decisão referente ao gerador j no tap i (1: despacha, 0: não despacha);

$M_{j,i}$: capacidade máxima do gerador j no tap i em MW;

a_j : despacho mínimo do gerador j, em MW.

Para ilustrar esta aplicação, considera-se um caso para avaliação do despacho ótimo de 3 geradores G1, G2 e G3, com capacidades de 200, 150 e 175 MVA, respectivamente, para o suprimento de uma carga total de 300 MW, conforme Figura 3.19. Os custos de geração são ilustrados na Figura 3.20.

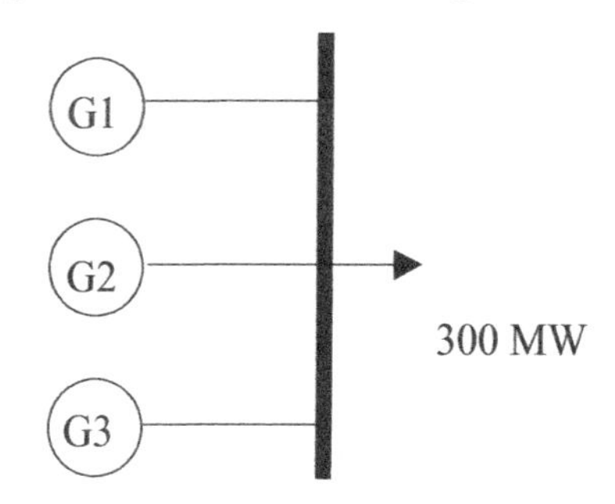

Figura 3.19 - Exemplo da Aplicação 2

Edição da tabela CUSTO...

Insere | Retira

#	GER_ID	TAP	CUSTO
1	G1	50	810
2	G1	75	1355
3	G1	100	1460
4	G1	125	1772,5
5	G1	150	2085
6	G1	175	2427,5
7	G1	200	2760
8	G2	50	750
9	G2	75	1155
10	G2	100	1360
11	G2	125	1655
12	G2	150	1950
13	G3	50	806
14	G3	75	1108,5
15	G3	100	1411
16	G3	125	1704,5
17	G3	150	1998
18	G3	175	2358

Figura 3.20 - Custos de geração

A formulação correspondente é fornecida pelo software OTIMIZA, conforme apresentado na Figura 3.21, onde todas as variáveis di_j são binárias (do tipo INT).

```
    MIN 810.00d0_0 + 21.80x0_0 + 4.20x0_1 + 12.50x0_2 + 12.50x0_3 + 13.70x0_4
+ 13.30x0_5 + 750.00d1_0 + 16.20x1_0 + 8.20x1_1 + 11.80x1_2 + 11.80x1_3 +
806.00d2_0 + 12.10x2_0 + 12.10x2_1 + 11.74x2_2 + 11.74x2_3 + 14.40x2_4
    SUBJECT TO
     1.00d0_0 -1.00d0_1 >= 0.000000
     1.00d0_1 -1.00d0_2 >= 0.000000
     1.00d0_2 -1.00d0_3 >= 0.000000
     1.00d0_3 -1.00d0_4 >= 0.000000
     1.00d0_4 -1.00d0_5 >= 0.000000
     -25.00d0_0 + 1.00x0_0 <= 0.000001
     -25,00d0_1 + 1,00x0_0 >= -0.000001
     -25.00d0_1 + 1.00x0_1 <= 0.000001
     -25,00d0_2 + 1,00x0_1 >= -0.000001
     -25.00d0_2 + 1.00x0_2 <= 0.000001
     -25,00d0_3 + 1,00x0_2 >= -0.000001
     -25.00d0_3 + 1.00x0_3 <= 0.000001
     -25,00d0_4 + 1,00x0_3 >= -0.000001
     -25.00d0_4 + 1.00x0_4 <= 0.000001
     -25,00d0_5 + 1,00x0_4 >= -0.000001
     -25.00d0_5 + 1.00x0_5 <= 0.000000
     -50.00d0_0 -1.0x0_0 -1.0x0_1 -1.0x0_2 -1.0x0_3 -1.0x0_4 -1.0x0_5 + 1.0x0
= 0.000000
     1.00d1_0 -1.00d1_1 >= 0.000000
     1.00d1_1 -1.00d1_2 >= 0.000000
     1.00d1_2 -1.00d1_3 >= 0.000000
     -25.00d1_0 + 1.00x1_0 <= 0.000001
     -25,00d1_1 + 1,00x1_0 >= -0.000001
     -25.00d1_1 + 1.00x1_1 <= 0.000001
     -25,00d1_2 + 1,00x1_1 >= -0.000001
     -25.00d1_2 + 1.00x1_2 <= 0.000001
     -25,00d1_3 + 1,00x1_2 >= -0.000001
     -25.00d1_3 + 1.00x1_3 <= 0.000000
     -50.00d1_0 -1.00x1_0 -1.00x1_1 -1.00x1_2 -1.00x1_3 + 1.00x1 = 0.000000
     1.00d2_0 -1.00d2_1 >= 0.000000
     1.00d2_1 -1.00d2_2 >= 0.000000
     1.00d2_2 -1.00d2_3 >= 0.000000
     1.00d2_3 -1.00d2_4 >= 0.000000
     -25.00d2_0 + 1.00x2_0 <= 0.000001
     -25,00d2_1 + 1,00x2_0 >= -0.000001
     -25.00d2_1 + 1.00x2_1 <= 0.000001
     -25,00d2_2 + 1,00x2_1 >= -0.000001
     -25.00d2_2 + 1.00x2_2 <= 0.000001
     -25,00d2_3 + 1,00x2_2 >= -0.000001
     -25.00d2_3 + 1.00x2_3 <= 0.000001
     -25,00d2_4 + 1,00x2_3 >= -0.000001
     -25.00d2_4 + 1.00x2_4 <= 0.000000
     -50.00d2_0 -1.00x2_0 -1.00x2_1 -1.00x2_2 -1.00x2_3 -1.00x2_4 + 1.00x2 =
0.000000
     1.00x0 + 1.00x1 + 1.00x2 >= 300.000000
    END
```

Figura 3.21 - Formulação PLIM para o problema de despacho da geração

O relatório final de saída é apresentado na Figura 3.22.

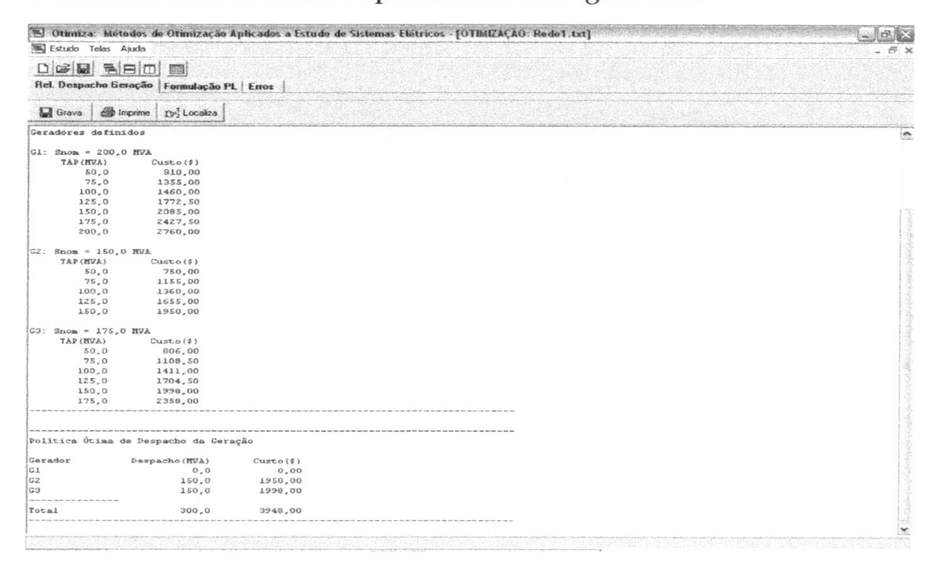

Figura 3.22 - Relatório final do despacho de geração

REFERÊNCIAS BIBLIOGRÁFICAS

[1] J. P. Ignizio, T. M. Cavalier. *Linear programming*, Prentice-Hall, 1994.

[2] F. S. Hillier; G. J. Lieberman. *Introduction to operations research*, 6th Edition, McGraw-Hill, 1995.

[3] N. Kagan. *Electrical distribution systems planning using multiobjective and fuzzy mathematical programming*, Ph.D Thesis, Universidade de Londres, 1993.

[4] B. F. Wollenberg; A. Wood. *Power generation operation and control*, Second Edition John Wiley and Sons, 1996.

4 O Problema de Transporte

4.1 INTRODUÇÃO

Como o próprio nome sugere, o problema de transporte surgiu da necessidade de otimizar custos relacionados ao transporte de produtos entre centros de produção e centros de consumo. A partir daí verificou-se que a formulação empregada em problemas de transporte permitia resolver também outros problemas não relacionados com o transporte de mercadorias, de forma que o termo "Problema de Transporte" passou a ter um sentido mais amplo. Atualmente o termo se refere a problemas de Programação Linear que possuem uma estrutura especial na matriz de coeficientes das restrições.

No presente capítulo o problema de transporte será apresentado como um caso especial do problema geral da Programação Linear. Neste caso será possível verificar que a matriz de coeficientes das restrições é geralmente esparsa (com muitos elementos nulos), o que é particularmente válido para problemas de grande porte, com centenas ou milhares de variáveis de decisão. Esta é a principal característica que os algoritmos desenvolvidos especificamente para o problema de transporte procuram explorar, de forma a obter ganhos computacionais significativos em relação à aplicação direta do algoritmo SIMPLEX. Um dos algoritmos mais conhecidos, o denominado algoritmo *Out-of-Kilter*, será apresentado em detalhe. Será então apresentado e discutido um exemplo ilustrativo do problema de transporte no contexto de sistemas elétricos, bem como três aplicações utilizadas no software OTIMIZA.

4.2 O PROBLEMA DE TRANSPORTE COMO UMA ESPECIALIZAÇÃO DO PROBLEMA GERAL DE PROGRAMAÇÃO LINEAR

Nesta seção o problema de transporte será apresentado, inicialmente, através de um exemplo simples e, posteriormente, através de sua formulação geral. Serão discutidos ainda alguns aspectos importantes do problema, tais como a condição de existência de soluções viáveis e a integralidade das soluções obtidas.

4.2.1 Problema Exemplo

A Figura 4.1 representa graficamente um sistema distribuidor que conecta dois centros produtores a três centros de consumo. Esta representação é também conhecida como representação por rede de transporte.

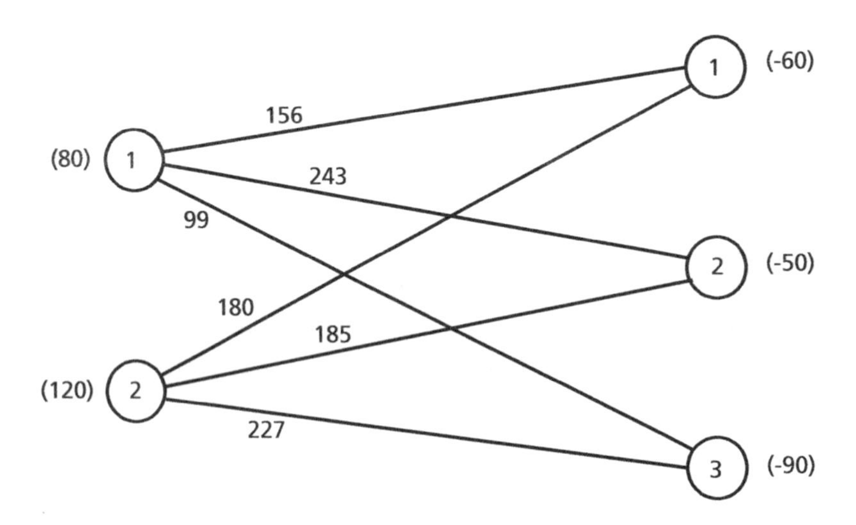

Figura 4.1 - Exemplo de sistema distribuidor de mercadorias

Neste caso considera-se que a produção de qualquer um dos centros produtores pode ser enviada a qualquer um dos centros de consumo, o que implica que a rede de transporte possui todas as 6 conexões (arcos) possíveis. O número associado ao arco que liga um determinado centro de produção a um determinado centro de consumo indica o custo de transporte de uma unidade de produto naquela rota (custo unitário). O número associado a cada centro de produção (entre parênteses) indica o nível de produção do centro, em unidades do produto. Da mesma forma, o número associado a cada centro de consumo (também entre parênteses) indica a demanda daquele centro em unidades do produto. Neste caso as demandas aparecem com sinal negativo para destacar que os centros de consumo absorvem as unidades provenientes da rede.

A formulação do problema de minimização do custo total de transporte neste exemplo é apresentada a seguir.

$$
\begin{aligned}
&\min Z = 156x_{11} + 243x_{12} + 99x_{13} + 180x_{21} + 185x_{22} + 227x_{23} \\
&\text{s.a.} \\
&x_{11} + x_{12} + x_{13} = 80 \\
&x_{21} + x_{22} + x_{23} = 120 \\
&x_{11} + x_{21} = 60 \\
&x_{12} + x_{22} = 50 \\
&x_{13} + x_{23} = 90
\end{aligned} \tag{4.1}
$$

Na formulação (4.1) as duas primeiras equações refletem a restrição de capacidade dos centros produtores (80 e 120 unidades respectivamente), enquanto que as três últimas equações representam as restrições de demanda dos centros de consumo (60, 50 e 90 unidades respectivamente). É fácil verificar que, dos 30 elementos da matriz de coeficientes das restrições, 18 elementos são nulos. Este já é um resultado bastante significativo, visto que o exemplo possui apenas 2 centros de produção e 3 de consumo e que todas as rotas possíveis foram consideradas. Em problemas reais com elevado número de centros de produção e de consumo e onde nem todas as rotas possíveis tenham que ser consideradas, o grau de esparsidade da matriz de coeficientes será significativamente maior.

4.2.2 Formulação Geral do Problema

A expressão (4.2) apresenta a formulação geral do problema de transporte.

$$
\begin{aligned}
&\min Z = \sum_{i=1}^{m}\sum_{j=1}^{n} c_{ij}x_{ij} \ , \\
&s.a. \\
&\sum_{j=1}^{n} x_{ij} = p_i \qquad i = 1,2,\ldots,m; \\
&\sum_{i=1}^{m} x_{ij} = d_j \qquad j = 1,2,\ldots,n; \\
&x_{ij} \geq 0 \qquad \forall i, j
\end{aligned} \tag{4.2}
$$

Onde:

x_{ij} : número de unidades de produto transportadas do centro de produção i até o centro
: consumo j

C_{ij} : custo unitário de transporte do centro de produção i até o centro de consumo j

i : índice dos m centros de produção

j : índice dos n centros de consumo

P_i : número de unidades produzidas no centro i

d_j : número de unidades consumidas no centro j

A Figura 4.2 apresenta a estrutura da matriz de coeficientes das restrições do problema de transporte, na qual é possível distinguir dois grupos de linhas. O primeiro grupo representa as restrições de produção, enquanto que o segundo grupo representa as restrições de demanda. Todos os elementos em branco representam valores nulos.

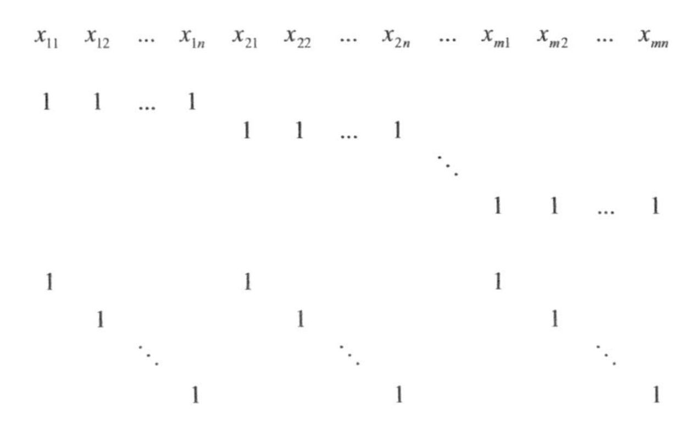

Figura 4.2 - Estrutura da matriz de coeficientes das restrições

Qualquer problema com a formulação (4.2) e a estrutura da matriz da Figura 4.2 é considerado um problema de transporte, mesmo que o problema físico não seja de transporte de produtos ou mercadorias [1].

4.2.3 Propriedades do Problema de Transporte

Uma primeira propriedade importante do problema de transporte garante que se todos os valores p_i e d_j na formulação (4.2) (níveis de produção e demanda em todos os centros) forem inteiros, todas as variáveis básicas em todas as soluções básicas viáveis possuirão valores inteiros, o que inclui a solução ótima. Caso o problema físico exija que as variáveis x_{ij} assumam valores inteiros, não é necessário incluir restrições adicionais de integralidade; basta garantir que todos os p_i e d_j tenham valores inteiros.

Outra propriedade importante diz respeito à existência de soluções viáveis: uma condição necessária e suficiente para que um problema de transporte tenha qualquer solução viável é que:

$$\sum_{i=1}^{m} p_i = \sum_{j=1}^{n} d_j \tag{4.3}$$

Esta propriedade pode ser facilmente verificada observando-se que, a partir das restrições de produção e demanda na formulação (4.2), é válida a seguinte igualdade:

$$\sum_{i=1}^{m} p_i = \sum_{j=1}^{n} d_j = \sum_{i=1}^{m}\sum_{j=1}^{n} x_{ij} \tag{4.4}$$

Caso algum valor p_i e/ou d_j represente um limite superior em vez de uma quantidade exata, o problema real pode ser colocado na forma (4.2) utilizando-se um centro fictício de produção e/ou de consumo. Neste caso o centro fictício terá a função de prover ou absorver a diferença de forma a transformar as inequações do problema original em equações.

4.3 O ALGORITMO *OUT-OF-KILTER*

O algoritmo conhecido por *out-of-kilter* (Ford-Fulkerson) tem por objetivo determinar a distribuição de fluxo em uma rede de transporte que resulte no mínimo custo, respeitando as restrições de capacidade máxima dos elementos da rede e da conservação do fluxo (1ª Lei de Kirchoff).

Para a utilização do algoritmo em uma rede elétrica, esta deve ser representada por uma rede equivalente de transporte, na qual todos os elementos da rede são representados através de nós e arcos direcionais, conforme ilustrado na Figura 4.3. Os nós de carga e de geração são representados por arcos que os ligam a um nó artificial da rede (nó de referência).

Na Figura 3a, as setas indicam os possíveis sentidos de fluxo em cada trecho de rede. Na rede de transporte, os arcos são direcionais, indicando o sentido do fluxo. Desta forma, um trecho da rede elétrica que possui um único sentido possível de fluxo (caso dos trechos 1-2 e 1-3) é representado por um único arco na rede de transporte (arcos 1-2 e 1-3, respectivamente). Por outro lado, um trecho no qual o fluxo pode ser nos dois sentidos (caso do trecho 2-3) é representado por dois arcos na rede de transporte (arcos 2-3 e 3-2). As barras de carga são representadas por um arco direcionado para o nó de referência (arcos 2-0 e 3-0), e a barra de geração por um arco do nó de referência para a barra (arco 0-1).

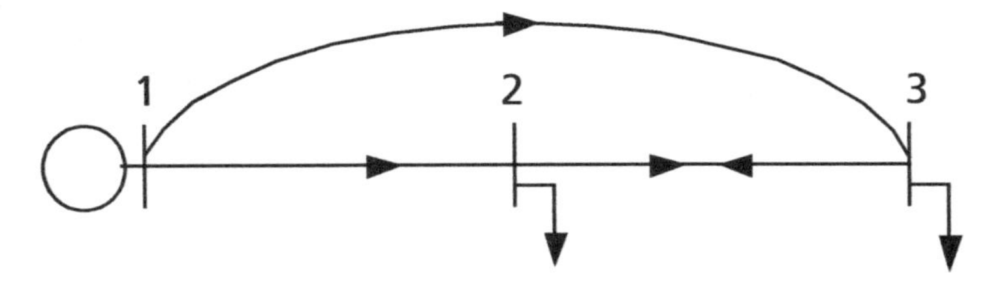

(a) Rede elétrica

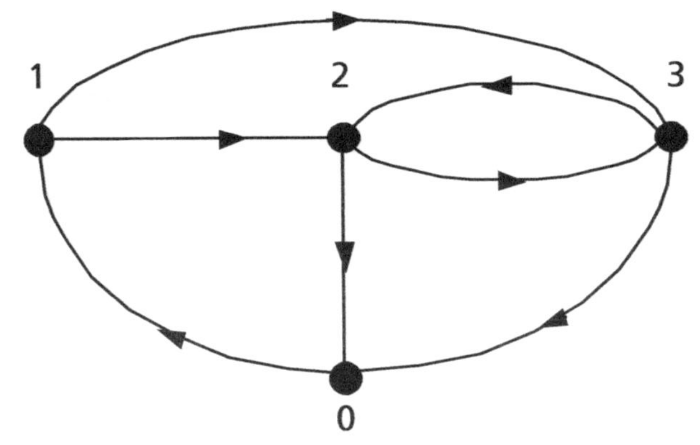

(b) Rede de transporte

Figura 4.3 - Rede elétrica e rede de transporte equivalente

O problema básico a ser resolvido é dado por:

$$\min \sum_{k=1}^{n_{arcos}} c_k x_k$$

sujeito a

$$\sum_{k \in \Omega_i^+} x_k - \sum_{k \in \Omega_i^-} x_k = 0 \qquad i = 1, \ldots, n_{nós}$$

$$\begin{aligned} 0 \le L_k &\le x_k \\ x_k &\le U_k \end{aligned} \qquad k = 1, \ldots, n_{arcos} \tag{4.5}$$

Onde:

n_{arcos} : número de arcos da rede de transporte

$n_{nós}$: número de nós da rede de transporte

x_k : fluxo no arco k da rede de transporte

c_k : custo unitário de transporte do arco k

L_k : fluxo mínimo no arco (*lower bound*)

U_k : fluxo máximo no arco (*upper bound*)

Ω_i^+ : conjunto de arcos que incidem no nó i

Ω_i^- : conjunto de arcos que emergem do nó i

Descrição do algoritmo

Para cada arco (ij) da rede de transporte, são estabelecidos 4 valores, conforme ilustrado na Figura 4.4:

L_{ij} : fluxo mínimo no arco
U_{ij} : fluxo máximo no arco
c_{ij} : custo por unidade de fluxo no arco
x_{ij} : fluxo no arco

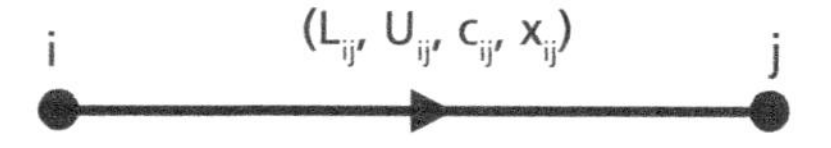

Figura 4.4 - Arco (*i-j*) de uma rede de transporte

O princípio básico do algoritmo é o estabelecimento de caminhos fechados, através dos arcos da rede de transporte, com a utilização de um procedimento de rotulação dos nós da rede, de forma a se estabelecer os valores de fluxo nos arcos que minimizem o custo total de transporte.

Para cada arco (i-j) da rede, define-se a variável:

$$\bar{c}_{ij} = c_{ij} + \pi_i - \pi_j \tag{4.6}$$

Onde:
c_{ij} : custo unitário de transporte modificado
c_{ij} : custo unitário de transporte
π_i : potencial do nó i, ou "custo unitário de aquisição pelo nó i"
π_j : potencial do nó j, ou "custo unitário de venda pelo nó j"

Com estas definições, o custo modificado pode ser entendido como uma medida da conveniência de se utilizar (lucro) ou não (prejuízo) um arco para o transporte da "mercadoria" (ou do fluxo de potência), ou seja:

$\bar{c}_{ij} < 0$: o transporte pelo arco representa um ganho (lucro)
$\bar{c}_{ij} = 0$: o transporte pelo arco é indiferente (sem lucro nem prejuízo)
$\bar{c}_{ij} > 0$: o transporte pelo arco representa uma perda (prejuízo)

A seguir são descritos os passos do algoritmo.

Primeiro passo

Inicialmente, devem ser inicializados os valores de fluxo em todos os arcos e os potenciais de todos os nós da rede de transporte.

Os valores de fluxo podem ser quaisquer, desde que seja respeitada a conservação do fluxo (1ª Lei de Kirchoff). Usualmente, utiliza-se a solução trivial, ou seja, $x_{ij} = 0$ para todos os arcos i-j da rede.

Os potenciais dos nós da rede também são inicializados com valor nulo. Conseqüentemente, os valores dos custos modificados se igualam aos custos unitários de transporte, ou seja, $\bar{c}_{ij} = c_i$ para todos os arcos i-j da rede. Os valores dos custos unitários de transporte, por sua vez, equivalem a:

- Arcos que representam trechos de rede: custo unitário de transporte, representando por exemplo o custo das perdas, em R$/kW.
- Arcos que representam cargas: zero.
- Arcos que representam geração: custo unitário de geração, em R$/kW, ou zero (se não for de interesse considerar este custo).

Segundo passo

Com os valores de fluxo (x) e de custos modificados ($\bar{c}$), todos os arcos da rede de transporte são classificados num dos 9 estados possíveis da Tabela 4.1.

Estes estados podem ser agrupados em 3 categorias:

- α, α_1, α_2: custo modificado positivo, ou seja, o transporte pelo arco representa uma perda ou prejuízo. Neste caso, o arco estará na situação *in kilter* ("em ordem") somente se o fluxo no arco for o menor possível (igual à restrição de mínimo fluxo no arco), ou seja, se x = L. Nos outros casos, x < L ou x >L, diz-se que o arco está *out-of-kilter* ("fora de ordem"), pois no primeiro caso ocorre violação de uma restrição (x < L), e no segundo caso (x >L) não é conveniente utilizar o arco para transportar fluxo superior ao mínimo, pois ocorre um aumento do prejuízo.
- β, β_1, β_2: custo modificado nulo, ou seja, o transporte pelo arco é indiferente (sem ganho nem perda). Neste caso, o arco estará na situação *in kilter* ("em ordem") se o fluxo no arco for um valor qualquer que respeite os limites inferior e superior de fluxo ($L \leq x \leq U$), e *out-of-kilter* ("fora de ordem") caso contrário (x < L ou x > U).
- γ, γ_1, γ_2: custo modificado negativo, ou seja, o transporte pelo arco representa um ganho ou lucro. Neste caso, o arco estará na situação *in kilter* ("em ordem") somente se o fluxo no arco for o maior possível (igual à

restrição de máximo fluxo no arco), ou seja, se x = U. Nos outros casos, x > U ou x < U, diz-se que o arco está *out-of-kilter* ("fora de ordem"), pois no primeiro caso ocorre violação de uma restrição (x < U), e no segundo caso (x > U) não se está aproveitando todo o potencial do arco, já que seu uso representa um ganho ou lucro, e portanto deve ser utilizado ao máximo.

Tabela 4.1 - Avaliação dos arcos da rede de transporte

Estados	$\bar{c}$	x	Situação
α	>0	x = L	*in kilter*
β	= 0	L ≤ x ≤ U	*in kilter*
γ	< 0	x = U	*in kilter*
α_1	> 0	x < L	*out-of-kilter*
β_1	= 0	x < L	*out-of-kilter*
γ_1	< 0	x < U	*out-of-kilter*
α_2	> 0	x > L	*out-of-kilter*
β_2	= 0	x > U	*out-of-kilter*
γ_2	< 0	x > U	*out-of-kilter*

Terceiro passo

A partir da classificação efetuada no passo anterior, procura-se um arco *out-of-kilter* e procura-se um caminho fechado no qual alteram-se os fluxos dos arcos de modo a levá-lo à situação *in kilter*. Para a realização deste passo, utiliza-se um algoritmo rotulador, que será descrito a seguir.

Quarto passo

Busca-se outro arco *out-of-kilter* e repete-se o passo anterior. O algoritmo é finalizado quando não existir mais nenhum arco *out-of-kilter*.

Algoritmo Rotulador

Para alterar fluxo de um arco entre nós s e t (arco s-t) procura-se um caminho fechado na rede, partindo do nó t até se alcançar o nó s, através do qual o fluxo possa ser aumentado, sem que qualquer arco da rede tenha sua condição piorada (ou seja, um arco que esteja *in kilter* não pode passar à condição *out-of-kilter*). Se for encontrado um caminho, aumenta-se o fluxo nos arcos correspondentes. Caso contrário, os potenciais dos nós devem ser alterados, de acordo com o procedimento descrito a seguir.

Neste procedimento, em cada arco i-j em que o fluxo possa ser aumentado rotula-se o nó terminal j,

$[j^{+}, i]$, indicando que o nó j pode receber fluxo a patir do nó i.

Alteração dos potenciais dos nós

Sejam:

A : conjunto dos nós rotulados

$\bar{A}$: conjunto dos nós não rotulados

B : conjunto dos arcos i-j com $i \in$ A, j $\in \bar{\text{A}}$, $\bar{c}_{ij} > 0, x_{ij} \leq$ U

$\bar{B}$: conjunto dos arcos i-j com $i \in \bar{\text{A}}$, j $\in$ A, $\bar{c}_{ij} < 0, x_{ij} \geq$ L

Quando não é possível encontrar um caminho fechado na rede, deve-se aumentar o potencial de todos os nós não rotulados (nós pertencentes ao conjunto $\bar{\text{A}}$) do valor:

$$\xi = \min (\xi_1, \xi_2)$$

Onde:

$\xi_1 = \min |\bar{c}|$ se $B \neq \varnothing$; senão $\xi_1 = \infty$

$\xi_2 = \min |- \bar{c}|$ se $\bar{B} \neq \varnothing$; senão $\xi_2 = \infty$

4.4 Exemplo Ilustrativo

Para ilustrar a aplicação do algoritmo, será utilizada a rede elétrica apresentada na Figura 4.3, reproduzida na Figura 4.5 com a indicação dos dados numéricos a serem considerados.

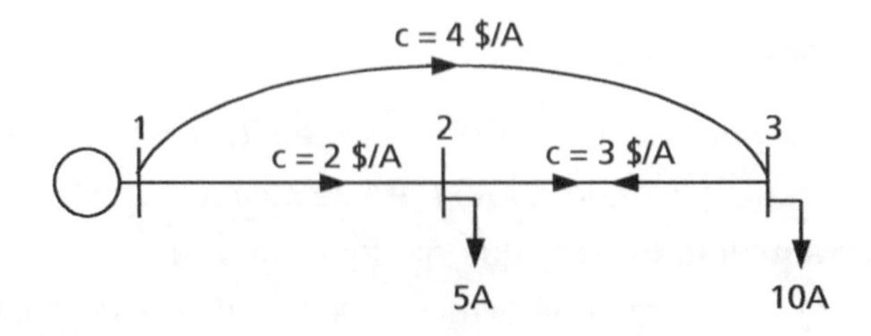

(a) Rede elétrica

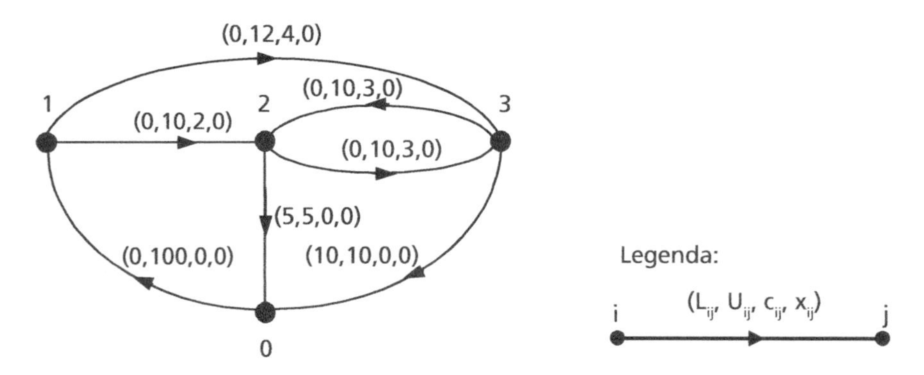

(b) Rede de transporte

Figura 4.5 - Rede elétrica e rede de transporte para o exemplo

Primeiro passo: inicialização de valores dos fluxo em todos os arcos e os potenciais de todos os nós da rede de transporte

Todos os valores de fluxo (x_{ij}) e de potenciais dos nós (π_i) foram inicializados em 0 (zero).

Arco (i-j)	c_{ij}	π_i	π_j	c_{ij}	x_{ij}	Estado do arco (i-j)
0-1	0	0	0	0	0	
1-2	2	0	0	2	0	
1-3	4	0	0	4	0	
2-0	0	0	0	0	0	
2-3	3	0	0	3	0	
3-0	0	0	0	0	0	
3-2	3	0	0	3	0	

Segundo passo: classificação dos arcos da rede

A partir dos valores dos custos modificados ($\bar{c}_{ij}$), dos fluxos (x_{ij}) e dos valores de fluxo mínimo (L_{ij}) e máximo (U_{ij}), foram estabelecidos os estados dos arcos da rede de transporte, apresentados na última coluna da tabela a seguir:

Arco (i-j)	c_{ij}	π_i	π_j	$\bar{c}_{ij}$	x_{ij}	Estado do arco (i-j)
0-1	0	0	0	0	0	in kilter (β)
1-2	2	0	0	2	0	in kilter (α)
1-3	4	0	0	4	0	in kilter (α)
2-0	0	0	0	0	0	out-of-kilter (β_1)
2-3	3	0	0	3	0	in kilter (α)
3-0	0	0	0	0	0	out-of-kilter (β_1)
3-2	3	0	0	3	0	in kilter (α)

Terceiro passo: seleção de arco out-of-kilter e alteração de fluxos de arcos para torná-lo in kilter

Selecionando-se o arco 2-0 (que representa a carga da barra 2 da rede elétrica, de 5 A), deve-se buscar um caminho pelos arcos da rede de transporte, a partir do nó 0 até se alcançar o nó 2, através do qual o fluxo possa ser aumentado, sem que qualquer arco da rede tenha sua condição piorada.

Com este procedimento, obtém-se:

$[\, j^{+}, i \,]$	Arco (i-j)	$\bar{c}_{ij}$	Estado atual Arco (i-j)	Novo estado Arco (i-j)	Nó j pode ser rotulado?
$[\, 0^{+5}, 2 \,]$	2-0	0	*out-of-kilter* (β_1)	*in kilter* (β)	sim
$[\, 1^{+5}, 0 \,]$	0-1	0	*in kilter* (β)	*in kilter* (β)	sim
$[\, 2^{+5}, 1 \,]$	1-2	2	*in kilter* (α)	*out-of-kilter* (β_2)	não
$[\, 3^{+5}, 1 \,]$	1-3	4	*in kilter* (α)	*out-of-kilter* (β_2)	não

Portanto, não é possível alterar o fluxo de nenhum dos arcos derivados do nó 1 (arcos 1-2 e 1-3), pois o estado dos arcos passaria de *in kilter* para *out-of-kilter*. De fato, os dois arcos apresentam custo de transporte positivo, e portanto qualquer aumento de fluxo ocasiona um aumento de seu custo.

Como não foi possível encontrar o caminho fechado para se aumentar o fluxo a partir do nó 0 até se atingir o nó 2, deve-se proceder à alteração dos potenciais dos nós da rede, de forma a contornar esse gargalo.

De acordo com o algoritmo, tem-se:

$A = \{0, 1\}$
$\bar{A} = \{2, 3\}$
$B = \{1-2, 1-3\}$
$\bar{B} = \emptyset$ (conjunto vazio)

$\xi_1 = \min |2, 4|$ (custos $\bar{c}_{ij}$ dos arcos 1-2 e 1-3, respectivamente)
$\xi_2 = \infty$
$\xi_1 = \min(\xi_1, \xi_2) = \xi_1 = 2$

Então, todos os nós não rotulados da rede (nós pertencentes ao conjunto $\bar{A}$, ou seja, nós 2 e 3) terão seu potencial aumentado do valor $\xi = 2$, resultando os novos valores de $\bar{c}_{ij}$ ($\bar{c}_{ij} = c_{ij} + \pi_i - \pi_j$):

Arco (i-j)	c_{ij}	π_i	π_j	$\bar{c}_{ij}$
0-1	0	0	0	0
1-2	2	0	2	0
1-3	4	0	2	2
2-0	0	2	0	2
2-3	3	2	2	3
3-0	0	2	0	2
3-2	3	2	2	3

O que pode ser observado é que com este procedimento "subtraiu-se" dos arcos 1-2 e 1-3 o valor do custo de transporte do arco com o menor custo, ou seja, o custo do arco 1-2. Em outras palavras, já que os dois únicos caminhos possíveis a partir do nó 1 são os arcos 1-2 e 1-3, deve-se escolher aquele de menor custo de transporte, que é o arco 1-2. Desta forma, o novo custo modificado do arco 1-2 passa a ser 0 (zero), e agora o nó 2 pode ser rotulado a partir do nó 1, completando-se o percurso desejado:

$[j^+, i]$	Arco (i-j)	$\bar{c}_{ij}$	Estado atual Arco (i-j)	Novo estado Arco (i-j)	Nó j pode ser rotulado?
$[0^{+5}, 2]$	2-0	0	out-of-kilter (β_1)	in kilter (β)	sim
$[1^{+5}, 0]$	0-1	0	in kilter (β)	in kilter (β)	Sim
$[2^{+5}, 1]$	1-2	0	in kilter (α)	in kilter (β)	Sim
$[3^{+5}, 0]$	1-3	2	in kilter (α)	out-of-kilter (β_2)	Não

Alterando-se então o fluxo nos arcos 0-1, 1-2 e 2-0, tem-se a nova situação da rede de transporte:

Arco (i-j)	c_{ij}	π_i	π_j	$\bar{c}_{ij}$	x_{ij}	Estado do arco (i-j)
0-1	0	0	0	0	5	in kilter (β)
1-2	2	0	2	0	5	in kilter (β)
1-3	4	0	2	2	0	in kilter (α)
2-0	0	2	0	2	5	in kilter (α)
2-3	3	2	2	3	0	in kilter (α)
3-0	0	2	0	2	0	out-of-kilter (α_1)
3-2	3	2	2	3	0	in kilter (α)

Como resultado, observa-se que os arcos 1-2 e 2-0, que inicialmente estavam no estado *out-of-kilter*, passaram para o estado *in kilter*.

Quarto passo: busca-se outro arco out-of-kilter e repete-se o passo anterior

Seleciona-se agora o arco 3-0 (que representa a carga da barra 3 da rede elétrica, de 10 A).

Repetindo-se o algoritmo rotulador, tem-se:

$[j^{+}, i]$	Arco (i-j)	$\bar{c}_{ij}$	Estado atual Arco (i-j)	Novo estado Arco (i-j)	Nó j pode ser rotulado?
$[0^{+10}, 3]$	3-0	2	out-of-kilter (α_1)	in kilter (α)	sim
$[1^{+10}, 0]$	0-1	0	in kilter (β)	in kilter (β)	sim
$[2^{+10}, 1]$	1-2	0	in kilter (β)	in kilter (β)	sim
$[3^{+10}, 1]$	1-3	2	in kilter (α)	out-of-kilter (α_2)	não
$[3^{+10}, 2]$	2-3	3	in kilter (α)	out-of-kilter (α_2)	não

Novamente encontrou-se um gargalo, não sendo possível rotular o nó 3 nem a partir do nó 1 nem a partir do nó 2, impossibilitando encontrar-se o caminho fechado a partir do nó 0 até o nó 3.

Então tem-se a nova situação:

$A = \{0, 1, 2\}$

$\bar{A} = \{3\}$

$B = \{1-3, 2-3\}$

$\bar{B} = \emptyset$ (conjunto vazio)

$\xi_1 = \min |2, 3|$ (custos $\bar{c}_{ij}$ dos arcos 1-3 e 2-3, respectivamente)

$\xi_2 = \infty$

$\xi = \min(\xi_1, \xi_2) = \xi_1 = 2$

Então, o nó 3 (único nó não rotulado da rede) terá seu potencial aumentado do valor $\xi = 2$, resultando os novos valores de $\overline{c}_{ij}$ $(\overline{c}_{ij} = c_j + \pi_i - \pi_j)$:

Arco (i-j)	$\overline{c}_{ij}$	π_i	π_j	$\overline{c}_{ij}$
0-1	0	0	0	0
1-2	2	0	2	0
1-3	4	0	4	0
2-0	0	2	0	2
2-3	3	2	4	1
3-0	0	4	0	4
3-2	3	4	2	2

Agora, o novo custo modificado do arco 1-3 passa a ser 0 (zero), e agora o nó 3 pode ser rotulado a partir do nó 1, completando-se o percurso desejado:

$[j^{+}, i]$	Arco (i-j)	$\overline{c}_{ij}$	Estado atual Arco (i-j)	Novo estado Arco (i-j)	Nó j pode ser rotulado?
$[0^{+10}, 3]$	3-0	2	out-of-kilter (α_1)	in kilter (α)	sim
$[1^{+10}, 0]$	0-1	0	in kilter (β)	in kilter (β)	sim
$[2^{+10}, 1]$	1-2	0	in kilter (β)	in kilter (β)	sim
$[3^{+10}, 1]$	1-3	0	in kilter (α)	in kilter (β)	sim
$[3^{+10}, 2]$	2-3	1	in kilter (α)	out-of-kilter (α_2)	não

Alterando-se então o fluxo nos arcos 0-1, 1-3 e 3-0, tem-se a nova situação da rede de transporte:

Arco (i-j)	c_{ij}	π_i	π_j	$\overline{c}_{ij}$	x_{ij}	Estado do arco (i-j)
0-1	0	0	0	0	15	in kilter (β)
1-2	2	0	2	0	5	in kilter (β)
1-3	4	0	4	0	10	in kilter (β)
2-0	0	2	0	2	5	in kilter (α)
2-3	3	2	4	1	0	in kilter (α)
3-0	0	4	0	4	10	in kilter (α)
3-2	3	4	2	2	0	in kilter (α)

Como todos os arcos da rede estão na situação *in kilter*, o algoritmo é finalizado. Na Figura 4.6 são apresentadas a rede de transporte e a rede elétrica com os resultados encontrados. O custo mínimo de transporte é obtido por:

$$C_{min} = \sum c_{ij} x_{ij} = 0 \text{ x } 15 + 2 \text{ x } 15 + 4 \text{ x } 10 + 0 \text{ x } 5 + 3 \text{ x } 0 + 0 \text{ x } 10 + 3 \text{ x } 0 = 50\$$$

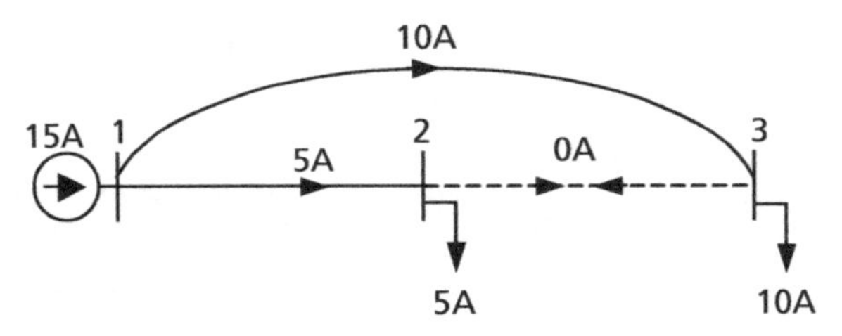

(a) Rede elétrica

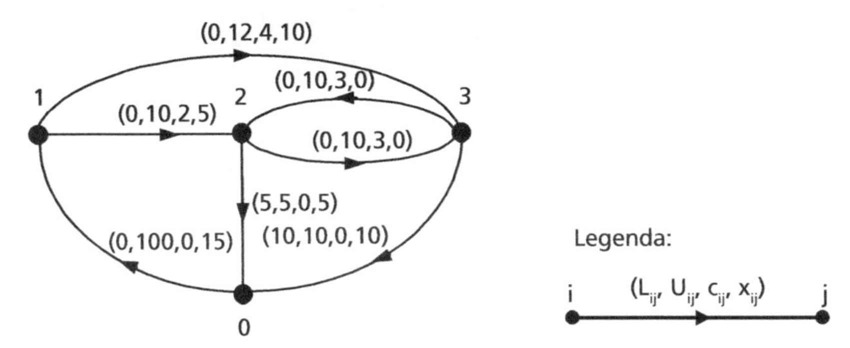

(b) Rede de transporte

Figura 4.6 - Solução do exemplo

4.5 CONSIDERAÇÃO DE CUSTO FIXO EM ALGORITMOS DE TRANSPORTE

Em problemas nos quais parte dos arcos têm custos fixos associados, a função objetivo das Equações 4.5 deve ser alterada, e a formulação do problema passa a ser:

$$\min \quad \sum_{\substack{k=1,\\ k\in W^+}}^{n_{arcos}} c_{fk} + \sum_{\substack{k=1,\\ k\in W^0}}^{n_{arcos}} c'_k x_k$$

sujeito a

$$\sum_{k\in\Omega_i^+} x_k - \sum_{k\in\Omega_i^-} x_k = 0 \qquad i = 1,\ldots,n_{nós}$$

$$\begin{aligned} 0 \le L_k \le x_k \\ x_k \le U_k \end{aligned} \qquad k = 1,\ldots,n_{arcos} \qquad (4.7)$$

Onde

W^+ : conjunto de arcos com custo fixo e que representam algum elemento da rede que já foi selecionado para ser utilizado ou instalado

W^0 : conjunto de arcos com custo fixo e que representam algum elemento da rede que se deseja analisar a conveniência de ser utilizado ou instalado

c_{fk} : custo fixo do arco k

c'_k : custo variável modificado do arco k cujo custo variável real é c_k

O valor de c'_k depende da situação do arco correspondente, ou seja:

$$c'_k = c_k \quad \text{se } k \in W^+$$

$$c'_k = \frac{c_{fk}}{U_k} + c_k \quad \text{se } k \in W^0$$

A Figura 4.7 esclarece o estabelecimento de c'_k. Se $k \in W^+$ seu custo fixo já é considerado (vide função objetivo da Equação 4.7) e portanto o custo variável a ser considerado deve ser seu valor real ($c'_k = c_k$). Por outro lado, se $k \in W^0$ seu custo fixo deve ser incorporado no custo variável, o que é feito pela aproximação $c'_k = \frac{c_{fk}}{U_k} + c_k$. Deve-se notar que c'_k é uma aproximação que sempre subestima o custo total do arco, sendo tão mais próxima do valor real quanto maior o fluxo no arco. Somente no caso em que o fluxo seja igual à capacidade do arco é que os valores são iguais, pois se $x_k = U_k$ o custo total será dado por: $c'_k.x_k = \left(\frac{c_{fk}}{U_k} + c_k\right).U_k = c_{fk} + c_k U_k$, que corresponde exatamente às parcelas de custo fixo (c_{fk}) e de custo variável para fluxo igual à capacidade do arco ($c_k U_k$).

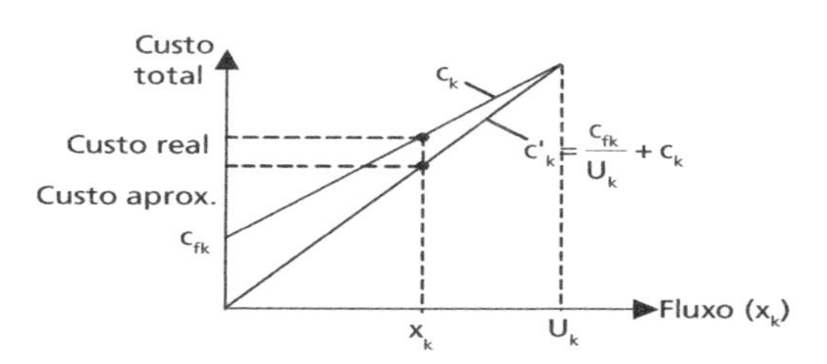

Figura 4.7 - Custo fixo e custo variável

Para a solução de um problema de fluxo em redes com estas características (por exemplo, o problema de planejamento da expansão de um sistema de distribuição, em que se procura estabelecer os reforços a serem comissionados na rede e a sua configuração para o atendimento da carga com a minimização dos custos de investimentos – custos fixos, e dos custos das perdas – custos variáveis), pode-se utilizar o algoritmo *Out-of-Kilter* em conjunto com a técnica de *Branch-and-Bound*, vista no Capítulo 3.

Na Figura 4.8 apresenta-se um diagrama de blocos ilustrando esta utilização.

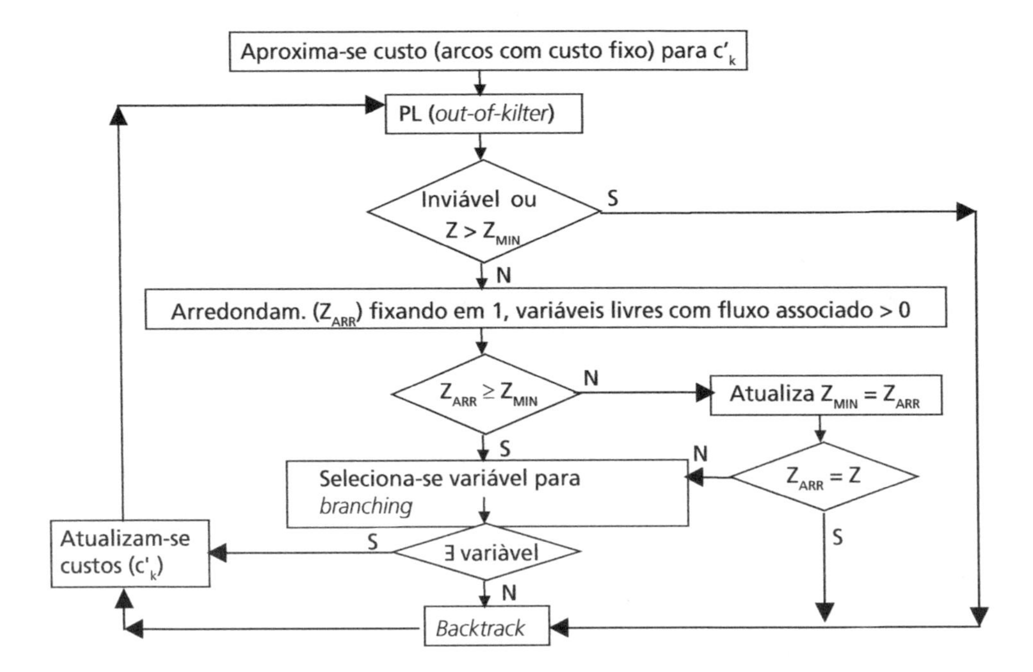

Figura 4.8 - ***Branch-and-Bound*** **em conjunto com** ***Out-of-Kilter***

4.6 APLICAÇÕES DO ALGORITMO DE TRANSPORTE NO SOFTWARE OTIMIZA

Neste item são apresentados três problemas aplicados nas áreas de distribuição e transmissão de energia, que ilustram a utilização do algoritmo de transporte no software OTIMIZA.

O primeiro problema consiste na aplicação do algoritmo para a minimização de perdas em rede de distribuição. Neste caso, modificações no estado das chaves da rede de distribuição (abertas/fechadas) altera o valor das perdas na rede. O problema é formulado como um problema de transporte, somente com variáveis contínuas, que representam as variáveis de fluxo nas ligações e as perdas de energia são linearizadas (isto é, são dadas como uma função linear dos fluxos).

O segundo problema trata da expansão de sistemas de distribuição, quando são propostos reforços em subestações e trechos da rede de distribuição. Neste caso, são utilizadas variáveis contínuas, representando os fluxos nas ligações, e variáveis inteiras, que representam a decisão pela instalação ou não dos reforços propostos. Também, para ilustrar a utilização de múltiplos objetivos em problemas de programação matemática, são formuladas duas funções objetivo, uma relativa ao custo de expansão da rede, que considera os custos de perdas e de investimento no sistema, e outra relativa a confiabilidade do sistema, que minimiza a energia não distribuída total na rede de distribuição. Para ilustrar metodologias para o tratamento de problemas com múltiplos objetivos, o usuário pode realizar diferentes combinações de funções objetivo, através de ponderação por pesos, e avaliar o impacto sobre os resultados e configurações de rede ótimas avaliadas pelo método exposto no item 4.5, que considera o custo fixo em problemas de transporte.

O terceiro problema consiste no planejamento da expansão de sistemas de transmissão, o qual é modelado de maneira simplificada através de uma formulação de programação linear inteira mista, que pode ser eficientemente solucionada como um problema de transporte. A hipótese simplificativa descarta a segunda lei de Kirchhoff, muito importante para este tipo de problema, porém pode direcionar o engenheiro na busca de soluções.

4.6.1 Aplicação 1 — Minimização de Perdas

O software OTIMIZA conta com uma aplicação que procura determinar a melhor configuração de chaves numa rede de distribuição de modo a minimizar as perdas elétricas totais. Nesta aplicação não existe preocupação com a radialidade da rede elétrica, ou seja, a rede pode operar em malha. Assim, o problema aqui estudado consiste em avaliar o estado das chaves para que as perdas sejam mínimas, as cargas sejam atendidas, sem transgressões de critérios técnicos. Neste caso particular, são observadas as restrições de carregamento dos trechos e das subestações de distribuição. O modelo pode ser formulado como um problema de transporte, considerando tão somente as variáveis contínuas de fluxo nas ligações. As perdas (ou seu custo) são linearizadas em função do fluxo passante, simplesmente por um custo unitário de perdas, que é dado em $/MVA/km, ou seja, para cada ligação da rede, uma parcela de custo linearizado das perdas é avaliado pelo produto do valor unitário de custo, pelo fluxo passante e pelo comprimento do trecho. A utilização do algoritmo de transporte para a minimização de perdas no software OTIMIZA é ilustrada na Figura 4.9. A rede da aplicação contém 7 chaves manobráveis, 14 trechos de rede, duas subestações de distribuição e 4 centros de carga.

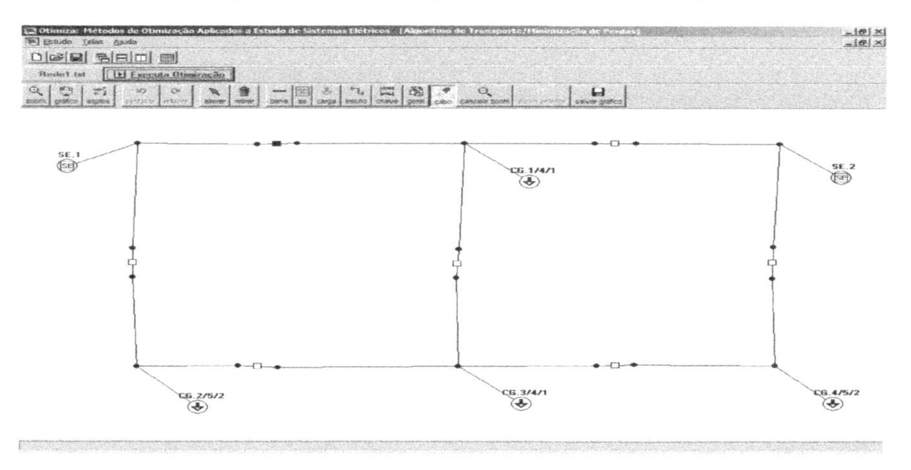

Figura 4.9 - Rede de distribuição

Os dados gerais do problema dados pelo custo de perda e por tabela de cabos disponíveis são ilustrados nas telas das Figuras 4.10 e 4.11. A corrente admissível dos condutores (I_{adm}) selecionados resulta no máximo carregamento dos trechos, S_{max}, que na formulação é dado em MVA, ou seja:

$$S_{\max} = \sqrt{3}.V_{nom}.I_{adm}$$

Onde:

V_{nom} é a tensão nominal da rede, estipulada no dado de subestações de distribuição.

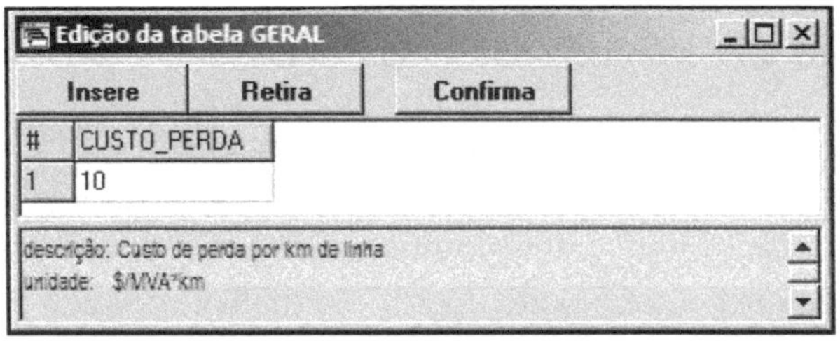

Edição da tabela GERAL

Insere | Retira | Confirma

#	CUSTO_PERDA
1	10

descrição: Custo de perda por km de linha
unidade: $/MVA²km

Figura 4.10 - Dados gerais do problema

Edição da tabela CABO

Insere | Retira | Confirma

#	CODIGO	IADM	R	X
1	336	500	0,2	0,5

descrição: Resistência por km
unidade: ohm/km

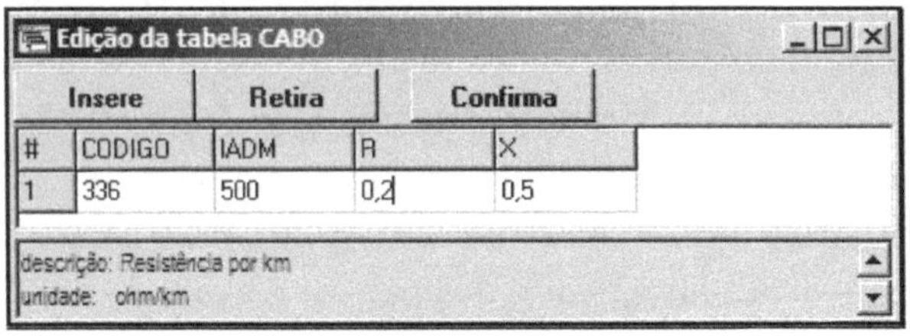

Figura 4.11 - Tabela de cabos disponíveis

A execução do algoritmo resulta na configuração otimizada conforme ilustrado na Figura 4.12. Na Figura 4.13 é apresentado o relatório do software OTIMIZA que contém os resultados de fluxos e os custos de perda totais e por ligação.

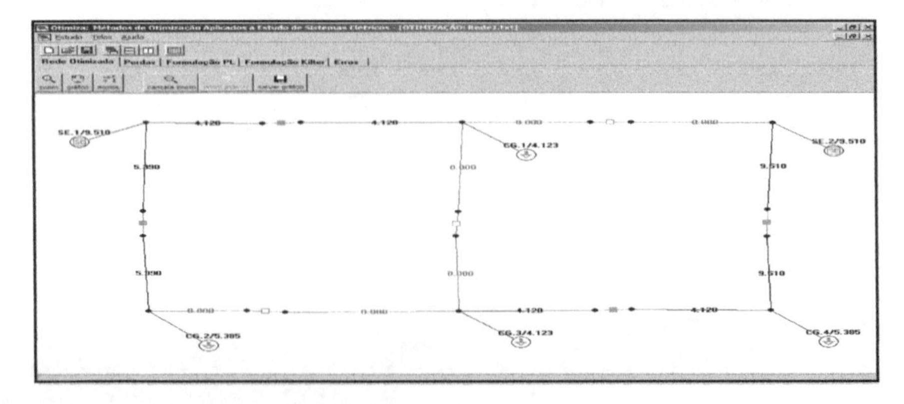

Figura 4.12 – Rede de distribuição otimizada

```
-----------------------------------------------------------------
SEs
-----------------------------------------------------------------
SE            Snom(MVA)        Geração(MVA)
SE.1          10.00            9.51
SE.2          15.00            9.51
-----------------------------------------------------------------
Trechos
-----------------------------------------------------------------
Trecho        Capacidade(MVA)  Fluxo(MVA)
T.1           11.95            4.12
T.2           11.95            4.12
T.3           11.95            0.00
T.4           11.95            0.00
T.5           11.95            5.39
T.7           11.95            9.51
T.8           11.95            5.39
T.9           11.95            0.00
T.10          11.95            9.51
T.11          11.95            0.00
T.12          11.95            0.00
T.13          11.95            4.12
T.14          11.95            4.12
T.6           11.95            0.00
-----------------------------------------------------------------
Custos ($/ano)
-----------------------------------------------------------------
Trecho        Custo perdas     Trechos
T.1           206.00
T.2           164.80
T.3           0.00
T.4           0.00
T.5           215.60
T.7           285.30
T.8           539.00
T.9           0.00
T.10          760.80
T.11          0.00
T.12          0.00
T.13          824.00
T.14          123.60
T.6           0.00
TOTAL         3119.10
```

Figura 4.13 - Relatórios de perdas do software OTIMIZA

O software também gera relatórios com a formulação equivalente de programação linear e a formulação *Out-of-Kilter*. A Figura 4.14 ilustra o relatório PL gerado pelo software OTIMIZA. O estudioso pode, eventualmente, utilizar a ferramenta de programação linear para solução da formulação gerada automaticamente pelo programa, comparando-se a solução pelo algoritmo de transporte e pelo algoritmo SIMPLEX.

```
MIN 50.00F1 + 50.00F2 + 40.00F3 + 40.00F4 + 50.00F5 + 50.00F6 + 60.00F7 + 60.00F8 +
40.00F9 + 40.00F10 + 30.00F11 + 30.00F12 + 100.00F13 + 100.00F14 + 500.00F15 + 500.00F16
+ 80.00F17 + 80.00F18 + 150.00F19 + 150.00F20 + 80.00F21 + 80.00F22 + 200.00F23 +
200.00F24 + 30.00F25 + 30.00F26 + 30.00F27 + 30.00F28
SUBJECT TO
! restrições de geração das SEs:
G1 <= 10.00
G2 <= 15.00
! restrições de fluxo nos trechos:
F1 + F2 <= 11.95
F3 + F4 <= 11.95
F5 + F6 <= 11.95
F7 + F8 <= 11.95
F9 + F10 <= 11.95
F11 + F12 <= 11.95
F13 + F14 <= 11.95
F15 + F16 <= 11.95
F17 + F18 <= 11.95
F19 + F20 <= 11.95
F21 + F22 <= 11.95
F23 + F24 <= 11.95
F25 + F26 <= 11.95
F27 + F28 <= 11.95
! restrições de fluxo nas chaves:
F29 + F30 <= 11.95
F31 + F32 <= 11.95
F33 + F34 <= 11.95
F35 + F36 <= 11.95
F37 + F38 <= 11.95
F39 + F40 <= 11.95
F41 + F42 <= 11.95
! restrições definidas pela lei de Kirchoff nas barras:
 - F1 + F2 - F9 + F10 + G1 = 0.00
 F3 - F4 - F5 + F6 - F27 + F28 = 4.12
 F7 - F8 - F11 + F12 + G2 = 0.00
 F9 - F10 - F33 + F34 = 0.00
 F11 - F12 - F35 + F36 = 0.00
 F13 - F14 - F19 + F20 = 5.39
 F15 - F16 + F21 - F22 - F23 + F24 = 4.12
 F17 - F18 + F25 - F26 = 5.39
 F1 - F2 - F29 + F30 = 0.00
 - F3 + F4 + F29 - F30 = 0.00
 F5 - F6 - F31 + F32 = 0.00
 - F7 + F8 + F31 - F32 = 0.00
 F19 - F20 - F37 + F38 = 0.00t
 - F21 + F22 + F37 - F38 = 0.00
 F23 - F24 - F39 + F40 = 0.00
 - F25 + F26 + F39 - F40 = 0.00
 - F13 + F14 + F33 - F34 = 0.00
 - F17 + F18 + F35 - F36 = 0.00
 - F15 + F16 + F41 - F42 = 0.00
 F27 - F28 - F41 + F42 = 0.00
END
```

Figura 4.14 - Formulação PL gerada para o problema de transporte (minimização de perdas)

4.6.2 Aplicação 2 — Planejamento da Expansão de Sistemas de Distribuição

O problema de planejamento de sistemas de distribuição consiste em se avaliar os reforços necessários a serem instalados numa rede de forma que não sejam violados critérios técnicos pré-estabelecidos. Em geral, este tipo de estudo é realizado em horizonte de médio prazo, isto é, analisa-se a rede existente, com seus reforços propostos, para uma carga futura de 5 anos.

Nesta aplicação didática, considera-se somente reforços em subestações e trechos de rede. O usuário fornece a rede graficamente, editando os dados de barra, cargas, trechos e subestações. Quando o reforço é candidato, basta o usuário fornecer custo de investimento não nulo. Quando o custo é nulo, assume-se que o componente da rede é existente.

Também, são consideradas duas funções objetivo. A primeira função objetivo é econômica, igual a soma dos custos de investimento em reforços com os custos de perdas nas ligações da rede, conforme mostrado na formulação (4.7). A segunda função fornece a energia não distribuída na rede, que pode ser aproximada pela expressão [2].

$$END = \sum \lambda_k \cdot L_k \cdot TMR_k \cdot X_k \tag{4.8}$$

Onde:

λ_k : taxa de falha, em falhas/km

L_k : comprimento do trecho, em km

TMR_k : tempo médio de reparo para falhas na rede

X_k : fluxo na ligação k

A Figura 4.15 mostra os dados gerais do problema, que possibilitam o estabelecimento das funções objetivo, conforme previamente explicado. Quando trabalhando com múltiplos objetivos, é normal a utilização de pesos para compor uma função objetivo que engloba os dois objetivos. No caso do Otimiza, foi definido o parâmetro $PESO\_END = w_{END}$, que define a contribuição da END sobre a função objetivo composta, definida como:

$$f_{obj} = w_{END} * \frac{END}{(END_{max} - END_{min})} + (1 - w_{END}) * \frac{Custo}{(Custo_{max} - Custo_{min})} \tag{4.9}$$

Os valores máximos e mínimos da END (END_{max} e END_{min}) e do custo ($Custo_{max}$ e $Custo_{min}$), utilizados no denominador da função objetivo composta normalizam as funções de END e $Custo$, respectivamente. Os pesos aplicados a estes valores normalizados permitem melhor ponderação das funções objetivo. Os valores máximo e mínimo são obtidos a partir da otimização das funções objetivo END e $Custo$. Quando minimizando a END, obtém-se a END_{min} (e custo máximo $Custo_{max}$) e quando minimizando o $Custo$, obtém-se o $Custo_{min}$ (e a END_{max}).

Edição da tabela DADOS GERAIS

Insere | Retira | Confirma

#	TAXA_FALHA	TMR	CUSTO_PERDA	PESO_END
1	1	2	1	50

descrição: Tempo médio p/ restabelecimento
unidade: hora

Figura 4.15 - Dados gerais do problema

A Figura 4.16 mostra a rede de distribuição proposta. Nesta rede, todos os trechos e subestações são candidatos, o que significa que o estudo refere-se a uma nova região em planejamento. Os valores dos comprimentos dos trechos são representados na figura, em km, junto com o código do trecho (Código/Comprimento).

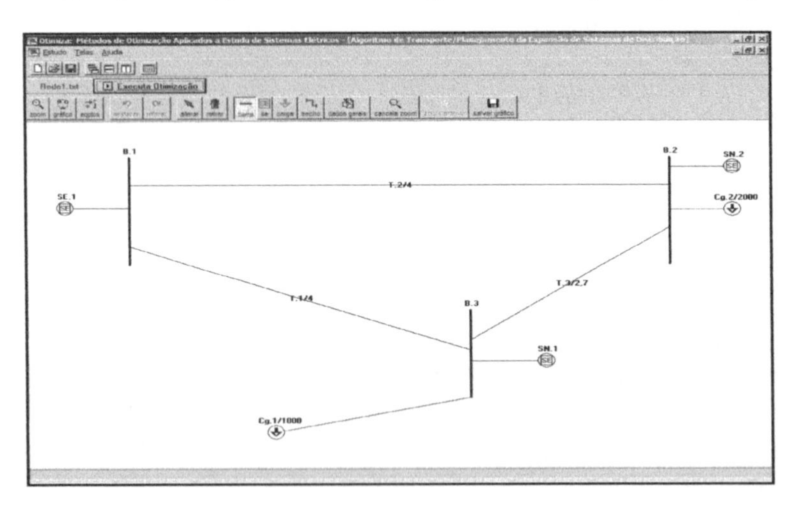

Figura 4.16 - Rede de distribuição

O software OTIMIZA executa, automaticamente, três problemas de otimização. O primeiro refere-se à minimização do custo de perdas. O segundo refere-se à minimização da função *END*, e o último refere-se à composição dos dois objetivos através dos fatores de ponderação (pesos). A solução do primeiro problema é apresentada na Figura 4.17. As Figuras 4.18 e 4.19 ilustram as soluções para o segundo e terceiro problema de otimização. No caso da composição dos dois objetivos, Figura 4.19, foi selecionado ponderação de 50% para cada objetivo. A Figura 4.20 ilustra um dos relatórios gerados pelo software.

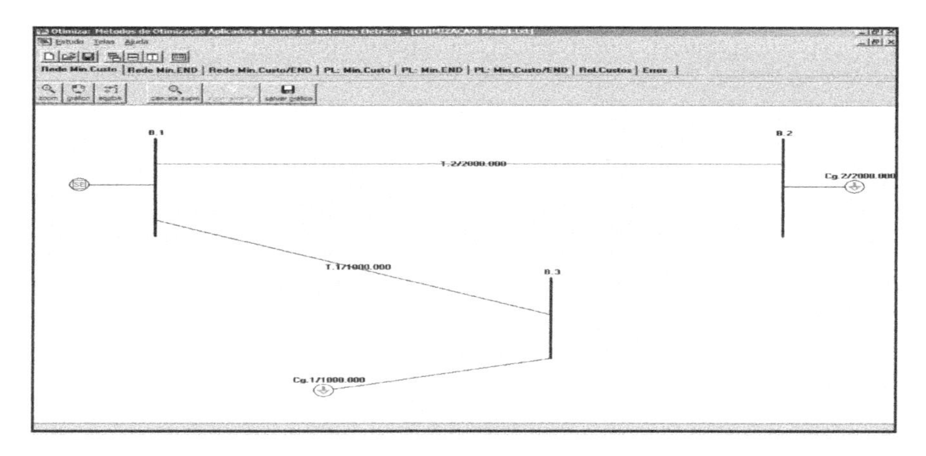

Figura 4.17 - Rede otimizada de mínimo custo

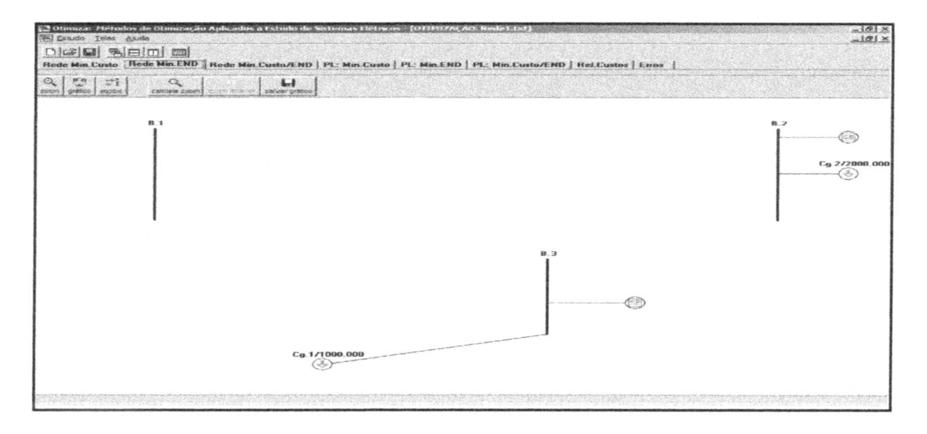

Figura 4.18 - Rede otimizada de mínima energia não distribuída (END)

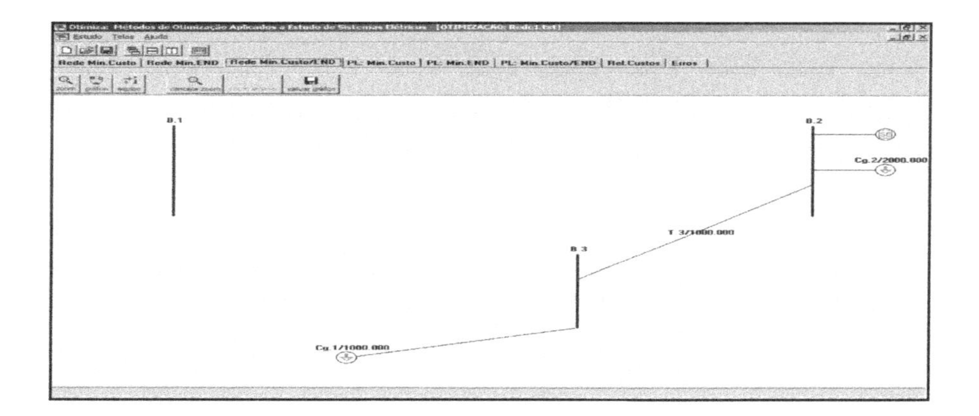

Figura 4.19 - Rede otimizada – composição custo e END

```
======================================================================
Minimização de Custos
----------------------------------------------------------------------
----------------------------------------------------------------------
SEs existentes na rede inicial
----------------------------------------------------------------------
SE existente         Capacidade(kVA)      Geração(kVA)
SE.1                 5000.00              3000.00
----------------------------------------------------------------------
Trechos candidatos incorporados à rede
----------------------------------------------------------------------
Trecho candidato     Capacidade(kVA)      Fluxo(kVA)
T.2                  4000.00              2000.00
T.1                  4000.00              1000.00
----------------------------------------------------------------------
Custos ($/ano)
----------------------------------------------------------------------
Equipamento          Custo fixo           Custo perdas     TOTAL
SEs:
SE.1                 0.00                 0.00             0.00
Trechos:
T.2                  3000.00              8000.00          11000.00
T.1                  3000.00              4000.00          7000.00
TOTAL                6000.00              12000.00         18000.00
======================================================================
Minimização de END
----------------------------------------------------------------------
----------------------------------------------------------------------
SEs candidatas incorporadas à rede
----------------------------------------------------------------------
SE candidata         Capacidade(kVA)      Geração(kVA)
SN.2                 3000.00              2000.00
SN.1                 2000.00              1000.00
----------------------------------------------------------------------
Custos ($/ano)
----------------------------------------------------------------------
Equipamento          Custo fixo           Custo perdas     TOTAL
SEs:
SN.2                 15000.00             0.00             15000.00
SN.1                 15000.00             0.00             15000.00
Trechos:
TOTAL                30000.00             0.00             30000.00
======================================================================
Minimização de Custo/END
----------------------------------------------------------------------
----------------------------------------------------------------------
SEs candidatas incorporadas à rede
----------------------------------------------------------------------


SEcandidata          Capacidade(kVA)  Geração(kVA)
SN.2                 3000.00          3000.00
----------------------------------------------------------------------
Trechos candidatos incorporados à rede
----------------------------------------------------------------------
Trecho               candidato        Capacidade(kVA)     Fluxo(kVA)
T.3                  3000.00          1000.00
----------------------------------------------------------------------
Custos ($/ano)
----------------------------------------------------------------------
Equipamento          Custo fixo       Custo perdas        TOTAL
SEs:
SN.2                 15000.00         0.00                15000.00
Trechos:
T.3                  2000.00          2700.00             4700.00
TOTAL                17000.00         2700.00             19700.00
```

Figura 4.20 - Relatório do planejamento da expansão de sistemas de distribuição

4.6.3 Aplicação 3 – Planejamento da Expansão de Sistemas de Transmissão

A terceira aplicação trata do planejamento da expansão de sistemas de transmissão. Nesta aplicação, não considera-se a segunda lei de Kirchhoff, o que permite com que seja estabelecido um modelo baseado no problema de transporte, conforme formulação (4.7), apresentada no item 4.5. Ou seja, define-se uma configuração inicial e novos reforços são representados pelo custo fixo e uma variável inteira de decisão.

A Figura 4.21 ilustra um exemplo de rede de transmissão para aplicação no software OTIMIZA. A Figura 4.22 mostra a rede otimizada, isto é, que minimiza os custos de perda (linearizados) e de investimento. A Figura 4.23 apresenta um dos relatórios disponibilizado pelo software.

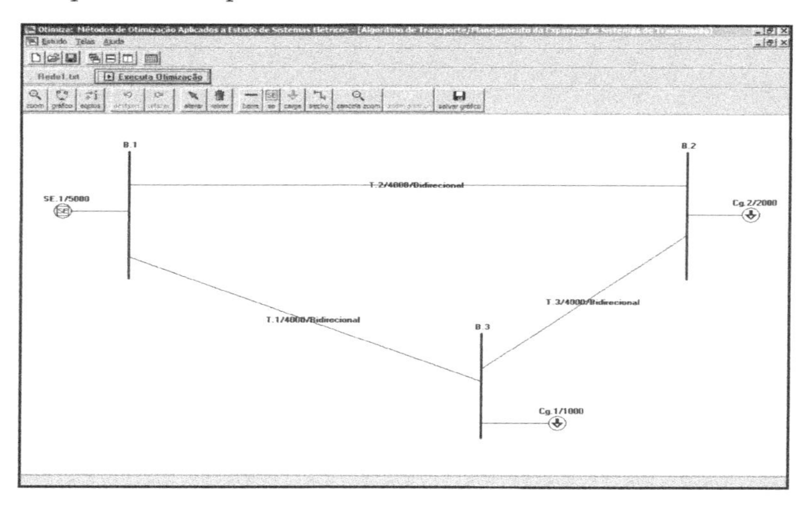

Figura 4.21 - Rede de transmissão

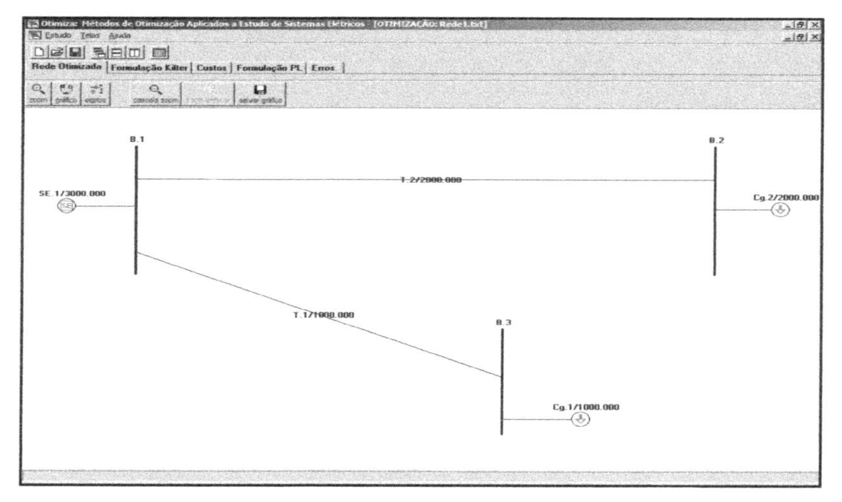

Figura 4.22 - Rede de transmissão otimizada

```
-------------------------------------------------------
SEs existentes na rede inicial
-------------------------------------------------------
SE existente   Capacidade(kVA)  Geração(kVA)
SE.1           5000.00          3000.00
-------------------------------------------------------
Trechos candidatos incorporados à rede
-------------------------------------------------------
Trecho candidato                Capacidade(kVA)  Fluxo(kVA)
T.2            4000.00          2000.00
T.1            4000.00          1000.00
-------------------------------------------------------
Custos ($/ano)
-------------------------------------------------------
Equipamento    Custo fixo       Custo perdas     TOTAL
SEs:
SE.1           0.00             0.00             0.00
Trechos:
T.2            3000.00          8000.00          11000.00
T.1            3000.00          4000.00          7000.00
TOTAL          6000.00          12000.00         18000.00
```

Figura 4.23 - Relatório de custos do software OTIMIZA

REFERÊNCIAS BIBLIOGRÁFICAS

[1] F. S. Hillier, G. J. Lieberman. *Introduction to operations research*, 6th ed. McGraw-Hill, 1995.

[2] N. Kagan. *Electrical distribution systems planning using multiobjective and fuzzy mathematical programming*, Ph.D Thesis, Universidade de Londres, 1993.

5 Programação Dinâmica

5.1 INTRODUÇÃO

Na maioria das técnicas apresentadas neste livro, os modelos desenvolvidos tratam de problemas com um único estágio. No caso de determinação, por exemplo, de reforços para a expansão do sistema elétrico, a pergunta a ser respondida não é apenas qual ou onde, mas quando implementar determinado reforço ao sistema. Neste tipo de problema, os métodos de programação dinâmica surgem como importante alternativa.

De uma forma geral, os métodos de programação dinâmica tornam-se necessários quando o tempo ou uma seqüência de decisões é objeto do estudo. Neste caso, o objetivo almejado é o de se estabelecer uma trajetória de evolução do sistema que otimiza uma medida de avaliação do sistema ou uma função objetivo, que pode representar, por exemplo, o custo total de investimento e operação da rede ao longo do tempo. Esta trajetória de evolução do sistema, com mínimo custo total, é denominada política ótima.

No problema acima citado, de definição de um plano de investimentos de uma rede elétrica, tem-se um horizonte final de planejamento e um conjunto de reforços candidatos. O problema consiste na determinação de política ótima que determina a instalação de reforços durante o período de planejamento, considerando aspectos financeiros, indicadores de qualidade de serviço, perdas técnicas na rede, etc.

As características básicas dos problemas resolvidos pela programação dinâmica são a decomposição em etapas de decisão que configuram subproblemas do problema geral. Para cada etapa de decisão, são definidos possíveis estados da solução. No exemplo da Figura 5.1, são representados um conjunto de etapas ou sub-horizontes t_1 a t_5 e possíveis estados da solução.

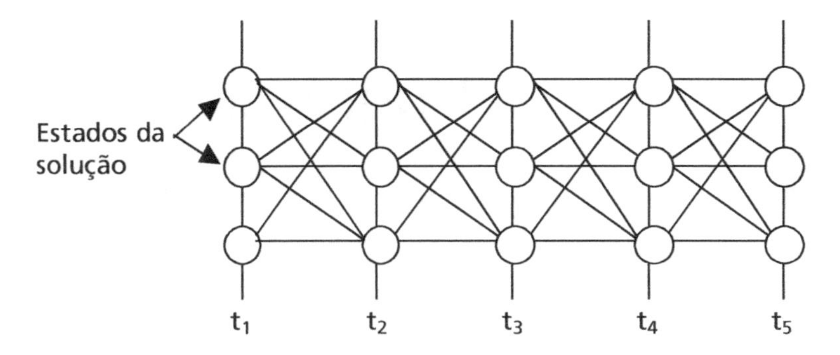

Figura 5.1 - Componentes da programação dinâmica

5.2 DEFINIÇÃO DO PROBLEMA MATEMÁTICO E TÉCNICA DE RESOLUÇÃO

O problema matemático de programação dinâmica não tem uma forma definida, porém a técnica de resolução tem como base formulação recursiva que é apresentada neste item.

O princípio da otimalidade de Richard Bellman[1] estabelece que "Para um dado estado do sistema, a política ótima para os estados remanescentes é independente da política adotada em estados anteriores". Baseado neste princípio, podemos, da etapa final do problema para as etapas iniciais, definir sub-políticas ótimas que compõem a trajetória ótima. Na Figura 5.2, são apresentadas, em linhas destacadas (espessura maior) sub-políticas ótimas de um problema de programação dinâmica. De acordo com o princípio enunciado, a política (ou trajetória) ótima contém as sub-políticas de qualquer estado intermediário até o estado final (E).

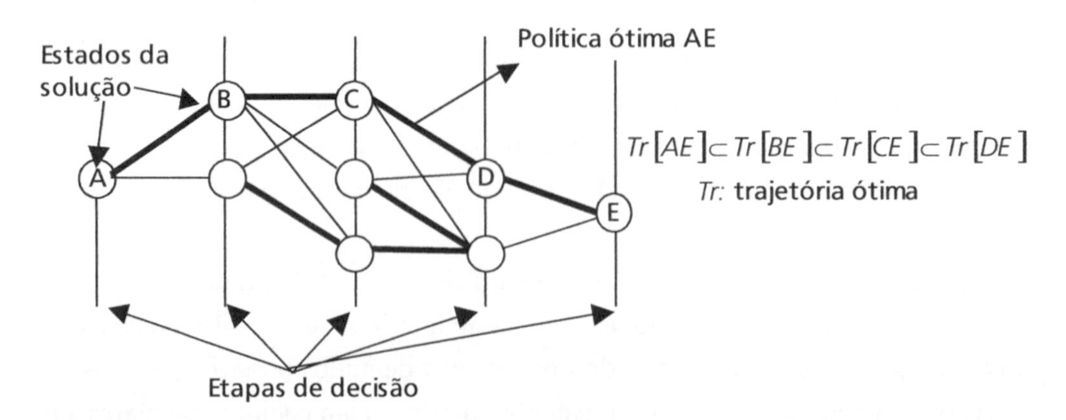

Figura 5.2 - Estabelecimento da trajetória ótima a partir de sub-políticas ótimas

Baseado no princípio da otimalidade de Bellman [1], pode-se elaborar um método recursivo que parte da etapa final e direciona-se para a etapa inicial. A Figura 5.3 ilustra o método, no qual são conhecidos os custos acumulados da etapa final até a etapa *i+1*, e são definidos os custos acumulados para a etapa *i* a partir das comparações de custo mostradas na figura. As transições possíveis entre estados das etapas *i* para *i+1* são representadas pelas ligações, sendo que a linha destacada representa a decisão entre as duas etapas, a partir do estado C, com mínimo da função objetivo *f*( ). Este processo deve ser repetido até a etapa inicial, quando identifica-se a trajetória ótima.

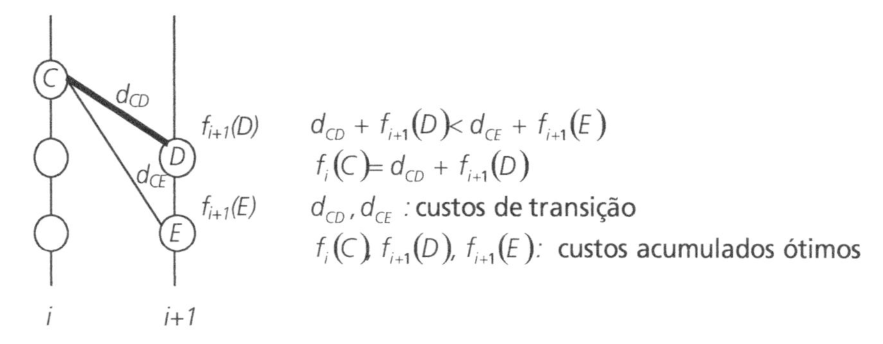

Figura 5.3 - Método recursivo (da etapa *i+1* para a etapa *i*)

A forma geral recursiva do problema de programação dinâmica, de acordo com o princípio da otimalidade apresentado, para um problema de minimização, pode ser dada por:

$$f_i(P_i) = \min_{P_{i+1} \in \Omega_{i+1}} \left[d_{P_i P_{i+1}} + f_{i+1}(P_{i+1}) \right],\ i \in \Omega_i \tag{5.1}$$

Onde:

P_i : é um estado possível na etapa i

P_{i+1} : é um estado possível na etapa i+1

Ω_i, Ω_{i+1} : conjunto de estados possíveis nas etapas i e i+1, respectivamente

Na Equação 5.1, tem-se o método de programação dinâmica, de forma recursiva, utilizada a partir da etapa final em direção à etapa inicial, quando se obtém a trajetória ótima. Este método, em algumas aplicações, pode ser realizado, também de forma recursiva, porém da etapa inicial para a etapa final, conforme será ilustrado em aplicação do software OTIMIZA, neste capítulo.

5.3 EXEMPLO ILUSTRATIVO – OTIMIZAÇÃO DE INVESTIMENTOS

Deseja-se obter um plano de execução de três obras (A, B e C) em um período de análise de 5 anos. Em cada ano, apenas uma obra é posta em funcionamento.

Este plano deverá fornecer o máximo resultado dos benefícios descontados os investimentos em valor presente.

Na Tabela 5.1, são fornecidos, em unidades monetárias, os custos de investimento anualizados e os benefícios de cada obra para cada ano de funcionamento.

Tabela 5.1 - Dados para o exemplo ilustrativo

OBRA	Investimento anualizado ($/ano)	Beneficio ($)				
		ANO				
		1	2	3	4	5
A	5,0	1,5	2,6	3,2	5,4	18,8
B	6,0	2,0	2,7	4,2	14,1	16,6
C	7,0	2,6	5,2	7,4	16,2	22,1

Considerando a taxa de remuneração de capital de 2%, pode-se calcular os custos de investimento e benefício total, em valor presente, de cada ano intermediário até o 5° ano de análise, conforme apresentado na Tabela 5.2. Nesta tabela, apresentam-se os benefícios, investimentos e diferença (B-I) total para cada obra até o final do período de estudo.

Tabela 5.2 - Valores das obras (valor presente) até o final do horizonte

OBRA	Beneficio ($)				
	ANO				
	1	2	3	4	5
A	29,0	27,5	25,0	22,0	17,0
B	36,6	34,6	32,0	28,0	15,0
C	49,5	47,0	42,0	35,0	20,0
	Investimento ($)				
A	24,5	19,2	14,1	9,2	4,5
B	29,4	23,1	17,0	11,1	5,4
C	34,3	26,9	19,8	12,9	6,3
	Benefício Líquido (B-I) ($)				
A	4,5	8,3	10,9	12,8	12,5
B	7,2	11,5	15,0	16,9	9,6
C	15,2	20,1	22,2	22,1	13,7

Inicialmente, devem ser definidos os estágios do problema. Neste exemplo, os estágios correspondem a cada ano de 1 a 5 em que realiza-se uma decisão. No final da última etapa do problema todas as obras estão em funcionamento e o estado da solução deve ser ABC. Os estados globais possíveis em cada etapa intermediária correspondem a 2 obras em funcionamento, 1 obra em funcionamento ou nenhuma obra em funcionamento. Para cada um destes estados globais as possibilidades da solução são as seguintes mostradas na Tabela 5.3.

Tabela 5.3 - Estados possíveis da solução

Obras em funcionamento	ESTADOS POSSÍVEIS		
0		-	
1	A	B	C
2	AB	AC	BC
3	ABC		

Conforme descrito neste capítulo, processa-se recursivamente da última etapa do problema no sentido da etapa inicial.

Na etapa 5, conforme apresentado na Figura 5.4, cada celula contem o estado e o valor mínimo do objetivo, quatro possibilidades de decisão para cada um dos estados possíveis no início da etapa, quais sejam, de todas as obras em funcionamento (nenhum investimento na etapa) de investimento em A, B ou C, correspondendo respectivamente aos estados AB, AC e BC respectivamente no início da etapa.

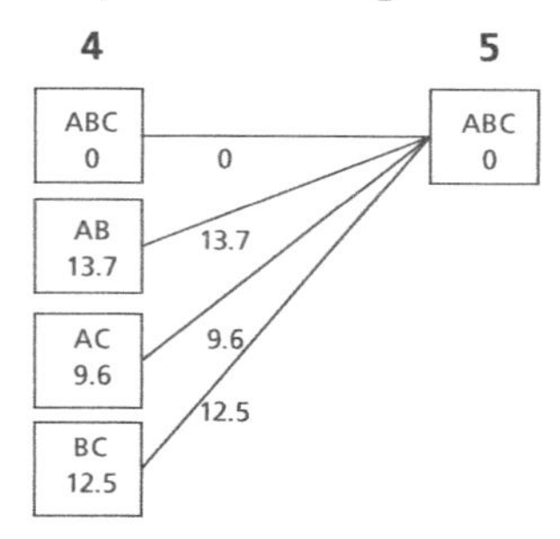

Figura 5.4 - Transição entre as etapas 4 e 5

Entre as etapas 3 e 4, para cada estado de início é determinado o estado do final da etapa que resulta em maior benefício líquido. Na Figura 5.5, as linhas destacadas correspondem a sub-políticas ótimas escolhidas.

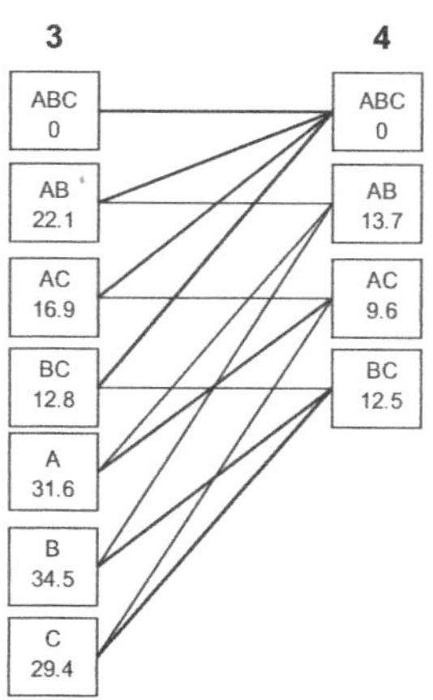

Figura 5.5 - Transição entre as etapas 3 e 4

A árvore final obtida é apresenta na Figura 5.6. O valor máximo de benefício líquido é de 51,6 (célula inferior à esquerda). A estratégia final pode ser obtida através da busca reversa da primeira etapa até a última etapa e corresponde a não investir nos anos 1 e 2, investir em C no 3º ano, em B no 4º ano e em A no 5º ano.

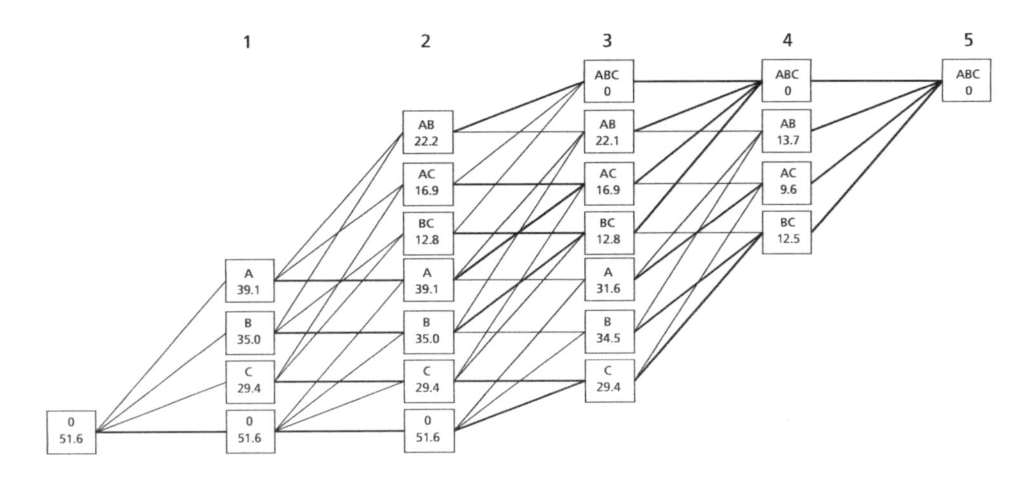

Figura 5.6 - Etapas de decisão do problema de alocação de obras

5.4 APLICAÇÕES DE PD NO SOFTWARE OTIMIZA

Neste item são apresentados dois problemas na área de engenharia de distribuição que ilustram a aplicação de programação dinâmica.

O primeiro problema consiste na otimização do despacho da geração, mesmo problema abordado no Capítulo 3 por PLI. Neste problema, sabendo-se o valor da demanda total do sistema, deseja-se determinar o despacho de geração em cada unidade, a partir de funções de custo não linear para cada unidade.

O segundo problema consiste na aplicação de programação dinâmica para avaliação da política ótima de transformadores, a partir do crescimento da demanda em um dado ponto do sistema ao longo do tempo. A política ótima corresponde a uma seqüência de transformadores, dentre uma série de potências nominais, a serem instalados de forma que o custo operacional total, em valor presente, seja mínimo.

5.4.1 Aplicação 1 — Despacho da Geração

A aplicação 1 corresponde a um problema de programação dinâmica (PD), referente à determinação do melhor despacho de unidades de geração para o atendimento de uma determinada demanda do sistema.

Assim, o problema pode ser descrito da seguinte forma:

> "Dispõe-se de n geradores que podem ser despachados para o suprimento de uma carga global de um certo valor pré-estabelecido. Cada gerador tem uma capacidade máxima, e o custo de geração de cada unidade é estabelecido por estágios (ou taps). Deseja-se estabelecer o despacho ótimo da geração, ou seja, a potência a ser fornecida em cada um dos geradores, de tal forma a se atender a carga total com o mínimo custo de geração."

Cada etapa de decisão na aplicação de PD corresponde ao comissionamento de um gerador, ou seja, avaliação de seu despacho. Assim, partindo do primeiro gerador até o último, o custo operacional ótimo pode ser perseguido através da utilização da seguinte equação recursiva [3]:

$$min\, f_i = f_{i-1}\,(D - P_i) + F(P_i),\ i = 1, \ldots, n$$

Onde:

f_i : custo acumulado do gerador i

f_{i-1} : custo acumulado do gerador i-1

$F(P_i)$: custo da unidade de geração i

n : número de etapas de decisão (ou número de unidades de geração)

Nas Figuras 5.7 e 5.8 são apresentadas as telas de entrada de dados do software OTIMIZA, respectivamente pontos da funções de custo para cada unidade geradora candidata e a demanda total a ser atendida.

Edição da tabela CUSTO GERAÇÃO

Insere | Retira | Confirma

#	GER_ID	TAP	CUSTO
1	G1	50	810
2	G1	75	1355
3	G1	100	1460
4	G1	125	1772,5
5	G1	150	2085
6	G1	175	2427,5
7	G1	200	2760
8	G2	50	750
9	G2	75	1155
10	G2	100	1360
11	G2	125	1655
12	G2	150	1950
13	G3	50	806
14	G3	75	1108,5
15	G3	100	1411
16	G3	125	1704,5
17	G3	150	1998
18	G3	175	2358

Figura 5.7 - Custos de unidades de geração

A combinação de comissionamento entre os geradores candidatos nem sempre atinge diretamente a demanda especificada na tela da Figura 5.8. O procedimento de uma forma geral fornece uma combinação de comissionamentos que resulta em demanda imediatamente superior e demanda imediatamente inferior. Caberá ao tomador de decisão a escolha de despacho adequada.

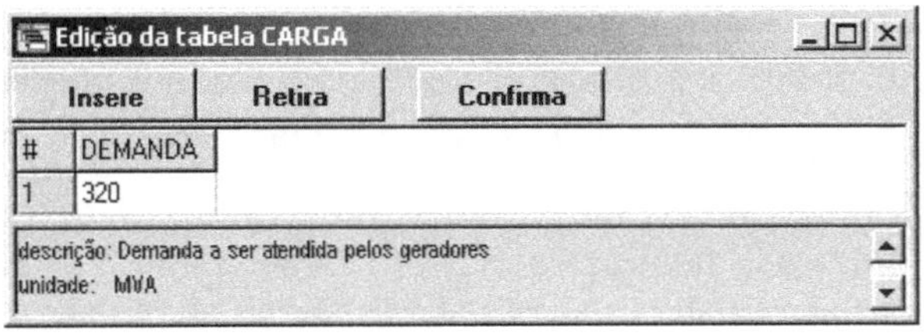

Edição da tabela CARGA

Insere | Retira | Confirma

#	DEMANDA
1	320

descrição: Demanda a ser atendida pelos geradores
unidade: MVA

Figura 5.8 - Demanda a ser atendida

Na Figura 5.9 ilustra a árvore de busca do problema de PD de despacho de geração. Destacam-se as etapas de decisão para o despacho dos geradores *G1*, *G2* e *G3* e uma parte dos estados possíveis da solução em cada etapa (estados que foram descartados em etapas intermediárias de decisão não estão apresentados). Para cada ligação são apresentados a etapa de decisão (*G1*, *G2* ou *G3*) os níveis de tensão e os custos de transição para o estado da demanda atendida na etapa seguinte. Este último é representado pelos nós em que são destacados o valor da demanda para o estado da solução e o custo acumulado para a próxima etapa.

Na primeira fase de decisão os valores de demanda correspondem aos níveis de potência do gerador *G1* e os custos acumulados são obtidos diretamente da função de custo de *G1*:

D	$f_1(D)$
0	0
50	810
75	1.355
100	1.460
125	1.772,5
150	2.085
175	2.427,5
200	2.760

Na etapa seguinte de comissionamento de *G2* para atingir cada uma das possíveis demandas *D* temos opções possíveis de comissionamento. A opção escolhida é obtida através da fórmula recursiva apresentada. No exemplo de utilização, para $D = 125$, temos o quadro apresento abaixo e o resultado gráfico no software OTIMIZA em destaque na Figura 5.9:

P_2	$F_2(P_2)$	$f_1(125\text{-}P_2)$	$f2$
0	0	1.772,5	1.772,5
50	750	1.355	2.105,0
75	1.155	810	1.965,0
100	1.360	-	-
125	1.655	0	1.655,0
150	1.950	-	-
f_2*			1.655,0

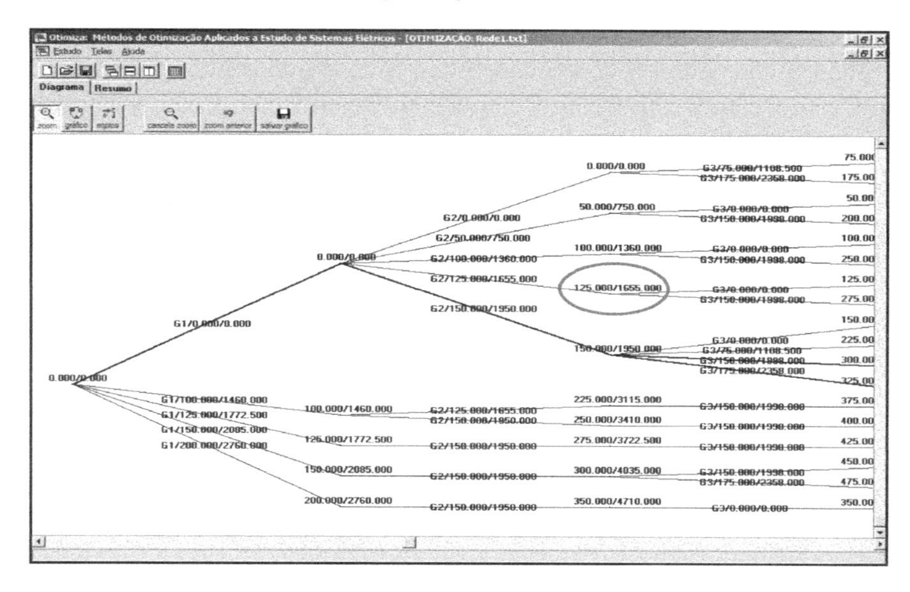

Figura 5.9 - Trajetórias ótima até etapa *G2*

Este procedimento é repetido para todos os estados possíveis em cada etapa do problema até a última etapa em que são obtidos as trajetórias ou políticas ótimas para cada um dos estados finais possíveis. O resultado final das políticas ótimas até cada uma das etapas de decisão e para cada estado de demanda D possível é apresentado na Figura 5.10 e a seguir em formato texto são apresentadas as soluções que atingem estado imediatamente superior e inferior a $D = 320$, $D = 325$ e $D = 300$.

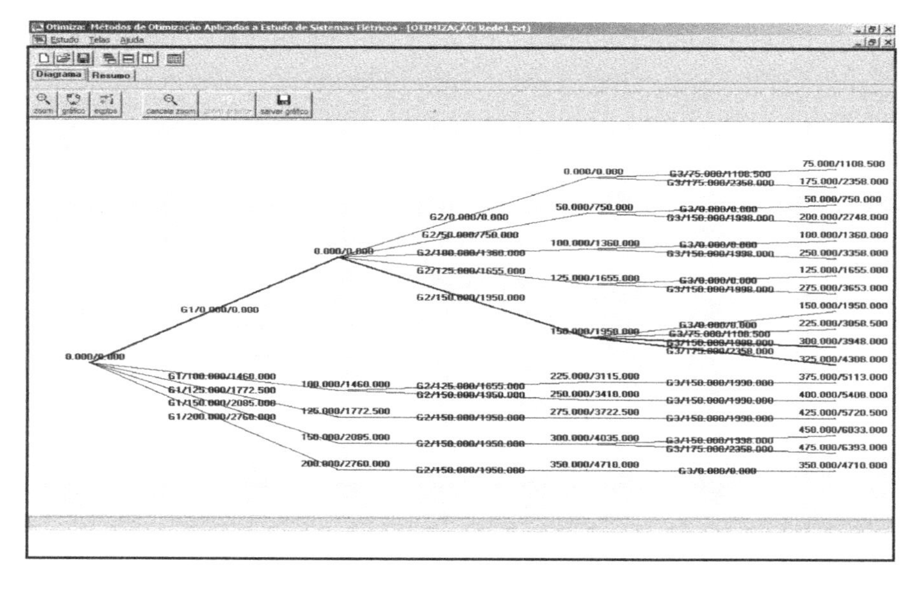

Figura 5.10 - Busca da trajetória ótima de geração

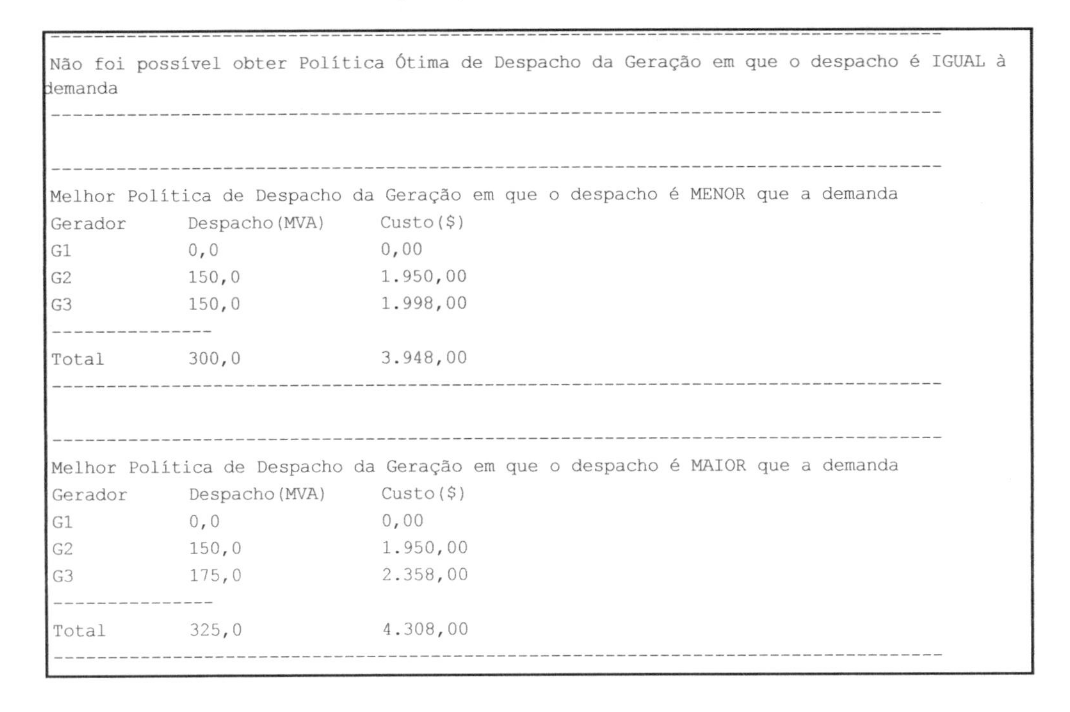

```
---------------------------------------------------------------------------------
Não foi possível obter Política Ótima de Despacho da Geração em que o despacho é IGUAL à
demanda
---------------------------------------------------------------------------------

---------------------------------------------------------------------------------
Melhor Política de Despacho da Geração em que o despacho é MENOR que a demanda
Gerador        Despacho(MVA)        Custo($)
G1             0,0                  0,00
G2             150,0                1.950,00
G3             150,0                1.998,00
--------------
Total          300,0                3.948,00
---------------------------------------------------------------------------------

---------------------------------------------------------------------------------
Melhor Política de Despacho da Geração em que o despacho é MAIOR que a demanda
Gerador        Despacho(MVA)        Custo($)
G1             0,0                  0,00
G2             150,0                1.950,00
G3             175,0                2.358,00
--------------
Total          325,0                4.308,00
---------------------------------------------------------------------------------
```

Figura 5.11 - Relatórios texto de saída do programa OTIMIZA

5.4.2 Aplicação 2 – Alocação de Transformadores

A aplicação 2 trata de um problema de programação dinâmica (PD), referente à determinação da política de evolução de transformadores em um ponto de um sistema durante o período de estudo de tal forma a minimizar o custo operacional. Para maiores detalhes e extensão da técnica utilizada ver referência [2].

Sendo assim a descrição do problema é a seguinte:

> "Dados n transformadores nos quais são conhecidos custos de investimento, de instalação, de amortização, de perdas técnicas no ferro e no cobre e as potências nominais, qual a política ótima de evolução dos transformadores, para um horizonte de estudo em um ponto do sistema, com uma dada evolução de carga, que minimiza os custos em valor presente?"

Os dados de entrada para a aplicação do método são apresentados abaixo:

- Os dados gerais do problema consistem na carga inicial no primeiro ano (S_0), a taxa de crescimento anual da carga (t_c), a taxa de remuneração de capital (j), o custo de perdas (C_{perda}) e o horizonte de estudo (t_h). A tela de entrada no OTIMIZA é apresentada na Figura 5.12.

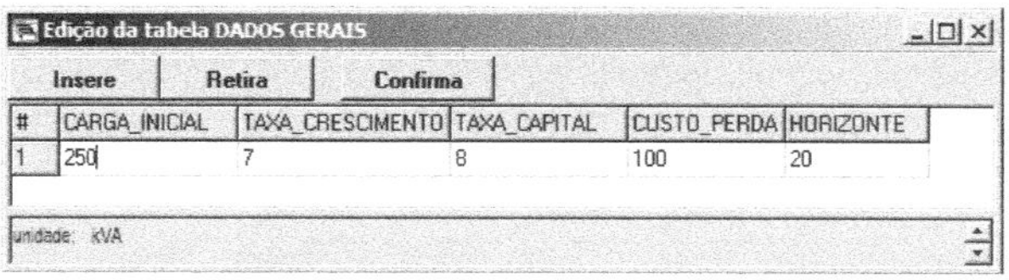

Edição da tabela DADOS GERAIS

Insere | Retira | Confirma

#	CARGA_INICIAL	TAXA_CRESCIMENTO	TAXA_CAPITAL	CUSTO_PERDA	HORIZONTE
1	250	7	8	100	20

unidade: kVA

Figura 5.12 - Dados gerais do problema de alocação de transformadores

- Série de transformadores com potência nominal (S_{nom}), vida útil ($nvtr_i$), fator de carregamento máximo (C_{max}), constantes de perdas no ferro (C_{fe}) e no cobre (C_{cu}), custos do equipamento (C_{tr}) e de instalação (C_{inst}) conhecidos. Na Figura 5.13 é apresentada a tela de entrada no software OTIMIZA:

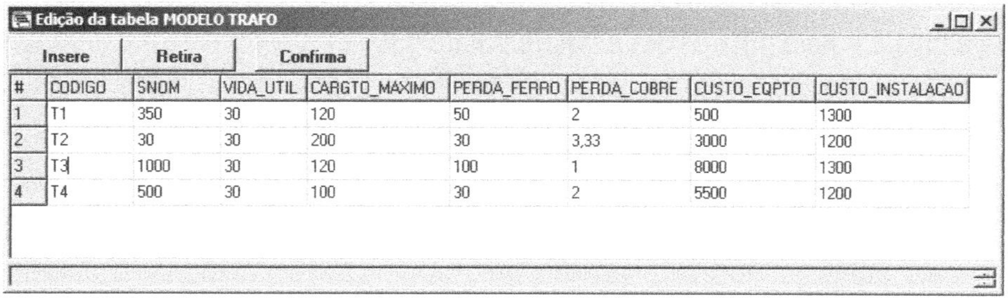

Edição da tabela MODELO TRAFO

Insere | Retira | Confirma

#	CODIGO	SNOM	VIDA_UTIL	CARGTO_MAXIMO	PERDA_FERRO	PERDA_COBRE	CUSTO_EQPTO	CUSTO_INSTALACAO
1	T1	350	30	120	50	2	500	1300
2	T2	30	30	200	30	3,33	3000	1200
3	T3	1000	30	120	100	1	8000	1300
4	T4	500	30	100	30	2	5500	1200

Figura 5.13 - Dados dos transformadores candidatos

A obtenção da política ótima de alocação de transformadores é obtida através dos seguintes passos apresentados a seguir [2]:

a) Ordenação dos transformadores pela suas potências nominais (S_{nom}).

b) Para os transformadores que atendem a carga no ano inicial, os respectivos anos limites de atendimento da carga são obtidos através da fórmula a seguir. Este procedimento é ilustrado graficamente, no caso de 5 transformadores na Figura 5.14.

$$t_i = \frac{\left[\log(S_{\max_i}) - \log(S_0)\right]}{\log\left(1 + t_c / 100\right)}$$

Onde:

S(t) : evolução da carga ao longo do período de estudo e é dada por:

$$S(t) = S_0.(1 + t_c / 100)^t, t = 0, \ldots, t_h$$

S_{max_i} : carga máxima admissível do *i-ésimo* transformador, que é atingida no ano limite t_i, e é dada por:

$$S_{\max_i} = S_{nom_i}.C_{\max_i} / 100$$

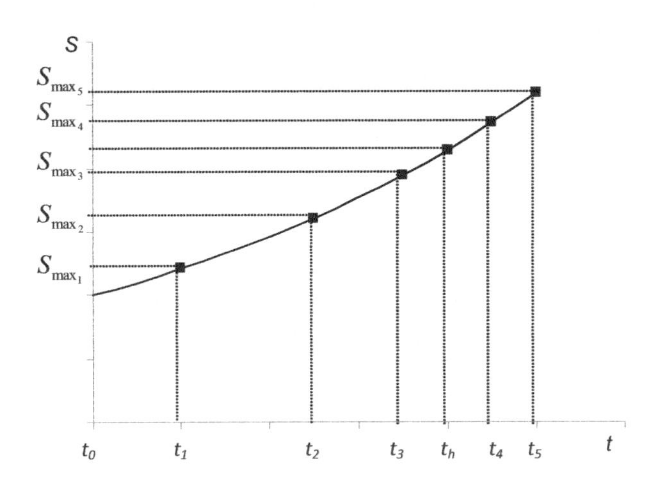

Figura 5.14 - Anos limite dos transformadores

c) Determinação dos custos operacionais dos transformadores para os sub-períodos delimitados pela seqüência de anos limites dos transformadores. Os custos operacionais são calculados através de formulação apresentada a seguir e armazenados em matriz, conforme ilustrado na Figura 5.15, na qual as linhas correspondem aos transformadores (TR_i) em ordem crescente de potência máxima e as colunas correspondem aos sub-períodos entre anos limites menores que o período de estudo (t_h).

	$(0 - t_1)$	$(t_1 - t_2)$	$(t_2 - t_3)$	$(t_3 - t_h)$
TR_1	*	-	-	-
TR_2	*	*	-	-
TR_3	*	*	*	-
TR_4	*	*	*	*
TR_5	*	*	*	*

Figura 5.15 - Matriz de custos operacionais dos transformadores

O custo operacional entre os anos t_k e t_j para o transformador do tipo i é dado pela seguinte equação:

$$C_{op_i}(t_k, t_j) = C_{inst_i}(t_k) + C_{amor_i}(t_k, t_j) + C_{fe_i}(t_k, t_j) + C_{Cu_i}(t_k, t_j)$$

Os custos de instalação, amortização, perdas no ferro e no cobre são obtidos através das seguintes equações:

- Custo de instalação do transformador tipo i, no ano t_k:

$$C_{inst_i}(t_k) = C_{inst_i}.(1 + j/100)^{-tk}$$

- Custo de amortização do transformador tipo i entre os anos t_k e t_j:

$$C_{amor_i}(t_k, t_j) = \sum_{t=t_k+1}^{t_j} \frac{C_{tr_i}.j/100}{1-(1+j/100)^{nvtr_i}}(1+j/100)^{-t}$$

- Custo de perdas no ferro do transformador tipo i, entre os anos t_k e t_j:

$$C_{fe_i}(t_k, t_j) = \sum_{t=t_k+1}^{t_j} C_{perda}.P_{fe_i}.(S_{nom_i}/100).(1+j/100)^{-t}$$

- Custos de perdas no cobre do transformador tipo i, entre os anos t_k e t_j:

$$C_{Cu_i}(t_k, t_j) = \sum_{t=t_k+1}^{t_j}\left[C_{perda}.P_{cu_i}.S_{nom_i}/100.\left(\frac{S(n)}{S_{nom_i}}\right)^2.(1+j/100)^{-t}\right]$$

d) Geração de alternativas. O procedimento para geração de alternativas parte do início do período de estudo para o final do período, sendo que as etapas de decisão correspondem aos sub-períodos compreendidos entre os anos limites dos transformadores e o período de estudo. A hipótese para utilização do método de PD é que o transformador já instalado somente pode ser substituído quando é atingido seu ano limite.

A aplicação de PD para o problema de alocação de transformadores tem como base o fato das decisões tomadas em dado instante não provocarem mudanças em custos dos instantes posteriores. Os passos básicos do método são apresentados a seguir:

1. Fixa-se ordenadamente um ano limite.
2. Comparam-se os subconjuntos de alternativas de evolução com mesmos estados posteriores e descartam-se os de custo operacional superiores.
3. Repete-se o procedimento até o final do período de estudo.

Os resultados no software OTIMIZA consistem na árvore de busca de alternativas apresentada na Figura 5.16 e relatório texto apresentado na Figura 5.17. Na árvore de busca as linhas destacadas correspondem a alternativas avaliadas para cada etapa de decisão e estado final obtido. A política ótima de alocação corresponde a alternativa avaliada que atinge a última etapa de decisão.

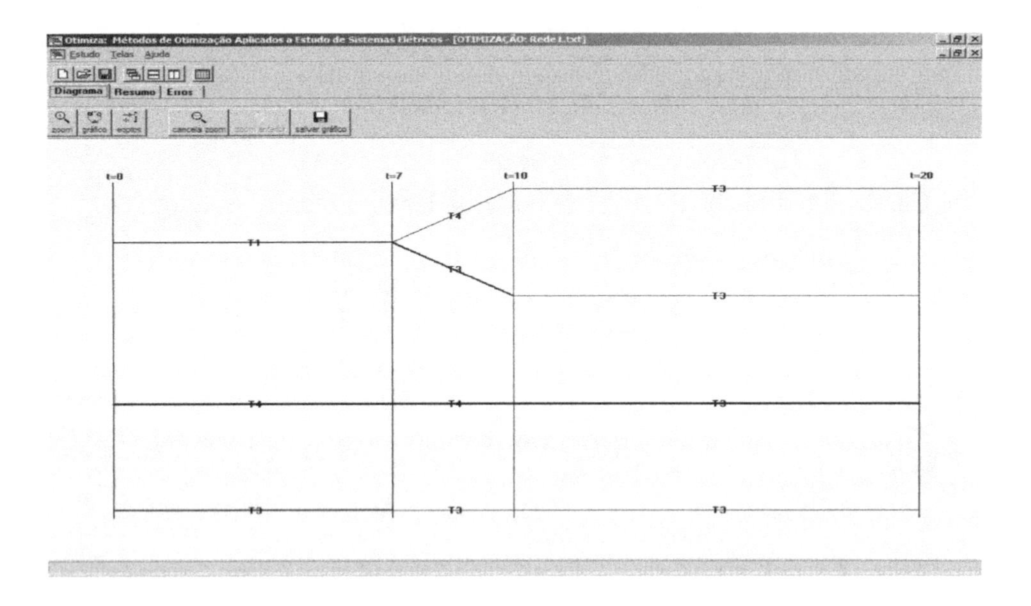

Figura 5.16 - Busca da política ótima de transformadores

O procedimento de geração de alternativas do exemplo seguiu os seguintes passos apresentados abaixo. A ordenação dos transformadores que atendem a demanda inicial, segundo a potência máxima é T_1 - T_4 - T_3. A seguir determinou-se os anos limites 7, 10 e 20. A construção da alternativa ótima foi realizada através das seguintes comparações:

Na primeira etapa (0 – 7), todas as alternativas foram consideradas, *T1, T4* e *T3*. Na segunda etapa (7 – 10), os transformadores com possibilidade de utilização são *T4* e *T3*, e as trajetórias possíveis nos sub-períodos (0 – 7) e (7-10) são *T1 – T4* ou *T4 – T4*, a alternativa *T1 – T4* é descartada, *T1 – T3* ou *T3 – T3*, a alternativa *T3 – T3* é descartada. Na última etapa (10-20), o único transformador candidato é *T3*, e as trajetórias possíveis são *T4 – T4 – T3* ou *T1 – T3 – T3*. A alternativa ótima de menor custo, destacada na árvore de decisão é *T4 – T4 – T3* e o custo apresentado no relatório da Figura 5.17, que também apresenta resultados intermediários por ano e por tipo de custo, é de 457.568,00.

PROGRAMAÇÃO DINÂMICA PARA A UTILIZAÇÃO DE TRAFOS

POLÍTICA ÓTIMA DE UTILIZAÇÃO DE TRANSFORMADORES

TRAFO		PERÍODO DE FUNCIONAMENTO	
CÓDIGO	(KVA)	(ANOS)	
		INÍCIO	TÉRMINO
T4	500.0	1	10
T3	1000.0	11	20

EVOLUÇÃO DA DEMANDA E FLUXO DE CAIXA NO HORIZONTE DE ESTUDO

ANO	TRAFO (KVA)	CARGA (KVA)	INSTAL. (un$)	AMORT. (un$)	PERDA-FE (un$)	PERDA-CU (un$)	TOTAL (un$)	VPL (un$)
1	500.0	267.5	1200.0	488.6	15000.0	286.2	16974.8	16974.8
2	500.0	286.2	0.0	488.6	15000.0	327.7	15816.2	14644.7
3	500.0	306.3	0.0	488.6	15000.0	375.2	15863.7	13600.6
4	500.0	327.7	0.0	488.6	15000.0	429.5	15918.1	12636.3
5	500.0	350.6	0.0	488.6	15000.0	491.8	15980.3	11746.0
6	500.0	375.2	0.0	488.6	15000.0	563.0	16051.6	10924.4
7	500.0	401.4	0.0	488.6	15000.0	644.6	16133.2	10166.6
8	500.0	429.5	0.0	488.6	15000.0	738.0	16226.6	9468.1
9	500.0	459.6	0.0	488.6	15000.0	845.0	16333.5	8824.5
10	500.0	491.8	0.0	488.6	15000.0	967.4	16456.0	8232.1
11	1000.0	526.2	1300.0	710.6	100000.0	276.9	102287.5	47378.9
12	1000.0	563.0	0.0	710.6	100000.0	317.0	101027.6	43329.0
13	1000.0	602.5	0.0	710.6	100000.0	363.0	101073.6	40137.7
14	1000.0	644.6	0.0	710.6	100000.0	415.6	101126.2	37183.9
15	1000.0	689.8	0.0	710.6	100000.0	475.8	101186.4	34450.0
16	1000.0	738.0	0.0	710.6	100000.0	544.7	101255.3	31919.9
17	1000.0	789.7	0.0	710.6	100000.0	623.6	101334.3	29578.5
18	1000.0	845.0	0.0	710.6	100000.0	714.0	101424.6	27411.9
19	1000.0	904.1	0.0	710.6	100000.0	817.5	101528.1	25407.3
20	1000.0	967.4	0.0	710.6	100000.0	935.9	101646.5	23552.7
TOTAIS:			2500.0	11991.7	1150000.0	11152.5	1175644.2	457568.0

Figura 5.17 - Relatórios texto de saída do programa OTIMIZA

REFERÊNCIAS BIBLIOGRÁFICAS

[1] R. Bellman. *Dynamic programming*, Princeton, N.J., 1957.

[2] N. Kagan. *Planejamento de redes de distribuição secundária* – uma modelagem por programação dinâmica, 1982, Dissertação de mestrado EPUSP.

[3] B. F. Wollenberg, A. Wood. *Power generation operation and control*, 2° Edition, John Wiley and Sons, 1996.

[4] S. Vajda. *Mathematical programming*, Addison-Wesley, 1961.

6 Métodos de Busca Heurística

6.1 INTRODUÇÃO

Um problema de busca pode ser visto como um processo de se determinar um percurso, através de uma estrutura em forma de árvore, para se alcançar um estado meta a partir de um estado inicial.

Uma árvore de busca é um grafo orientado, constituída por nós e arcos, na qual cada nó representa um estado do problema, e cada arco representa como se relacionam os estados referentes aos nós por ele interligados.

Os problemas de busca podem ser divididos em duas categorias: problemas nos quais soluções viáveis são almejadas, e problemas que envolvem a otimização de uma ou mais funções objetivo.

Existem inúmeras técnicas de busca [8], muitas delas sendo variantes de outras. Algumas delas são sucintamente apresentadas a seguir:

- Busca em amplitude (*breadth-first search*): a partir do nó raíz da árvore de busca, que representa o estado inicial do problema, são gerados todos os seus nós sucessores, pela utilização de todas as regras ou operadores possíveis de serem aplicados. Este processo se repete para todos os nós sucessores, até que a aplicação de alguma regra ou operador resulte num estado que corresponda à meta do problema. A Figura 6.1 apresenta o desenvolvimento da árvore de busca. Em problemas de configuração de redes, normalmente é necessário gerar um número muito grande de níveis da árvore até se alcançar a solução, não sendo portanto uma boa técnica a ser utilizada.

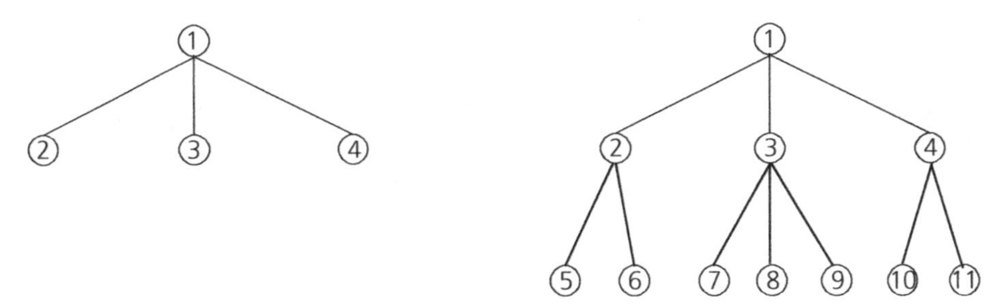

Figura 6.1 - Busca em amplitude

- **Busca em profundidade** (*depth-first search*): a partir do nó raíz da árvore de busca, em cada nível é gerado um único nó sucessor. A pesquisa é feita percorrendo-se a árvore através de um único caminho, até que a solução do problema seja alcançada ou que uma decisão de interromper o caminho seja tomada. Um caminho é interrompido quando se alcança um nó terminal (nó que não corresponde à solução e que não possui sucessores), quando um nó representa um retorno a um estado anterior, ou quando se alcança um estado considerado "pior" (p. ex., mais longo, de maior custo) que algum valor ou solução de referência. Em qualquer destes casos, um procedimento de retrocesso (*backtrack*) é realizado, retornando-se ao nó imediatamente anterior para a geração de um outro caminho. A Figura 6.2 apresenta o desenvolvimento da árvore de busca quando esta técnica é utilizada.

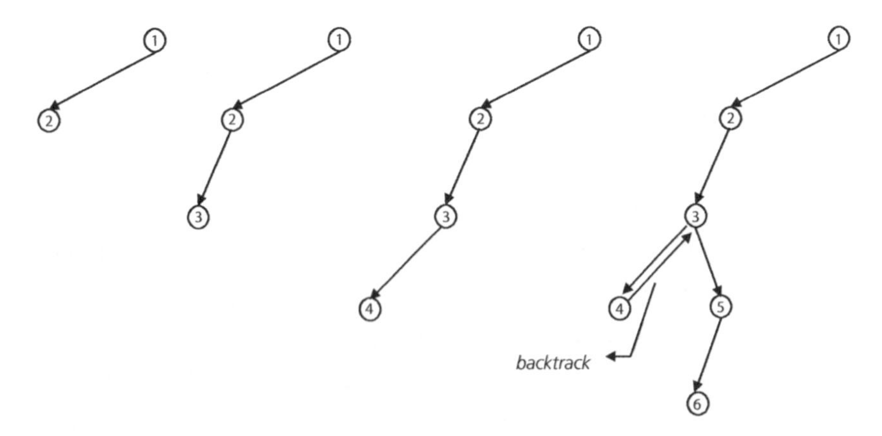

Figura 6.2 - Busca em profundidade

- **Gerar e testar** (*generate-and-test*): variante da técnica de busca em profundidade, em que se procura avançar por um caminho na árvore de busca, e ao final se verifica se o estado alcançado representa uma solução para o problema. Esta técnica também possui variantes, basicamente definidas pela maneira como os caminhos a serem percorridos são escolhidos. Quando esta escolha é feita de forma randômica, a técnica também é conhecida por *British Museum*, em uma referência a se encontrar uma obra em um museu andando por ele ao acaso.

- **Escalada da montanha** (*hill climbing*): outra variante da técnica de busca em profundidade, em que se utiliza alguma função heurística para direcionar o processo de busca. Seu nome faz uma alusão a alguém que está perdido e que precisa chegar ao topo de uma montanha; mesmo sem saber o caminho, sabe que se continuar subindo estará indo na direção correta. Nesta técnica, em cada nó da árvore de busca utiliza-se uma função para se avaliar o quanto o estado representado pelo nó está distante do estado-meta. A partir do nó inicial gera-se um sucessor pela aplicação de um operador. Se o nó sucessor representar um estado melhor que o estado corrente, avança-se por este caminho; caso contrário, aplica-se outro operador em busca de um nó mais promissor, e assim por diante.
- **Gradiente** (*gradient search*): variante da técnica de *hill climbing*. Neste caso, em cada nível da árvore de busca, todos os possíveis nós sucessores são avaliados, e o melhor deles é escolhido para ser expandido, desde que represente um estado que seja melhor que o estado corrente.
- **Busca pela melhor escolha** (*best-first search*): esta técnica combina as vantagens dos processos de busca em profundidade e de busca em amplitude. Em cada passo do processo, são avaliados todos os nós possíveis de serem expandidos, pela aplicação de uma função heurística de avaliação específica para o problema. A busca é então continuada a partir do nó, dentre <u>todos</u> aqueles gerados até então, que se apresente como o mais promissor, ou seja, aquele que apresenta o maior potencial em direção à solução do problema. A Figura 6.3 apresenta o desenvolvimento da árvore de busca.

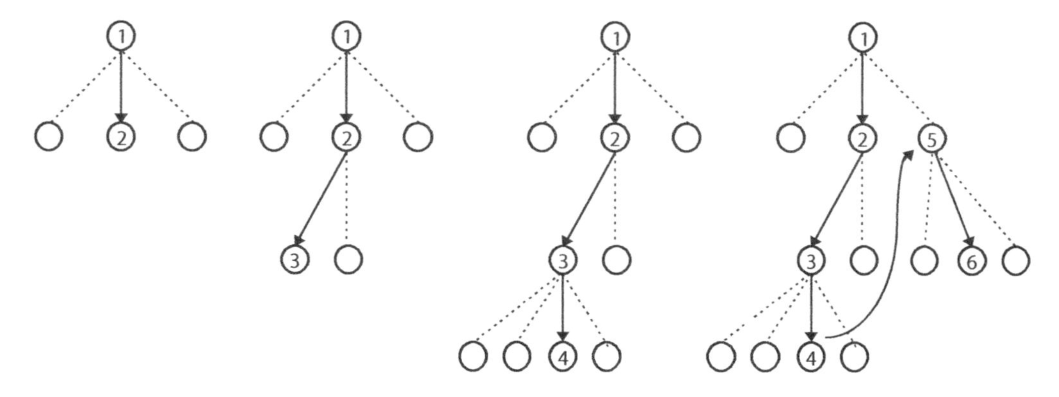

Figura 6.3 - Busca pela melhor escolha

Não existe uma técnica de busca que seja **sempre** melhor que as demais. O que distingue uma boa técnica de busca, para um problema particular, é a sua habilidade em encontrar um caminho em direção à solução do problema, através da exploração de apenas uma pequena parcela de todos os caminhos possíveis.

Em problemas de otimização, para se garantir a obtenção da solução "ótima", deveria ser utilizada uma técnica de busca exaustiva, como a técnica de busca em profundidade ou de busca em amplitude, com a avaliação de todos os nós da árvore de busca. Porém, quando se trata de problemas reais, como os problemas de configuração de redes de distribuição de certo porte, o uso destas técnicas resulta em explosão combinatória e, conseqüentemente, a tempos de pesquisa proibitivos, mesmo com os recursos computacionais atualmente disponíveis.

Uma possível maneira de contornar este problema é a incorporação de heurísticas durante o processo de busca.

Heurística [8] pode ser definida como uma técnica que, baseada em informações específicas do domínio de um problema, permite melhorar a eficiência de um processo de busca.

A utilização adequada de heurísticas em conjunto com técnicas de otimização possibilita a manutenção de um certo grau de precisão na solução de um problema, enquanto assegura convergência e tempos de processamento aceitáveis.

O uso de regras ou procedimentos heurísticos pode apresentar vantagens e desvantagens quando se faz uma comparação com os métodos de otimização puros. A utilização de heurísticas adequadas ao problema possibilita que o espaço de busca de soluções seja convenientemente reduzido, permitindo assim que vários aspectos do problema sejam modelados simultaneamente, sem que o esforço computacional, em termos de tempo de processamento, seja proibitivo. Além disso, pode-se incorporar aspectos que são de difícil modelagem (ou mesmo que não podem ser modelados) quando se utilizam somente algoritmos de programação matemática.

Por outro lado, a utilização de heurísticas deve ser criteriosa pois, com a sua utilização, geralmente não se pode mais garantir que a solução "ótima" seja encontrada e, o que é mais grave, a utilização de heurísticas inadequadas pode levar a soluções errôneas ou mesmo impossibilitar a resolução do problema.

6.2 ESTRATÉGIAS PARA GUIAR O PROCESSO DE BUSCA HEURÍSTICA

6.2.1 Considerações Gerais

Uma estratégia heurística tem por objetivo definir o estado inicial do problema a ser analisado e como a técnica de busca selecionada irá modificar sucessivamente o estado do sistema em direção à solução almejada.

Para uma mesma técnica de busca podem ser utilizadas distintas estratégias heurísticas para a modelagem do problema a ser tratado.

Três estratégias heurísticas são discutidas nos próximos itens:

- estratégia construtiva
- estratégia destrutiva
- estratégia do tipo troca de ramos (*branch-exchange*)

6.2.2 Estratégia Construtiva

Quando se modela um problema de utilizando uma estratégia construtiva, assume-se, para o estado inicial do problema, que todos os elementos de interesse estejam não utilizados. Para se explorar o espaço de busca, devem ser definidos operadores "construtivos", ou seja, operadores que vão alterando o estado destes elementos, de *não usados* para *usados*, de modo a se alcançar a solução do problema. Por exemplo, para um problema que envolva determinar a configuração ótima de um sistema de distribuição para a minimização das perdas técnicas pela definição do estado de chaves manobráveis, considera-se inicialmente que todas as chaves de interesse (independente da situação atual destas chaves) estejam na condição *aberta*. Para guiar o processo de busca da solução do problema, utiliza-se um operador construtivo que comanda o *fechamento* de chaves. A seleção de qual chave deve ser fechada em cada estágio do processo depende da técnica de busca utilizada.

6.2.3 Estratégia Destrutiva

Na estratégia destrutiva, o procedimento é dual ao utilizado na estratégia construtiva. Ou seja, no estado inicial do problema, considera-se que todos os elementos de interesse estejam utilizados.

Neste caso, devem ser definidos operadores "destrutivos", ou seja, operadores que vão alterando o estado dos elementos, de *usados* para *não usados*, até se alcançar a solução do problema. No problema de configuração de um sistema de distribuição para a minimização das perdas técnicas, considera-se agora que inicialmente todas as chaves de interesse estejam na condição *fechada*, e que a solução do problema será obtida a partir da *abertura* sucessiva de chaves, comandada pela técnica de busca utilizada.

6.2.4 Estratégia de Troca de Ramos (*Branch-Exchange*)

A estratégia de *branch-exchange* é bastante direcionada para análise de configurações de redes, e considera somente configurações radiais, em qualquer estágio do processo de busca. Assim, é preciso dispor-se de uma configuração inicial radial para a sua utilização. O objetivo básico desta estratégia é o de se efetuar alterações sucessivas na configuração da rede em estudo, de tal forma que cada nó da árvore de busca corresponda a uma possível solução do problema.

Uma alteração elementar no sistema consiste na troca de estado de dois elementos (por exemplo a abertura de uma chave e o fechamento de outra), escolhidos convenientemente para manter a condição de radialidade da rede.

6.3 EXEMPLO ILUSTRATIVO

6.3.1 Descrição do Problema

Para ilustrar a aplicação de técnicas de busca, apresenta-se neste item um exemplo de aplicação, enfocando-se o problema de planejamento de um pequeno sistema de distribuição. Para entendimento e comparação das técnicas, o mesmo problema será resolvido com a utilização de 3 técnicas de busca:

- busca em profundidade básica
- busca em profundidade – método do gradiente
- busca pela melhor escolha

A meta do problema é a de se determinar a configuração da rede para o atendimento das cargas. A função objetivo é a minimização dos custos de investimentos e de perdas. O sistema está apresentado na Figura 6.4. Devem ser determinados, dentre os oito trechos possíveis de serem utilizados, aqueles a serem instalados para o suprimento das cargas localizadas nas barras B4, B5 e B6. O custo de instalação de um trecho foi fixado em 10 unidades/km. Para facilitar o entendimento do problema, o custo das perdas foi linearizado, e fixado em 1 unidade/(A.km).

Apesar de ser um problema simples, o número total de combinações é de $2^8 = 256$, ou seja, existem 256 possíveis configurações para esta rede (obviamente muitas delas não são viáveis, resultando em formação de malhas ou não garantindo o atendimento das cargas).

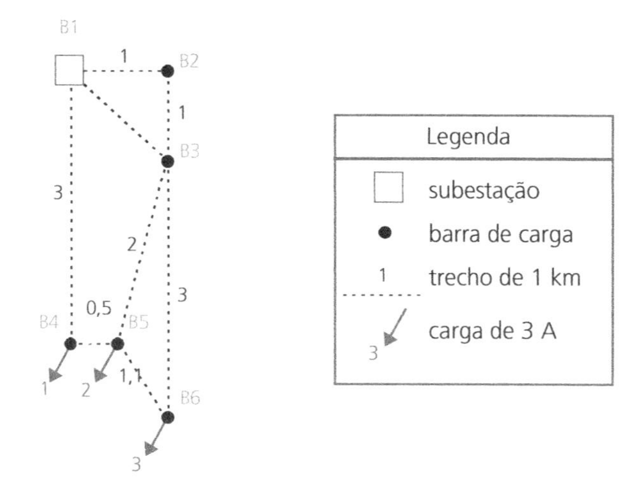

Figura 6.4 - Sistema utilizado no exemplo de aplicação

Para guiar o processo de busca, será utilizada uma estratégia construtiva, com a utilização de um operador que irá selecionar, em cada estágio, qual o trecho de rede que será construído. Este operador será chamado INSTALA_TRECHO, e a seguinte condição deverá ser verificada para a sua aplicação: para a instalação de um trecho, uma de suas barras terminais já deverá estar conectada à rede, e a outra barra terminal deverá estar desconectada. Desta forma, a rede vai sendo montada, passo a passo, garantindo a condição de radialidade.

6.3.2 Solução com Busca em Profundidade Básica

Neste caso, não foi utilizada nenhuma função para direcionar o processo de busca. Assim, o operador INSTALA_TRECHO é aplicado sempre ao primeiro elemento que satisfaça as condições necessárias para a sua aplicação, por exemplo seguindo a ordem da entrada de dados.

A Figura 6.5 apresenta o desenvolvimento parcial da árvore de busca, até ser encontrada a primeira solução do problema. Para se obter esta solução, foram analisados 14 nós e expandidos 5 deles (nós 2, 5, 8, 11 e 14). A partir deste nó, novas soluções podem ser obtidas, através de um procedimento de retrocesso (*backtrack*), com a exploração de novos caminhos na árvore de busca. A Figura 6.6 apresenta as duas próximas soluções, que correspondem aos nós 15 e 18, respectivamente. Os nós 16 e 17 apresentam soluções com custo maior que o custo da segunda solução, e portanto foram descartados.

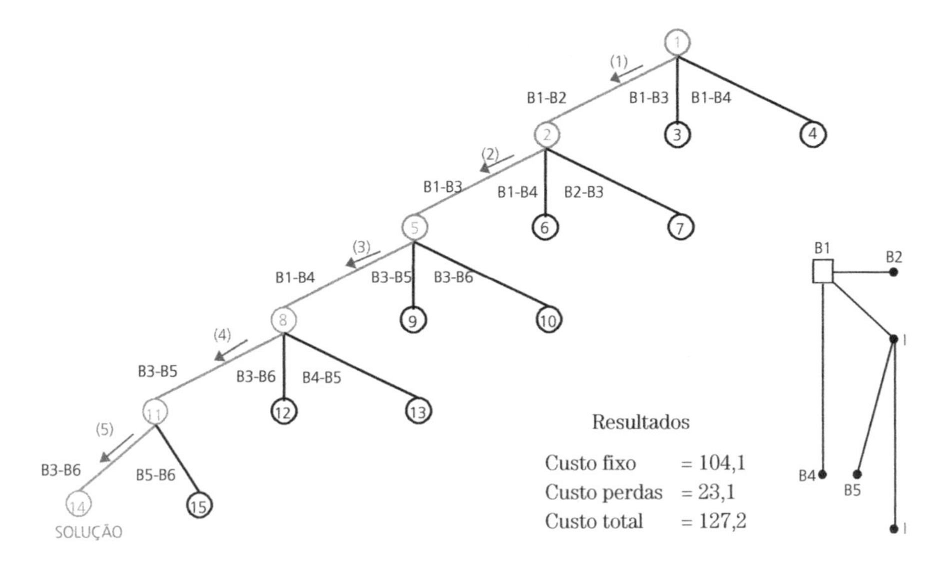

Figura 6.5 - Busca em profundidade básica – primeira solução

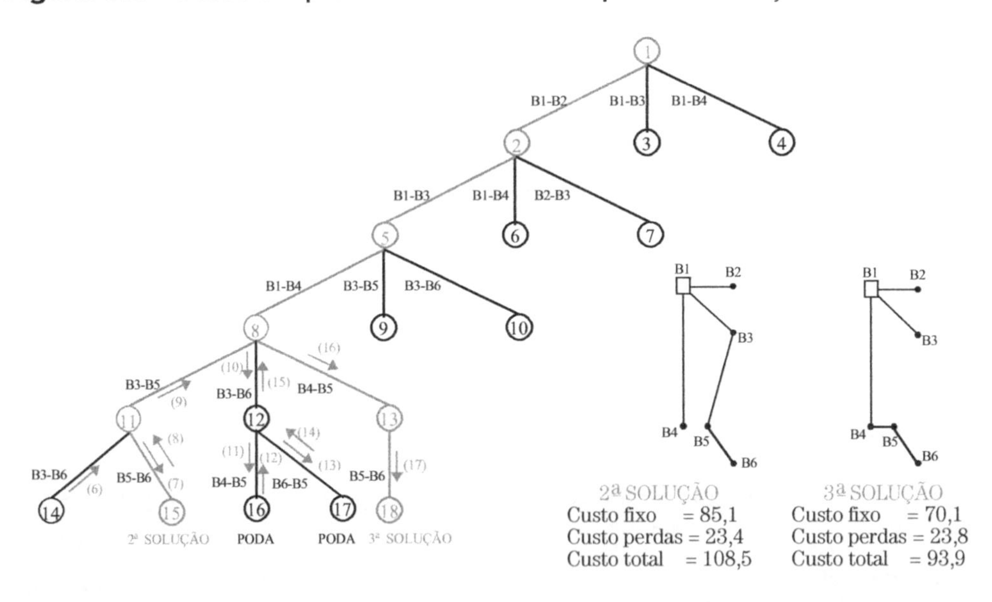

Figura 6.6 - Busca em profundidade básica – segunda e terceira soluções

6.3.3 Solução com Busca em Profundidade – Método do Gradiente

Neste caso, em cada nível da árvore de busca, todos os possíveis nós sucessores são avaliados por uma função que utiliza a seguinte composição de custos:

$$C = C_{INST} + C_{PER}$$

Onde:

C_{INST}: custo de instalação do trecho

C_{PER}: acréscimo no custo das perdas com a instalação do trecho

A Figura 6.7 apresenta o desenvolvimento parcial da árvore de busca, até ser encontrada a primeira solução do problema. O valor entre parêntesis ao lado de cada nó é o valor obtido pela função de avaliação. Neste caso, para se obter a primeira solução, foram analisados 15 nós e expandidos 5 (nós 2, 7, 9, 13 e 16). Observa-se que o custo da primeira solução (83,8 unidades), com a introdução da função heurística de avaliação dos nós, apresenta um decréscimo de 34% com relação à primeira solução encontrada anteriormente (127,2 unidades), e é menor até mesmo que o custo da terceira solução daquela técnica (93,9 unidades).

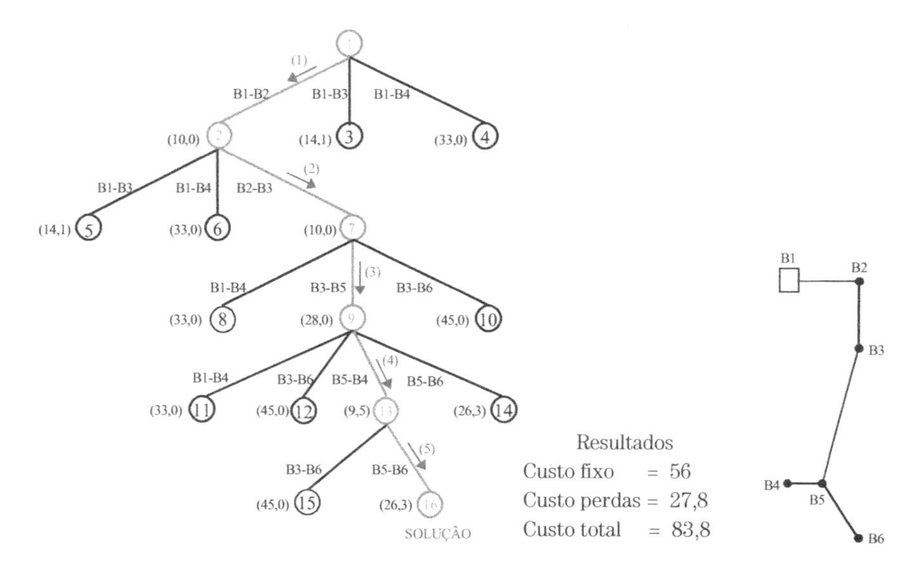

Figura 6.7 - Busca em profundidade com estrutura de preferências – primeira solução

A introdução de uma restrição que impõe que uma nova solução somente seja considerada se resultar em uma redução de pelo menos 5% com relação à solução anterior, aliada à estratégia definida pela condição necessária para a aplicação do operador, trouxe como resultado uma grande redução no espaço de busca e no número de novas soluções. Ao final, foram obtidas quatro soluções com custos totais decrescentes, e avaliados 68 nós da árvore de busca. A melhor solução, apresentada na Figura 6.8, tem um custo de 69,8 unidades, que corresponde a uma redução de 16,7% com relação à solução inicial (83,8 unidades).

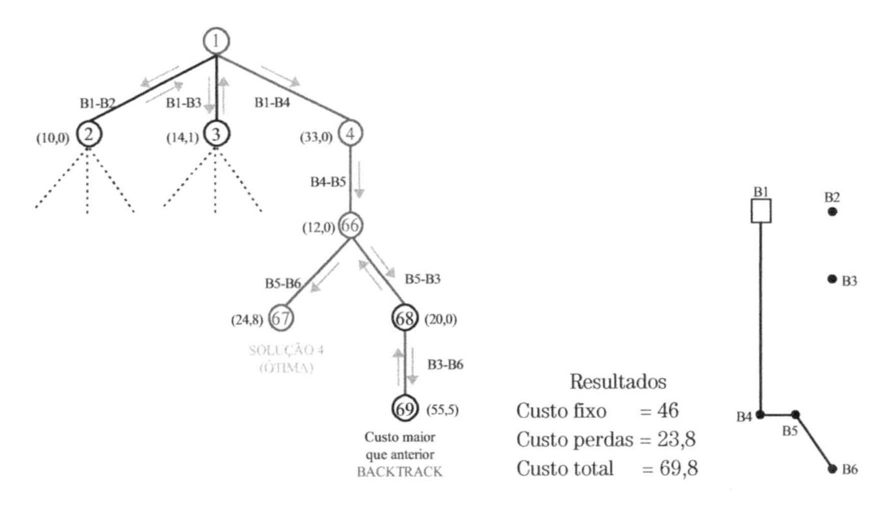

Figura 6.8 - Busca em profundidade com estrutura de preferências – melhor solução

6.3.4 Solução com Busca pela Melhor Escolha

O sucesso do processo de solução de um problema, quando se utiliza a técnica de busca pela melhor escolha, é completamente dependente das funções utilizadas para a avaliação dos nós da árvore de busca.

Uma possível maneira de estruturar o processo de busca é utilizar o algoritmo conhecido por A*, com a função de avaliação ajustada ao problema específico a ser analisado. Neste algoritmo, utiliza-se uma função de avaliação de cada nó da árvore de busca, chamada função f', composta de duas parcelas:

$$f' = g + h'$$

A primeira parcela, função g, avalia a <u>qualidade</u> do caminho percorrido até se alcançar o nó que está sendo analisado (por exemplo, através de um valor de custo calculado para o caminho percorrido desde o nó inicial até ele).

A função h', por sua vez (que é uma avaliação do nó propriamente dito), é um <u>estimador</u> de h, que é o valor exato de quanto falta para a solução ser alcançada a partir daquele nó (por exemplo, através de uma estimativa do custo adicional para se alcançar o nó-meta). Ou seja, a função h' fornece uma indicação de quão próximo um nó se encontra da solução do problema.

A utilização da função f' possibilita que vários tipos de controle sobre o processo de busca sejam utilizados.

Com relação à função g, as seguintes considerações podem ser feitas:

- Quando a meta do problema é somente alcançar uma solução viável, o valor da função g pode ser fixado em zero, para qualquer nó da árvore de busca.

Assim, resulta para qualquer nó n que $f'(n) = h'(n)$, e então o algoritmo irá sempre selecionar o nó que pareça estar mais próximo da solução. Em geral, a busca torna-se do tipo busca em profundidade.

- Quando se deseja encontrar o caminho de custo mínimo, deve-se utilizar o valor correto de g, computando-se os custos reais de cada arco da árvore de busca.

As seguintes considerações podem ser feitas sobre a função h':

- Se h' for um estimador perfeito de h, ou seja, se $h'=h$, então o algoritmo converge diretamente para a solução do problema. Ou seja, o número de arcos percorridos desde o nó inicial até o nó-meta será igual ao número mínimo exigido pela modelagem utilizada para a resolução do problema.
- Se h' for fixado em zero, a busca passa a ser controlada pela função g. Se o valor de g também for fixado em zero, a busca torna-se randômica. Se o custo de qualquer arco entre dois nós sucessivos for fixado em 1, a busca torna-se do tipo busca em amplitude.
- Se h' não for um estimador perfeito e nem fixado em zero, sua qualidade torna-se determinante para o sucesso do processo de busca. Demonstra-se que, se h' sempre subestimar o valor de h, então o algoritmo encontra o caminho que leva à solução ótima do problema.

Esta última observação acerca da função h' é muito importante, pois representa uma condição necessária e suficiente para a obtenção da solução ótima de um problema. Na Figura 6.9 apresenta-se uma ilustração de como a função h' influência o processo de busca.

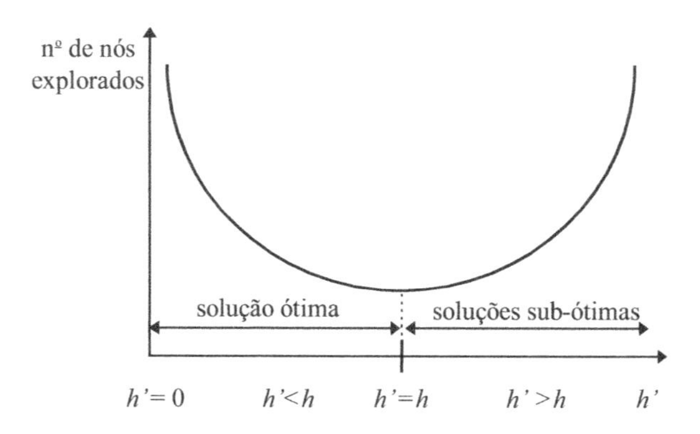

Figura 6.9 - Influência da função *h'* no processo de busca

Na rede exemplo a função g, que representa o custo total para se alcançar um dado nó da árvore de busca, é obtida por:

$$g = \sum_{i \in \Omega_{inst}} C_{FIXO_i} + \sum_{i \in \Omega_{inst}} C_{PERDAS_i}$$

Onde:

Ω_{inst}: conjunto dos trechos de rede instalados desde o nó inicial até o nó que está sendo avaliado

Para a função h' foi utilizado o algoritmo do menor caminho, que se destina a encontrar o menor percurso entre um dado nó inicial (nó fonte) e um outro nó qualquer de uma rede, ou entre aquele nó e todos os demais. O algoritmo do menor caminho, convenientemente modificado, mostra-se bastante adequado para o cálculo de h', pois pode produzir uma boa avaliação de h sem superestimá-la, garantindo assim a obtenção da solução ótima.

A Figura 6.10 apresenta o desenvolvimento completo da árvore de busca, até ser encontrada a solução do problema. Com a utilização desta técnica, os nós selecionados para a expansão da árvore foram: 4 (f'=69,5), 7 (f'=69,8) e 11 (f'=69,8). Neste caso, a função h' foi um estimador muito bom da função h, e o processo de busca convergiu diretamente para a solução ótima do problema. Para se alcançar a solução, foram analisados 11 nós e expandidos somente 3. Entretanto, cabe ressaltar que nem sempre é possível se dispor de uma função h' que seja uma boa avaliação de h sem nunca superestimá-la.

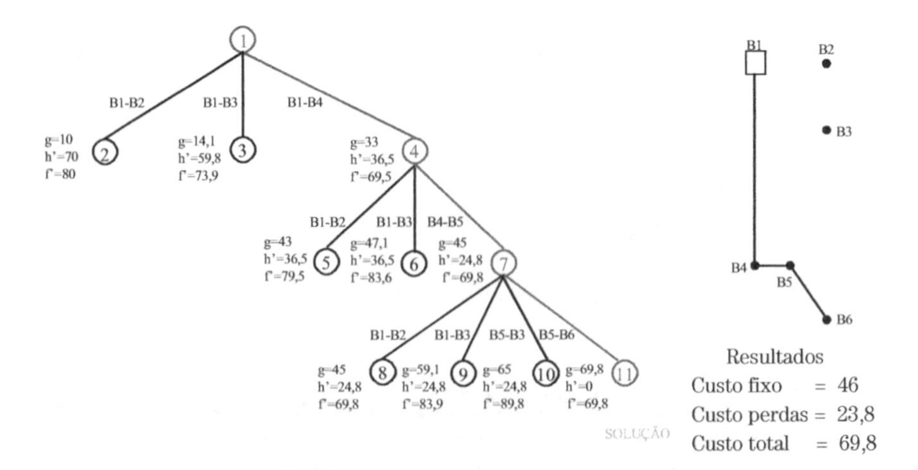

Figura 6.10 - Busca pela melhor escolha

6.4 PROBLEMA DA RECONFIGURAÇÃO DA REDE EM SITUAÇÃO DE CONTINGÊNCIA

6.4.1 Descrição do Problema

As interrupções no fornecimento de energia elétrica ocorrem para que sejam realizados serviços de manutenção preventiva nos componentes da rede, ou quando ocorre um defeito, como por exemplo um curto-circuito fase-terra devido ao rompimento de um condutor. Nos dois casos, deve-se dispor de um plano de manobras para restringir ao mínimo a área a permanecer desenergizada. De uma maneira geral, as seguintes ações devem ser tomadas quando ocorre um defeito num ponto qualquer da rede:

i Identificação do local onde o defeito ocorreu. Em redes não automatizadas, esta atividade é feita por uma equipe de manutenção, que percorre a rede até visualizar o defeito e/ou o dispositivo de proteção que operou.

ii Isolar a menor parte possível do sistema, pela abertura das chaves mais próximas.

iii Sinalizar chaves normalmente abertas que não podem ser operadas enquanto o defeito não for sanado, através da colocação de bandeirolas de aviso. Esta ação tem por objetivo garantir a segurança da equipe de manutenção que irá fazer os reparos na rede.

iv Manobrar chaves que permitam restabelecer o suprimento a jusante do bloco isolado. Obviamente, estas manobras não são efetuadas se a rede puder ser recuperada rapidamente.

v Correção do problema.

vi Novas manobras de chaves para retornar ao estado normal do sistema.

Na Figura 6.11(a-e) apresenta-se uma ilustração destes procedimentos. Em 6.11(d) e em 6.11(e) são mostradas duas alternativas para se restabelecer o suprimento de energia à parcela da rede localizada a jusante da área que está sendo submetida à manutenção. Esta parte da rede está desenhada em linhas tracejadas em 6.11(c).

Na primeira alternativa, devem ser manobradas 3 chaves, e uma parte dos trechos da rede serão supridos pelo próprio alimentador, enquanto que outra parte será transferida para o alimentador vizinho Al.2.

Na segunda alternativa, somente uma chave é manobrada, e todos os trechos serão transferidos para o outro alimentador vizinho (Al.3). Supôs-se que os critérios técnicos de carregamento e tensão pudessem ser atendidos nas duas alternativas.

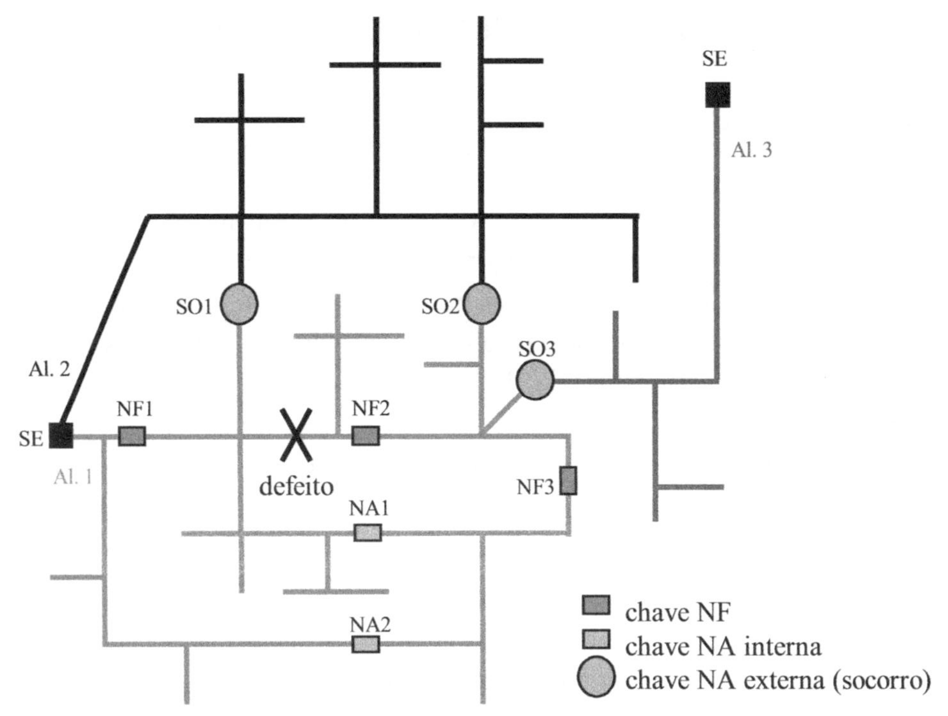

(a) Rede original no instante em que ocorreu um defeito

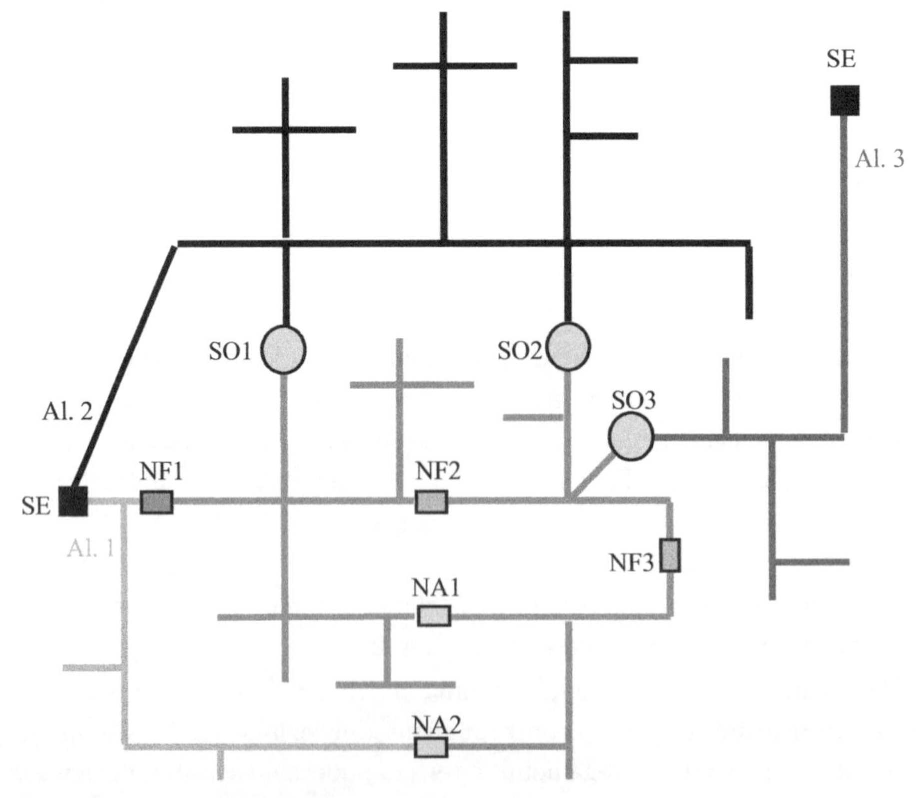

(b) Chave NF1 abre, desenergizando a parte da rede

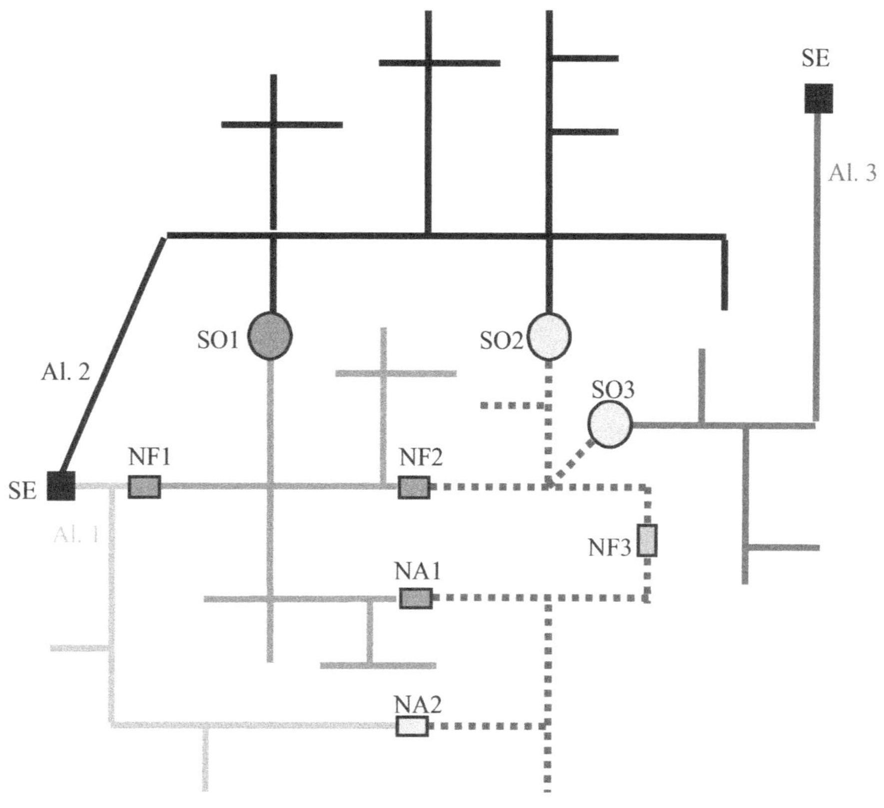

(c) Equipe abre chave NF2 e coloca sinalização (bandeirolas) em NF1,NF2,NA1,SO1

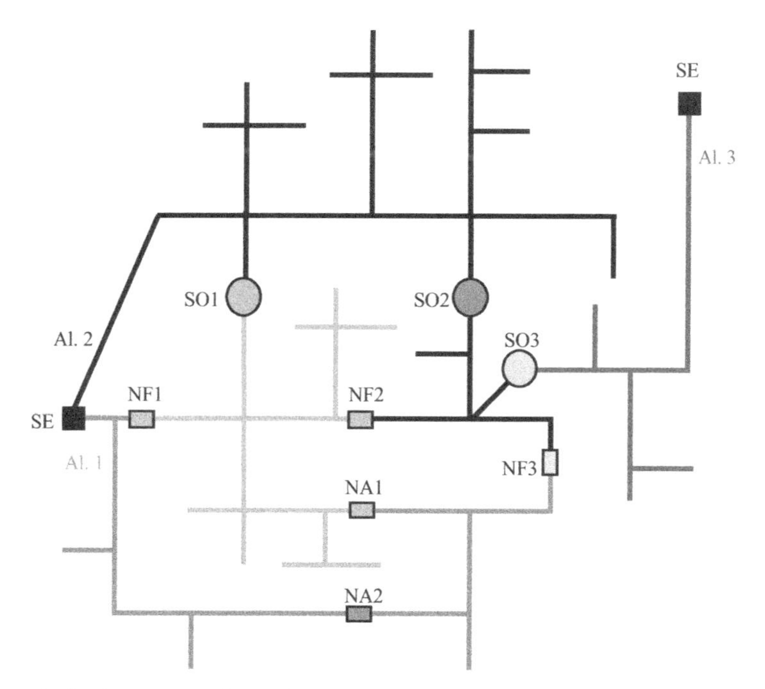

(d) Alternativa 1: fechamento de NA2, abertura de NF3 e fechamento de SO2

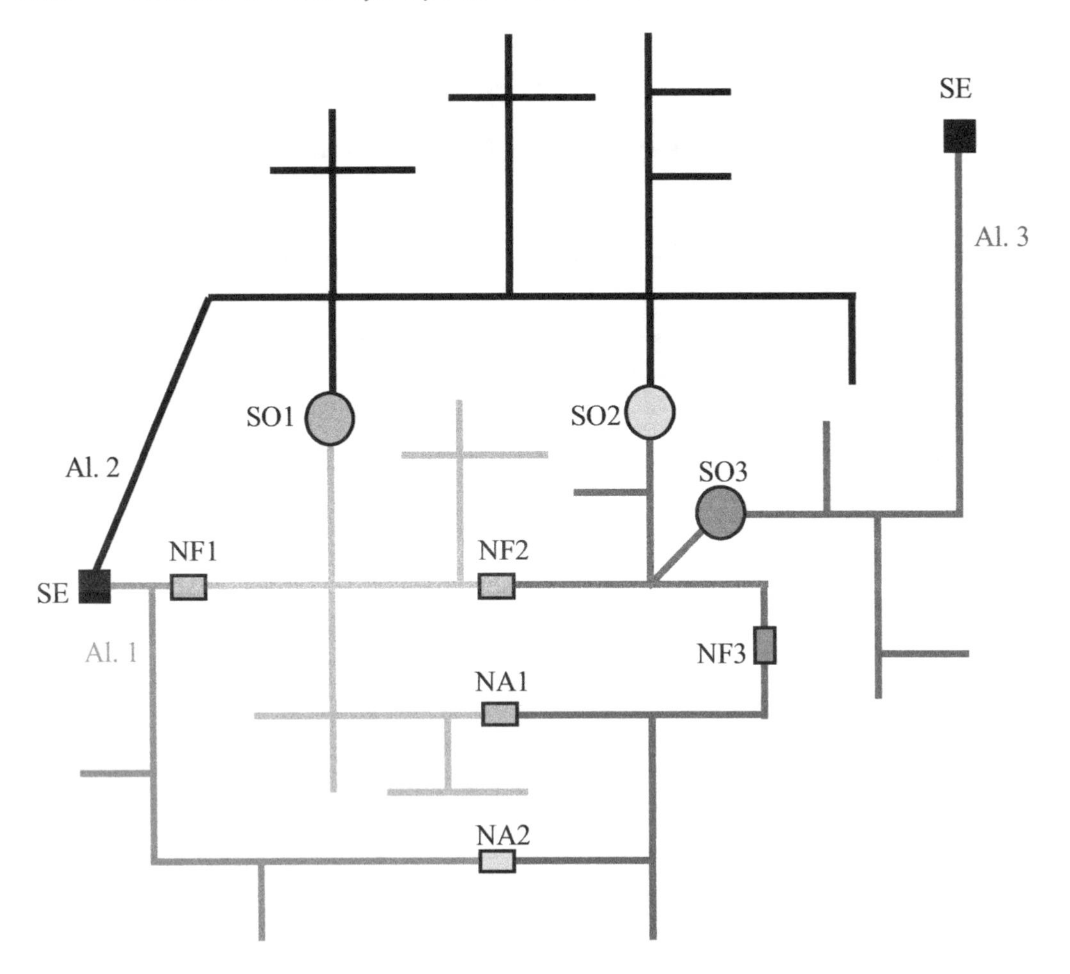

(e) Alternativa 2: fechamento de SO3

Figura 6.11 - Ilustração dos procedimentos para restauração da rede

6.4.2 Formulação do Problema

O problema proposto pode ser dividido em duas etapas. Inicialmente, deve-se efetuar as manobras de chaves necessárias para isolar o bloco da rede onde ocorreu o defeito, bem como a sinalização das chaves NA de socorro interno ou externo que se ligam ao bloco e que não podem ser fechadas enquanto o defeito não for sanado. Em seqüência, deve-se reconfigurar o restante do sistema.

Para a segunda etapa, o problema pode ser modelado de duas maneiras distintas, com a utilização das estratégias construtiva ou destrutiva. Na estratégia construtiva, atribui-se a todas as chaves que podem ser utilizadas o estado NA, e se procede a um fechamento sucessivo de chaves até se alcançar a solução. A estratégia destrutiva utiliza procedimento dual, ou seja, atribui-se a todas as chaves que podem ser utilizadas o estado NF, e se busca a solução através da abertura de chaves até se alcançar a solução.

Para a processo de busca de soluções, utilizou-se a técnica de busca em profundidade pelo método do gradiente.

Para se estabelecer o plano de manobras para a restauração da rede, dois atributos de otimização foram considerados. O objetivo principal foi o de minimização do número de chaves manobradas, com preferência pela utilização de alternativas locais, ou seja, por manobras de chaves do próprio alimentador sujeito a contingência, com restrições de queda de tensão e de carregamento de alimentadores e subestações. O segundo objetivo, considerado como de menor importância, diz respeito à maximização de um índice técnico de qualidade, que leva em conta os perfis de tensão e de carregamento do sistema resultante, incluindo os alimentadores vizinhos que (eventualmente) tenham recebido parte da carga do alimentador em análise.

O problema assim definido é um problema com múltiplos objetivos. Para a avaliação das soluções, utilizou-se o método da média ponderada, atribuindo-se graus de importância distintos (através de pesos) às duas funções objetivo.

Os atributos de otimização foram assim modelados:

- *Manobras de chaves*: para atender ao critério proposto, ou seja, reconfigurar o sistema utilizando somente chaves já existentes (chaves NF, chaves NA internas e chaves NA de socorro externo) e prioritariamente utilizando as chaves NA internas, foram atribuídos "custos" para a utilização das chaves. Assim, a utilização de uma chave de socorro externo tem um custo alto, enquanto que uma chave de socorro interno tem um custo médio, e finalmente uma chave NF tem um custo baixo (ou mesmo nulo).
- *Índice técnico de qualidade*: este índice é calculado pela média ponderada entre duas notas e seus respectivos pesos. Uma destas notas é obtida pela distribuição da carga em função de 3 faixas de tensão (ruim, aceitável, boa), e a outra pela distribuição dos carregamentos também em 3 faixas (alto, médio, baixo). O índice é então calculado pela expressão:

$$IT = \frac{p_v N_v + p_c N_c}{p_v, p_c}$$

Onde:

N_v, N_c : notas de tensão e de carregamento, respectivamente (valores entre 0-ruim e 10-bom)

p_v, p_c : pesos atribuídos para tensão e carregamento, respectivamente

As notas de tensão e de carregamento, por sua vez, são calculadas por:

$$N_v = \frac{N_{v1}S_{v1} + N_{v2}S_{v2} + N_{v3}S_{v3}}{S_{v1} + S_{v2} + S_{v3}}$$

$$N_c = \frac{N_{c1}S_{c1} + N_{c2}S_{c2} + N_{c3}S_{c3}}{S_{c1} + S_{c2} + S_{c3}}$$

Onde:

N_{v1}, N_{v2}, N_{v3}: notas atribuídas para as faixas 1, 2 e 3 de tensão (valores entre 0 e 10)

N_{c1}, N_{c2}, N_{c3}: notas atribuídas para as faixas 1, 2 e 3 de carregamento (valores entre 0 e 10)

S_{v1}, S_{v2}, S_{v3} : cargas atendidas nas faixas de tensões 1, 2 e 3, respectivamente

S_{c1}, S_{c2}, S_{c3} : cargas atendidas nas faixas de carregamento 1, 2 e 3, respectivamente

Finalmente, o índice de mérito (I_M) de uma alternativa é calculado por:

$$I_M = \frac{p_C C + p_{IT} IT}{p_C + p_{IT}}$$

Onde :

C, IT : atributos de otimização, respectivamente, custo das chaves utilizadas e índice técnico de qualidade

P_C, P_{IT}: graus de importância dos atributos, representados por pesos

6.5 ANÁLISE DE UM CASO COM O SOFTWARE OTIMIZA

6.5.1 Descrição do Sistema e Dados Gerais

Neste item apresenta-se um exemplo de estudo de restauração de um sistema de distribuição de energia elétrica, com a utilização do *software* didático OTIMIZA.

Na Figura 6.12 apresenta-se o diagrama unifilar do sistema a ser estudado, em sua configuração inicial, composto por 5 subestações e 7 alimentadores.

Na Tabela 6.1 apresentam-se as principais características deste sistema, que contém 60 barras e 54 ligações, sendo 45 trechos de rede e 9 chaves normalmente fechadas. Além destas, existem ainda mais 14 chaves normalmente abertas que podem ser utilizadas para a reconfiguração da rede, sendo 8 NA internas e 6 NA de socorro entre alimentadores.

Tabela 6.1 - Características do sistema na configuração inicial

SE	Capacidade (MVA)		Carreg. SE	Circuito	Carreg. circuito
	SE	Circ.	(MVA)		(MVA)
SE1	10,0	6,0	8,4	11	5,1
		6,0		12	2,3
		6,0		13	1,0
SE2	10,0	6,0	3,0	21	3,0
SE3	10,0	6,0	4,0	31	4,0
SE4	10,0	6,0	3,0	41	3,0
SE5	10,0	6,0	3,0	51	3,0

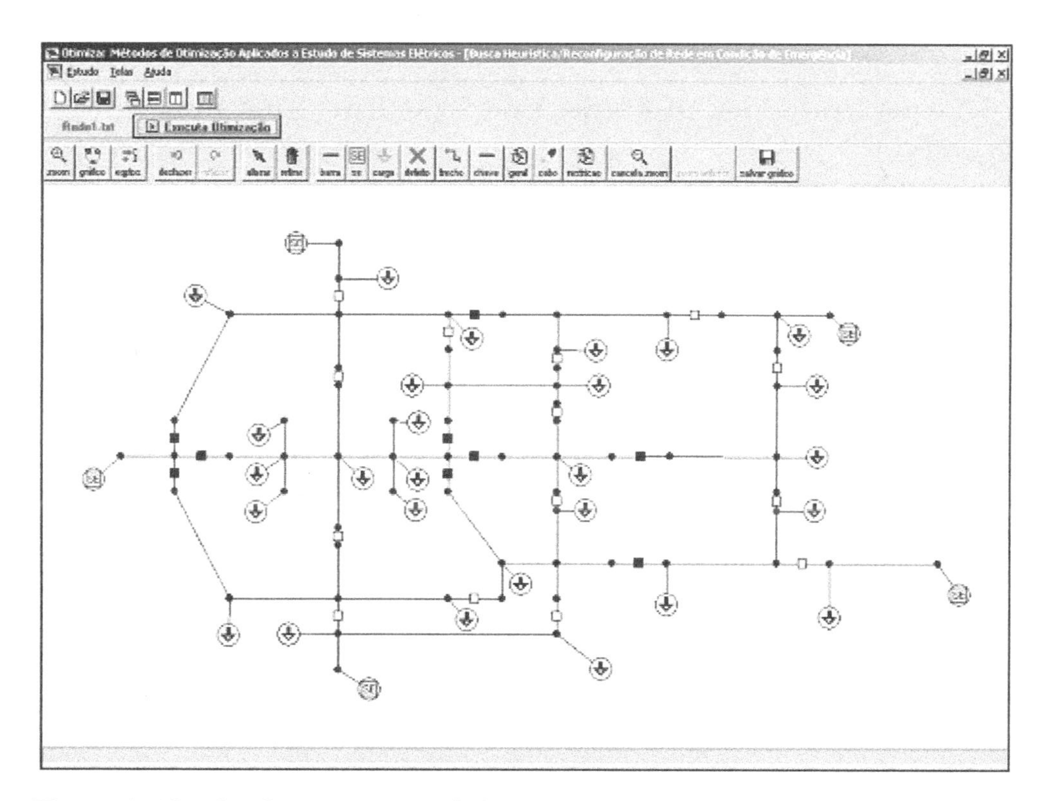

Figura 6.12 - Configuração inicial do sistema

Os seguintes dados gerais foram utilizados para processar o caso (dados fornecidos na opção Geral no software OTIMIZA):

- Tensão nominal do sistema (V_{NOM}) = 13,8 kV
- Máxima queda de tensão (MAXDV) = 5%
- Carregamento máximo de SEs e linhas (MAXCAR) = 100%

- Graus de importância dos atributos de otimização:

  peso do "custo" das chaves (P_CUSTO) = 0,8

  peso do índice técnico de qualidade (P_IM) = 0,2

- Composição do "custo" das chaves:

  chave NF: C = 0

  chave NA interna: C = 10

  chave NA de socorro externo: C = 100

- Composição do índice técnico de qualidade:

  peso do carregamento (P_CAR) = 0,5

  peso da tensão (P_TENS) = 0,5

  limites das faixas de carregamento:

  F1_CAR = 70%

  F2_CAR = 100%

(Bom: abaixo de F1_CAR, Regular: entre F1_CAR e F2_CAR, Ruim: acima de F2_CAR)

- limites das faixas de tensão:

  F1_TENS = 0,92 pu

  F2_ TENS = 0,97 pu

(Bom: acima de F2_ TENS, Regular: entre F2_ TENS e F1_ TENS, Ruim: abaixo de F1_TENS)

- notas para as faixas de carregamento: N1_CAR=10, N2_CAR=7 e N3_CAR=1 (respectivamente às faixas Boa, Regular e Ruim)
- notas para as faixas de tensão: N1_TENS=1, N2_ TENS =7 e N3_ TENS =10 (respectivamente às faixas Ruim, Regular e Boa)

6.5.2 Ponto de Defeito e Isolação da Área pela Abertura de Chaves

Utilizando o software OTIMIZA, simulou-se um defeito num ponto da rede, conforme destacado na Figura 6.13. A partir do ponto de defeito o algoritmo de busca identifica as chaves adjacentes, isolando a área pela abertura destas chaves, Figura 6.14.

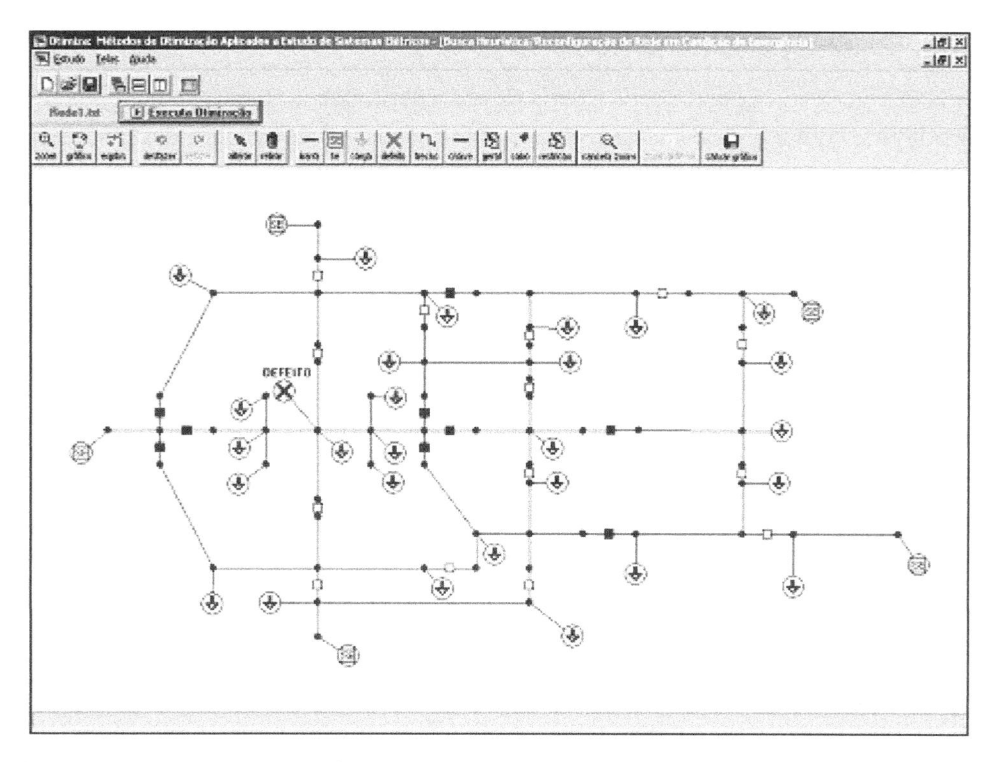

Figura 6.13 - Ponto com defeito

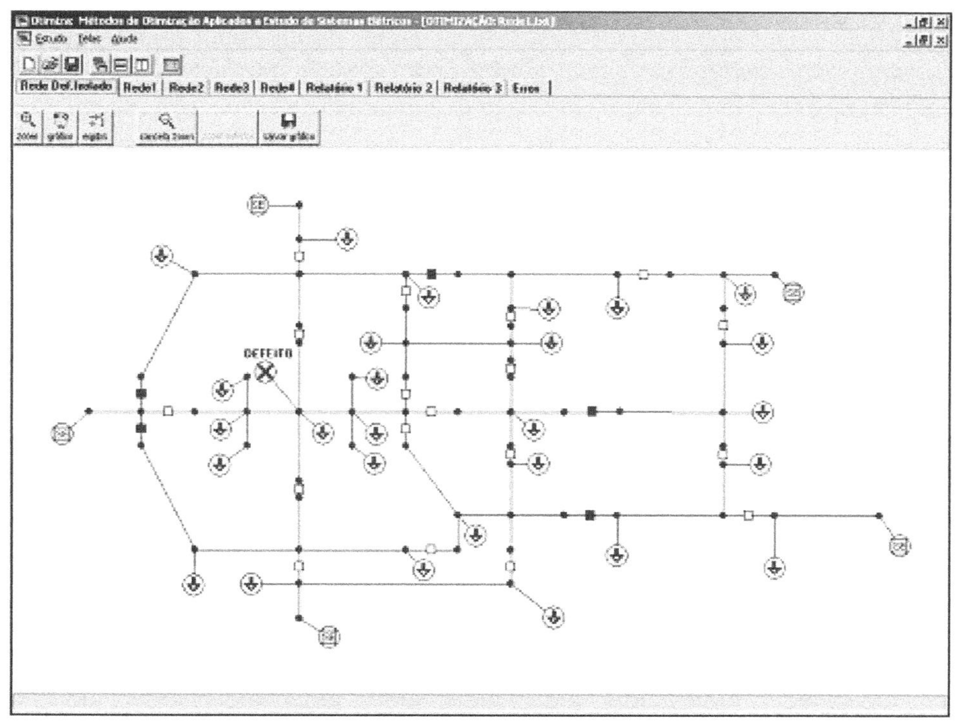

Figura 6.14 - Área com defeito isolada

6.5.3 Reconfiguração da Rede

Nas Figuras 6.15, 6.16, 6.17 e 6.18 são apresentadas 4 possíveis soluções para o problema, com a utilização da técnica de busca em profundidade com o método do gradiente, e uma estratégia de busca construtiva. Estas soluções foram as 4 primeiras encontradas pelo método de busca, em ordem crescente do índice de mérito descrito em 6.4.2 com os dados apresentados em 6.5.1.

Cabe ainda destacar que, com pequenas modificações na modelagem efetuada, pode-se considerar outros aspectos do problema. Como exemplo poderia ser colocada a seguinte questão: vale a pena, sob o ponto de vista da Concessionária, efetuar as manobras de chaves de socorro propostas nas soluções apresentadas? Uma possível resposta poderia ser obtida comparando-se o custo da energia não suprida se a manobra não fosse efetuada com os custos envolvidos para esta operação. Estes custos poderiam ser estimados considerando-se alguns aspectos, como os custos da equipe de manutenção e o tipo da chave a ser manobrada. Se a chave não permitir fechamento em carga, a alternativa seria penalizada pela interrupção momentânea dos consumidores do circuito socorredor.

Para incorporar este tipo de análise, basta introduzir uma função que realize estes cálculos, ao invés de se atribuir um único custo para a manobra de qualquer chave de socorro. Com a introdução destas regras, a solução do problema poderá indicar que é mais vantajoso, sob o aspecto de suprimento de energia, manter alguns blocos desenergizados até que o reparo seja concluído. Outras variações poderiam ser feitas, como considerar custos diferenciados da energia não distribuída por categorias de consumidores, priorizar chaves (com redução no custo atribuído à sua manobra) que atendem blocos que possuem consumidores especiais, etc.

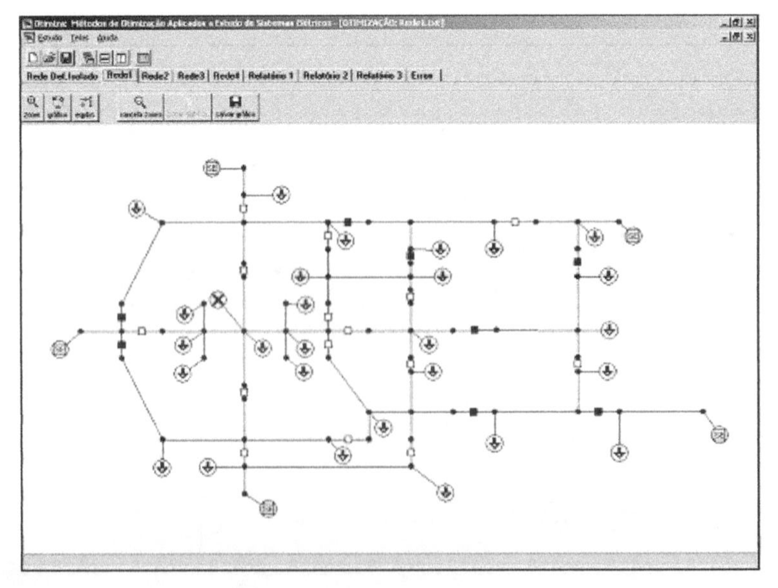

Figura 6.15 - Reconfiguração — 1ª solução

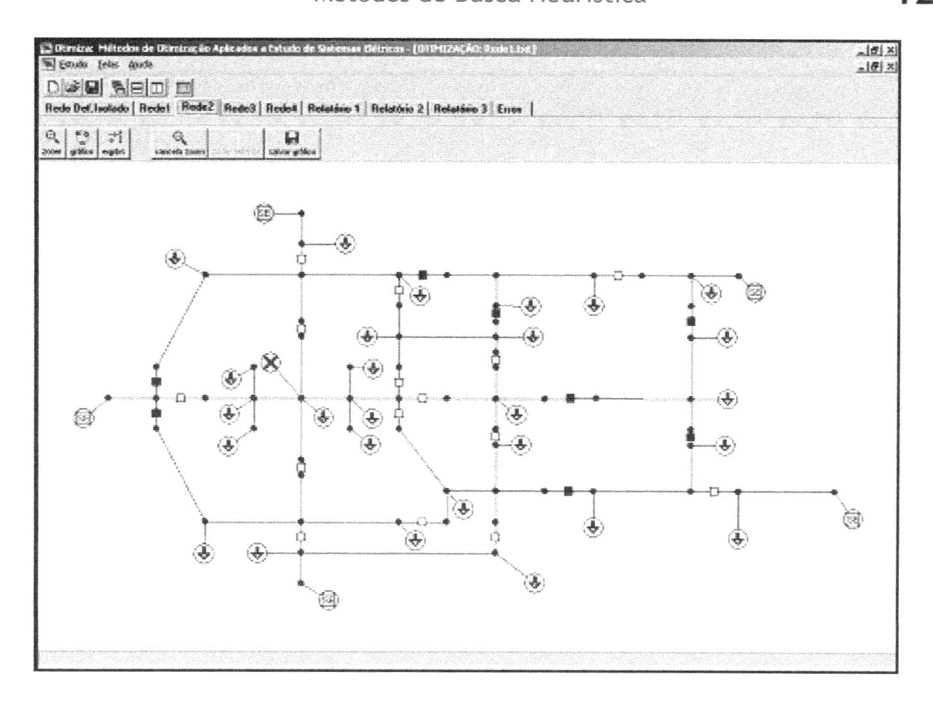

Figura 6.16 - Reconfiguração — 2ª solução

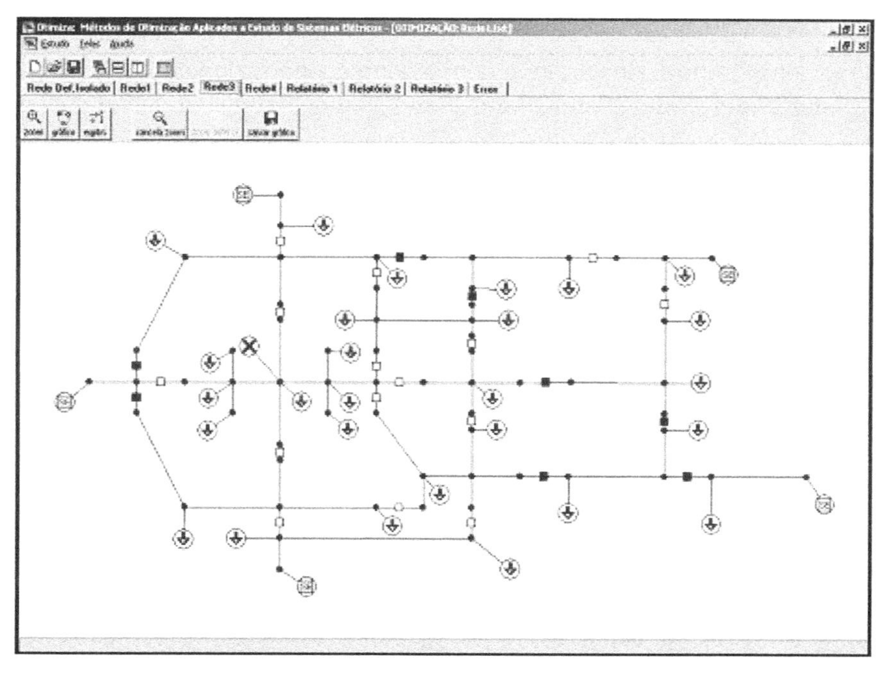

Figura 6.17 - Reconfiguração — 3ª solução

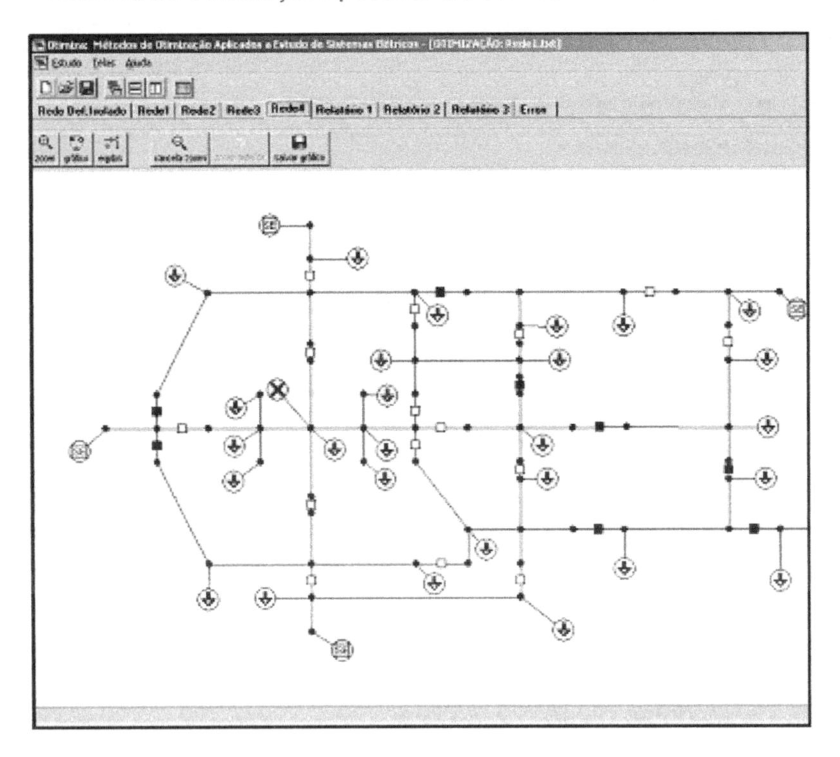

Figura 6.18 - Reconfiguração — 4ª solução

REFERÊNCIAS BIBLIOGRÁFICAS

[1] Carlos César Barioni de Oliveira. *Configuração de redes de distribuição de energia elétrica com múltiplos objetivos e incertezas através de procedimentos heurísticos.* Tese de Doutorado, Universidade de São Paulo, USP, São Paulo, Brasil, 1997.

[2] Carlos César Barioni de Oliveira; Nelson Kagan. *Distribution expansion planning under uncertainty by a best first search technique.* In: PSCC – POWER SYSTEMS COMPUTATION CONFERENCE, 1999, Trondheim, Noruega.

[3] Carlos César Barioni de Oliveira, Nelson Kagan. *Heuristic model for the selection and allocation of shunt capacitors and voltage regulators in electrical power distribution systems.* In: ISAP99 – INTERNATIONAL CONFERENCE ON INTELLIGENT SYSTEMS APPLICATION TO POWER SYSTEMS, 1999, Rio de Janeiro, p. 175-179.

[4] Nelson Kagan, Carlos César Barioni de Oliveira. *A Fuzzy Constrained Decision Planning Tool To Model Uncertainties In Multiobjective Configuration Problems.* In: INTERNATIONAL CONFERENCE ON INTELLIGENT SYSTEMS APPLICATION TO POWER SYSTEMS, ANAIS. ORLANDO, EUA, 1996.

7 Algoritmos Evolutivos

7.1 INTRODUÇÃO

Os conceitos de computação evolutiva têm sido empregados em uma variedade de disciplinas, desde ciências naturais e engenharia até biologia e ciência da computação. A idéia básica surgida nos anos 50 é aplicar o processo de evolução natural como um paradigma de solução de problemas, a partir de sua implementação em computador.

Um ponto positivo na utilização da computação evolutiva está na possibilidade de se resolver um determinado problema pela simples descrição matemática do que se quer ver presente na solução, não havendo necessidade de se indicar explicitamente os passos até o resultado, que certamente seriam específicos para cada caso. Embora os algoritmos evolutivos correspondam a uma seqüência de passos até a solução, estes passos são os mesmos para uma ampla gama de problemas, fornecendo robustez e flexibilidade. Sendo assim, a computação evolutiva deve ser entendida como um conjunto de técnicas e procedimentos genéricos e adaptáveis, a serem aplicados na solução de problemas complexos, para os quais outras técnicas conhecidas são ineficazes ou nem sequer são aplicáveis.

Em termos históricos, três algoritmos para computação evolutiva, descritos de forma mais abrangente nas referências [1] e [2], foram desenvolvidos independentemente:

- **Algoritmos genéticos**: introduzidos por Holland em 1975 com o objetivo de formalizar matematicamente e explicar rigorosamente processos de adaptação em sistemas naturais e desenvolver sistemas artificiais (simulados em computador) que retenham os mecanismos originais encontrados em sistemas naturais.
- **Programação evolutiva**: introduzida por Fogel, foi originalmente proposta como uma técnica para criar inteligência artificial através da evolução de máquinas de estado finito.

- **Estratégias evolutivas**: por Rechenberg e Schwefel, foram inicialmente propostas com o objetivo de solucionar problemas de otimização de parâmetros, tanto discretos como contínuos.

A computação evolutiva engloba, portanto, uma família de algoritmos inspirados na teoria evolutiva de Darwin. Os primeiros livros e teses sobre computação evolutiva já apresentavam demonstrações impressionantes acerca da capacidade dos algoritmos evolutivos, apesar das limitações de hardware existentes na época. No entanto, de modo similar a outras iniciativas de propor métodos de solução de problemas inspirados na natureza, tais como redes neurais artificiais e sistemas nebulosos, os algoritmos evolutivos também tiveram que atravessar um longo período de rejeição e incompreensão antes de receberem o reconhecimento da comunidade científica. Os progressos verificados nos anos 90 confirmaram o poder impressionante dos algoritmos evolutivos na solução de problemas reais de elevada complexidade, assim como evidenciaram suas limitações.

Apesar das abordagens supracitadas terem sido desenvolvidas de forma independente, seus algoritmos possuem uma estrutura comum. O termo algoritmo evolutivo é usado como uma denominação comum a todas essas abordagens. A estrutura de um algoritmo evolutivo pode ser dada na seguinte forma:

```
t = 0;
inicie P(t);
avalie P(t);
enquanto (critério de parada não satisfeito) faça
P'(t) = variação P(t);
avalie P'(t);
Q(t) = f[P(t)];
P(t + 1) = seleção [P'(t) U Q(t)];
t = t + 1
fim
```

Neste algoritmo, P(t) denota uma população de μ indivíduos na geração t. Q representa um conjunto de indivíduos que podem ser considerados para a seleção. Por exemplo, Q pode ser igual ao conjunto P(t), no entanto Q também pode ser igual ao conjunto nulo. Desta forma o conjunto Q pode ser escrito como uma função da população P(t), ou seja Q(t) = f[P(t)]. Uma nova geração de indivíduos P'(t) de tamanho λ é gerada pela variação do conjunto P(t) através de operadores tais como recombinação e/ou mutação. Os novos indivíduos P'(t) são então avaliados medindo-se a "distância" de cada um destes da solução "ótima" do problema considerado. Como produto da avaliação, a cada indivíduo é atribuído uma nota (medida de adaptação), sendo que as maiores notas são atribuídas aos indivíduos que representam uma solução mais próxima da almejada. Então, uma nova população é formada na iteração t + 1 pela seleção dos indivíduos mais adaptados.

Após um determinado número de gerações, a condição de parada deve ser atendida, a qual usualmente indica a existência, na população, de um indivíduo que represente uma solução aceitável para o problema, ou quando o número máximo de gerações foi atingido [2].

As abordagens evolutivas apresentadas nesta seção diferem em diversos aspectos, dentre os quais se destacam: estruturas de dados utilizadas para codificar um indivíduo, operadores genéticos empregados, métodos para criar a população inicial e métodos para selecionar indivíduos para a geração seguinte. Entretanto, perdura o princípio comum: uma população de indivíduos sofre algumas transformações e durante a evolução os indivíduos competem pela sobrevivência.

Neste capítulo abordam-se algumas aplicações de algoritmos evolutivos, com breve introdução sobre algoritmos genéticos (AGs) e sobre estratégias evolutivas (EEs). O objetivo principal é apresentar as principais idéias e conceitos, bem como o funcionamento de algoritmos básicos, sem no entanto abordar em profundidade a teoria em que se baseiam.

7.2 ALGORITMOS GENÉTICOS

Algoritmos Genéticos (AGs) são tratados com diferentes níveis de detalhe em Goldberg [4], sendo este texto uma importante referência para os iniciantes nesta área.

A principal motivação na aplicação de AGs vem de sua potencialidade como uma técnica de otimização de características particulares, combinando intrinsecamente procedimentos de busca direcionada e aleatória, de modo a ser obtido o ponto ótimo de dada função, mesmo quando esta apresenta características não lineares, múltiplos picos e descontinuidades. Assim, os AGs realizam uma busca que evita a convergência para ótimos locais.

Em problemas específicos, como as formulações para a configuração de redes elétricas apresentadas nos capítulos anteriores, a principal motivação é quanto à dimensionalidade do problema, em função do número de variáveis envolvidas. Além de ser um problema de natureza combinatória, também apresenta algumas dificuldades de modelagem, principalmente quando são utilizados métodos convencionais de otimização. Por exemplo, os métodos baseados em programação matemática, apresentados anteriormente, impõem uma série de limitações de modelagem, tais como a necessidade de linearização das perdas, a dificuldade de considerar as restrições de queda de tensão e radialidade, dentre outras. Este ponto ficará mais claro ao apresentarmos as aplicações de AGs a problemas específicos, tratados com o software OTIMIZA.

Em AGs, o espaço de possíveis soluções é percorrido com certa aleatoriedade incorporada, porém sem ser um tipo de busca sem direção, levando à grande eficiência para a obtenção da solução almejada do problema real em questão.

Conforme salientado em Goldberg [4], a vantagem principal dos AGs em relação aos outros métodos de busca e de otimização refere-se a sua robustez, pois os seguintes pontos básicos os diferem dos demais:

- AGs trabalham com uma codificação do conjunto de parâmetros, e não com os parâmetros propriamente ditos.
- AGs trabalham a partir de uma população de soluções alternativas e não a partir de uma alternativa única.
- AGs se utilizam de informação da função objetivo e não de suas derivadas ou de informações auxiliares.
- AGs utilizam regras de transição probabilísticas para busca no espaço de soluções e não regras determinísticas.

Neste capítulo, os pontos acima ficarão evidentes. Cabe, no entanto, ressaltar novamente que o principal objetivo é a apresentação do método para iniciantes no assunto e a demonstração de seu potencial no contexto desse trabalho, através de exemplos ilustrativos em pequenas redes de distribuição.

É importante também destacar que não serão apresentadas as diversas variantes destes algoritmos existentes na literatura. Espera-se que esse trabalho possa fornecer os subsídios básicos para o leitor, dentre elas variações no AG aqui apresentado e utilizado, bem como o desenvolvimento de aplicações correlatas. Assim, o capítulo embasar-se-á no algoritmo genético básico, que será apresentado no item seguinte.

7.2.1 O Algoritmo Genético Básico

Neste item, apresenta-se uma descrição relativamente sucinta do funcionamento de um AG. Algoritmos genéticos partem de um *string*, elemento que deve ter uma relação explícita com os parâmetros do problema; tal relação, conforme detalhado adiante, define uma dada codificação. Assim, conforme mencionado no item anterior, os parâmetros do problema não são diretamente tratados pelo AG. Um *string* é composto por diversos *bits*, sendo que cada *bit* pode assumir o valor 0 ou 1; no exemplo da Figura 7.1, o *string* contém 6 *bits*.

1	2	3	4	5	6
1	0	1	1	0	1

Figura 7.1 - Exemplo de um *string*

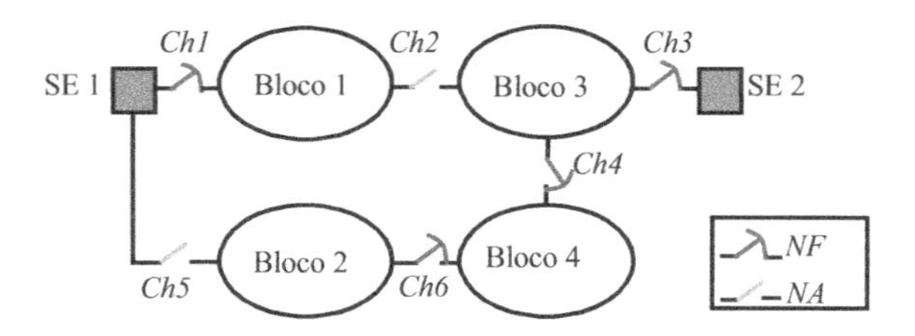

Figura 7.2 - Rede exemplo

Um *string* pode ser entendido, da genética, como um cromossomo que apresenta genes (ou *bits*), em diferentes locus do cromossomo (posições no *string*), representando diversas características de um indivíduo. O valor de cada gene, que corresponde a determinada característica, corresponde a um alelo. Ainda, o pacote genético, normalmente chamado de genótipo, pode ter sua correspondência em AGs pelas estruturas de dados que definem o *string*. A interação deste pacote genético com o ambiente, que define as características do indivíduo é chamado de *fenótipo*, o que corresponde, em AGs, na decodificação da estrutura para formar uma possível solução alternativa ou possível conjunto de parâmetros de solução do problema.

A rede da Figura 7.2 ilustra como o *string* pode se relacionar a um problema real, em particular o problema de reconfiguração de redes (por exemplo, minimização de perdas por alteração dos estados das chaves da rede). Se, no processo de codificação, for assumido que o valor de um *bit* no *string* igual a 1 corresponde à chave na posição fechada e valor igual a 0 corresponde à chave aberta, então uma determinada combinação de *bits* do *string* corresponderá a uma dada configuração da rede.

A configuração da Figura 7.2 reflete o *string* da Figura 7.1, que representa as características decodificadas do indivíduo. Ou seja, diferentes valores de *bits* (ou dos genes), ou ainda diferentes alelos, corresponderão diferentes características; no caso deste exemplo, diferentes configurações de rede.

Conforme mencionado no item anterior deste capítulo, AGs trabalham com uma população de soluções alternativas, e não uma alternativa única. Ou seja, estabelecida a regra de formação de um *string* e sua relação com o problema real (codificação), um AG trabalha com diferentes combinações de *string*, ou um número de indivíduos, que irão compor uma população.

Uma vez estabelecido o elemento básico de AGs, isto é um *string*, e sua relação com o problema real, ou seja sua codificação, o mecanismo de um AG é relativamente simples. O problema básico reside na determinação do "melhor" indivíduo ou o "mais ajustado", o que é medido pelo valor de uma função de avaliação aplicada a cada indivíduo. Tal função deverá, obviamente, apresentar relação direta com a função objetivo. Por exemplo, para avaliação do indivíduo da Figura 7.1, que corresponde à configuração da rede da Figura 7.2, pode ser estabelecida uma certa função inversamente proporcional às perdas elétricas; ou seja, quanto maior for o valor de tal função, mais ajustado estará aquele indivíduo às características desejadas, neste caso relativas a minimizar perdas. Daí também ser designada a função de avaliação como função de ajuste (*fitness function*). A função de avaliação pode ser considerada o segundo ponto de relacionamento do AG com o problema real.

A população inicial de indivíduos, ou seja, um conjunto inicial de *strings*, é geralmente estabelecida de modo aleatório, conforme será visto no item subseqüente. Em seguida, as populações evoluem em gerações, basicamente através de três operadores:

- *Reprodução,* que corresponde a um processo no qual os indivíduos são copiados para a geração futura em função de sua função de avaliação.
- *Cruzamento,* que corresponde a um operador que atua sobre um par de *strings* escolhidos aleatoriamente.
- *Mutação,* que corresponde a um operador que pode modificar, com certa probabilidade, os valores de genes (alelos) dos *strings*.

Ou seja, os três operadores acima são realizados sobre uma dada população para formar uma nova geração; geralmente, o número de indivíduos da população, ao longo das gerações, é mantido constante. Os operadores de reprodução, cruzamento e mutação são de implementação extremamente simples, o que é uma das vantagens da utilização de AGs. Eles são responsáveis por realizar as operações que imitam, de certa forma, fenômenos da natureza, como a teoria de seleção natural de Darwin.

Desta forma, espera-se que as populações, de geração a geração, tornem-se cada vez melhores ou ajustadas, o que é medido pelas funções de avaliação de seus indivíduos. O melhor indivíduo, aquele com maior valor desta função, depois de um determinado número de gerações, representa a solução do problema em questão. O algoritmo genético é apresentado, de modo simplificado, no diagrama de blocos da Figura 7.3. Todos os passos deste diagrama serão descritos nos itens subseqüentes.

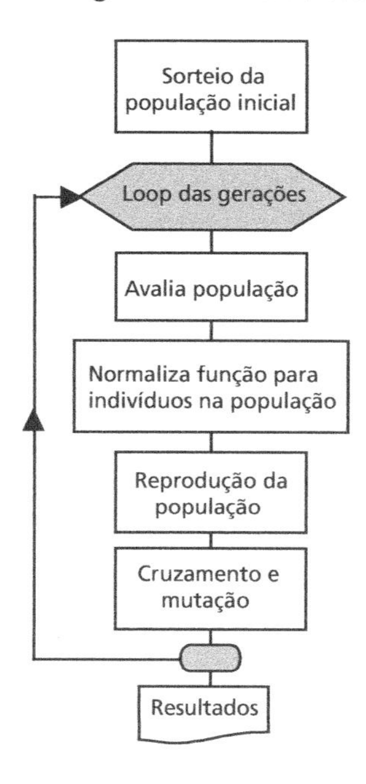

Figura 7.3 - Diagrama de Blocos de um AG

7.2.2 Estabelecimento da População Inicial

O número de indivíduos da população, em cada geração, deve ser fixado *a priori*, o que é um dos parâmetros importantes de um AG. Este número, em função de práticas de utilização, tende a ser fixado em torno de uma a duas centenas de indivíduos.

Em geral, a população inicial de um AG é estabelecida de maneira aleatória. Se isso fosse feito "manualmente", bastaria determinar o valor de cada *bit* de cada *string* (ou indivíduo) da população inicial através do lançamento de uma moeda, dado que as probabilidades do resultado ser *cara* ou *coroa* são iguais a 50% cada; ou seja ao valor do *bit* igual a 0 (zero) poderia ser associado o resultado *cara* e igual a 1 (um), o resultado *coroa*.

Obviamente, a operação manual acima seria bastante trabalhosa, pois o número de lançamentos de moeda seria igual ao número de *bits* de cada *string* multiplicado pelo número de indivíduos da população, o que pode chegar a milhares de lançamentos. Os computadores digitais contam com funções que geram números aleatórios com distribuição uniforme. Em geral, o número é aleatoriamente gerado no intervalo [0,1], como mostrado na Figura 7.4, onde p(x) representa a função densidade de probabilidade da variável aleatória x.

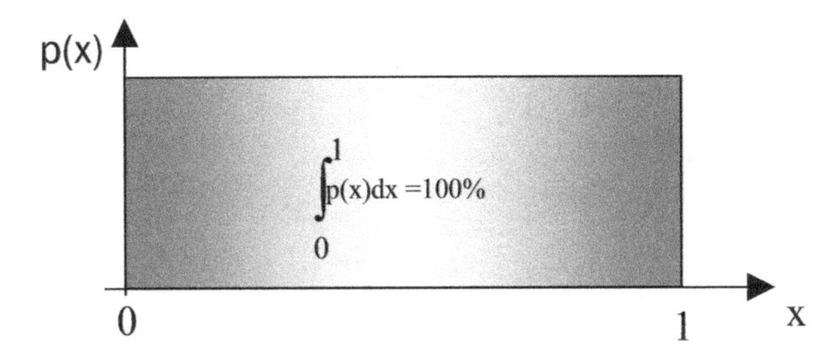

Figura 7.4 - Distribuição uniforme

Desta forma, a geração da população inicial torna-se bastante simples, bastando utilizar tal função de geração de número aleatório (que será designada, daqui para frente, simplesmente como função *RAND*). Gera-se um número aleatório para cada *bit* de cada *string* da população. Para cada número aleatório gerado, testa-se se o seu valor é menor que 0,5; se sim o valor do *bit* é feito igual a 0 (zero) e se não o valor do *bit* é feito igual a 1 (um).

A título ilustrativo, suponha que uma população inicial com 5 indivíduos seja gerada aleatoriamente para o problema de configuração de redes das Figuras 7.1 e 7.2. Na Tabela 7.1, apresentam-se os *strings* gerados e as configurações correspondentes.

Obviamente, cada configuração resulta num determinado valor de perdas elétricas, o que permite o cálculo da função de avaliação correspondente. É interessante notar que as configurações relativas aos indivíduos 3 e 5 da Tabela 7.1 correspondem a soluções não viáveis do problema, pois a primeira apresenta blocos de carga desconexos (restrição de balanço de demanda não atendida para os blocos 3 e 4), e a segunda conta com a existência de malhas (restrição de radialidade não atendida: malha SE1-Bloco1-Bloco3-Bloco4-Bloco2-SE1).

7.2.3 Avaliação da População — *The Fitness Function*

Conforme visto ao longo deste capítulo, é intuitivo pensar que quanto maior for a função de avaliação, mais ajustado um determinado indivíduo vai estar com relação às características desejadas. Na realidade, pelo modo de funcionamento do operador de reprodução, que será visto no item seguinte, a função de avaliação deve também ser um índice de mérito não negativo.

No caso de problemas de otimização, o objetivo de maximizar ou minimizar determinado atributo, que é função das variáveis do problema, deve ser mapeado na função de avaliação. Obviamente, diferentes formas de mapeamento levarão a diferentes características de convergência e direcionamento da busca da solução ótima, ou seja, de desempenho do AG, como ficará mais claro ao longo deste trabalho.

Tabela 7.1 - Indivíduos e configurações correspondentes

Indiv.	String (1 2 3 4 5 6)	Configuração
1	1 0 1 1 0 1	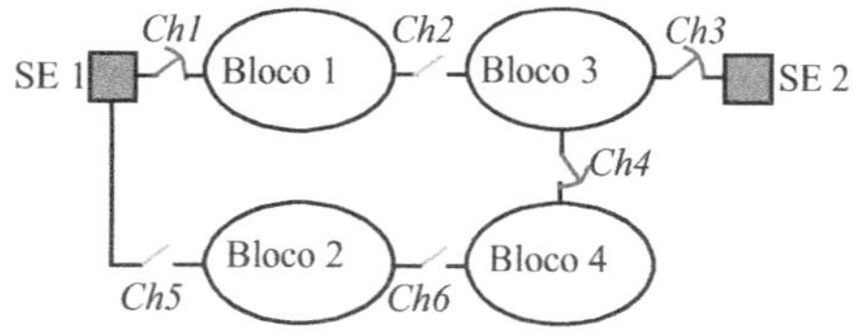 SE 1, Ch1, Bloco 1, Ch2, Bloco 3, Ch3, SE 2, Ch4, Bloco 2, Bloco 4, Ch5, Ch6
2	1 0 0 1 1 1	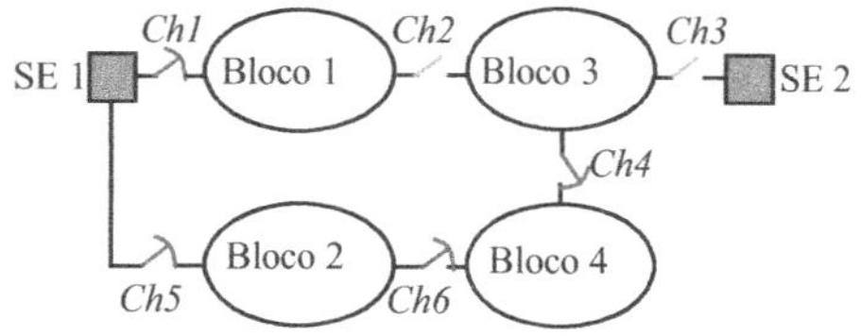 SE 1, Ch1, Bloco 1, Ch2, Bloco 3, Ch3, SE 2, Ch4, Bloco 2, Bloco 4, Ch5, Ch6
3	1 0 0 1 1 0	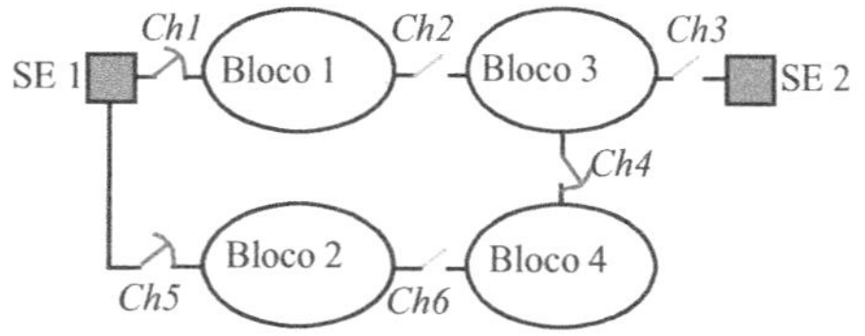 SE 1, Ch1, Bloco 1, Ch2, Bloco 3, Ch3, SE 2, Ch4, Bloco 2, Bloco 4, Ch5, Ch6
4	0 1 1 1 0 1	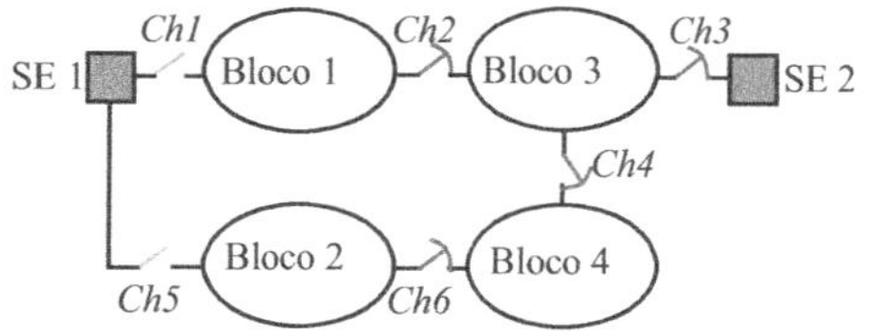 SE 1, Ch1, Bloco 1, Ch2, Bloco 3, Ch3, SE 2, Ch4, Bloco 2, Bloco 4, Ch5, Ch6
5	1 1 0 1 1 1	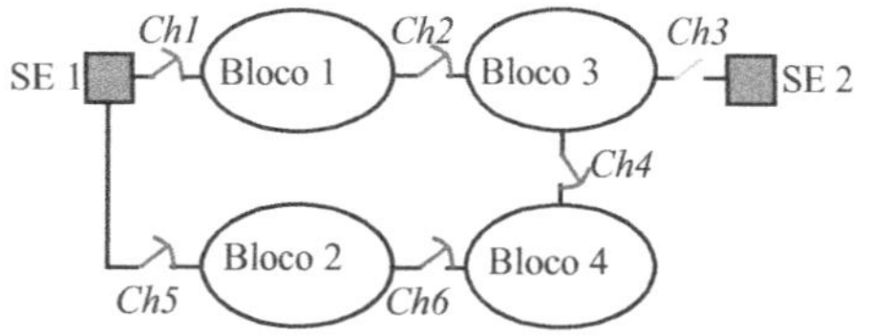 SE 1, Ch1, Bloco 1, Ch2, Bloco 3, Ch3, SE 2, Ch4, Bloco 2, Bloco 4, Ch5, Ch6

Para o exemplo das Figuras 7.1 e 7.2, poder-se-ia adotar várias funções de avaliação para o mapeamento do objetivo de minimização de perdas elétricas na rede. Sendo as perdas elétricas do indivíduo i representadas por perdas_i, então duas possíveis opções para a função de avaliação, $f_{\text{aval}i}$, seriam:

$$f_{aval,i} = \frac{perda_{\max} - perdas_i}{perda_{\max} - perdas_{\min}} \tag{7.1}$$

$$f_{aval,i} = \frac{perda_{\min}}{perdas_i} \quad (7.2)$$

Onde $perda_{max}$ e $perda_{min}$ representam valores máximo e mínimo, de referência, das perdas na rede. A opção (7.1) resulta sempre positiva, desde que seja garantido que as perdas na rede elétrica não excedam $perda_{max}$. Já a opção (7.2) é sempre positiva e, obviamente, a alternativa ótima terá função de avaliação tão mais próxima de 1 quanto mais próximo do ótimo for o valor de $perda_{\min}$. A Figura 7.5 ilustra as diferenças dessas duas opções, quando as funções de avaliação correspondentes são dispostas graficamente em relação às perdas elétricas na rede.

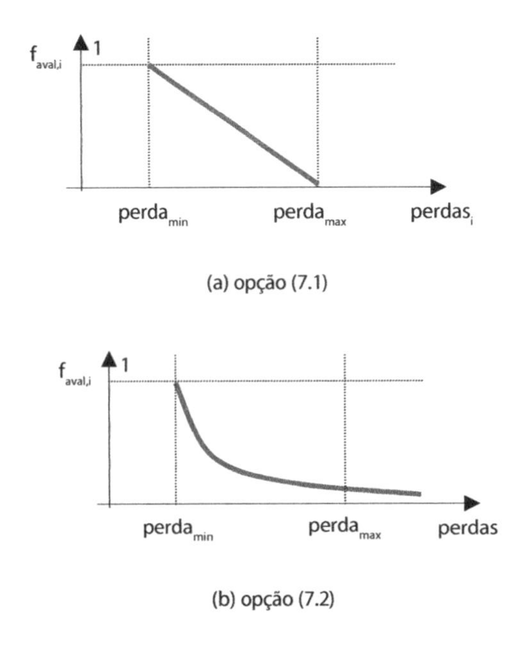

Figura 7.5 - Opções de função de avaliação

É interessante notar que nem sempre a função de avaliação deve ser estabelecida simplesmente com base na função objetivo do problema real sob análise, como é em geral o caso de problemas de otimização de função sem existência de restrições. Porém, na maioria dos problemas práticos um conjunto de restrições deve ser satisfeito. Uma maneira para abordar o problema seria simplesmente avaliar, para um dado indivíduo, se existem violações de restrições; em caso afirmativo, a função de avaliação seria feita igual a zero e, em caso negativo, esta não seria modificada. A forma mais usual para abordar este ponto é o de degradar a função de avaliação; tal degradação deverá ser tanto maior quanto maior for a transgressão de restrições determinada.

Métodos de penalidades [5] realizam esta degradação na função objetivo. Nestes, o problema de minimização com restrições é transformado em um problema sem restrições associando-se uma penalização (ou custo) a cada violação de restrições e incorporando-se a soma destes custos ao valor da função objetivo.

Seja o problema de minimização:

$$\begin{aligned} &\min \; z(\mathbf{x}) \\ &s.a. \; h_j(\mathbf{x}) \leq 0, \; j = 1,2,\ldots,n \\ &\quad \mathbf{x} - \text{vetor de } m \text{ variáveis} \end{aligned} \tag{7.3}$$

No método das penalidades, define-se uma função objetivo auxiliar $z'(x, r)$ que é dada por:

$$z'(x, r) = z(x) + r.P(x) \tag{7.4}$$

onde $P(x)$ é uma função penalidade e r é o coeficiente de penalidade. Obviamente, a função penalidade é positiva quando restrições são violadas e nula quando todas as restrições são atendidas. Uma possível função penalidade, muito utilizada, é a seguinte:

$$P(\mathrm{x}) = \sum_{j=1}^{n} \{\max\,[0, \mathrm{h_j(x)}]\}^{k} \tag{7.5}$$

onde k é um expoente positivo e o operador max resulta na consideração da restrição j na penalidade somente quando esta é positiva.

Do exemplo ilustrativo das Figuras 7.1 e 7.2, pode-se entender que a função de avaliação não deve ser estabelecida tão somente a partir das perdas elétricas, mesmo que não sejam levadas em consideração no modelo de reconfiguração de redes as restrições de carregamento e tensão. Por exemplo, na Tabela 7.1, a configuração correspondente ao indivíduo número 3 apresenta blocos que não foram supridos, o que corresponde a perdas elétricas menores em relação a uma solução viável, que atende a restrição de balanço de demanda, pelo fechamento de qualquer uma das chaves abertas; desta forma, nota-se a necessidade de alguma penalização na função de avaliação, o que será explorado mais adiante neste trabalho. Também, a configuração relativa ao indivíduo número 5 resulta em malha; as perdas elétricas provavelmente resultam menores do que com a abertura de qualquer uma das chaves fechadas, porém consiste em uma violação do modo de operação da rede de distribuição. Neste caso também, alguma penalização deve ser imposta à função de avaliação, de modo a levar o AG a determinação de configurações viáveis e de mínimas perdas.

7.2.4 Reprodução da População

O processo de reprodução tem por objetivo copiar *strings* ou indivíduos de uma geração para a outra, de modo que aqueles indivíduos mais ajustados tenham maior probabilidade de se reproduzirem nas gerações futuras. Este operador tende, desta forma, a emular o que acontece na natureza, na sobrevivência dos mais aptos de uma geração para outra, conforme a teoria de seleção natural de Darwin. Ser apto, no ambiente artificial de AGs, consiste simplesmente no indivíduo apresentar alto valor de função de avaliação, ou seja, estar o mais ajustado possível com respeito às características desejadas. No caso do exemplo ilustrativo das Figuras 7.1 e 7.2, seria aquele indivíduo (e configuração correspondente) que resulta na minimização das perdas elétricas, atendendo as restrições do problema.

Em AGs, este operador pode ser implementado de várias formas, mas aqui é escolhido o método baseado em roleta [6]. Neste método, cada indivíduo ocupa uma fatia da roleta que é proporcional ao seu ajuste ao problema, isto é, proporcional à função de avaliação. Assim, ao girar a roleta, a probabilidade de cada indivíduo ser selecionado será diretamente proporcional à função de avaliação. A Figura 7.6 ilustra o procedimento, porém através de geração de número aleatório entre 0 e 1, isto é, através da função *RAND*, que representa mais fielmente a implementação em computador. Tendo-se em vista a manutenção de números de indivíduos na nova população, este procedimento de sorteio é realizado tantas vezes quanto for o número de indivíduos da população. Nada impediria dos AGs trabalharem com número de indivíduos variáveis ao longo das gerações mas, no algoritmo básico aqui descrito, o tamanho da população é mantido fixo.

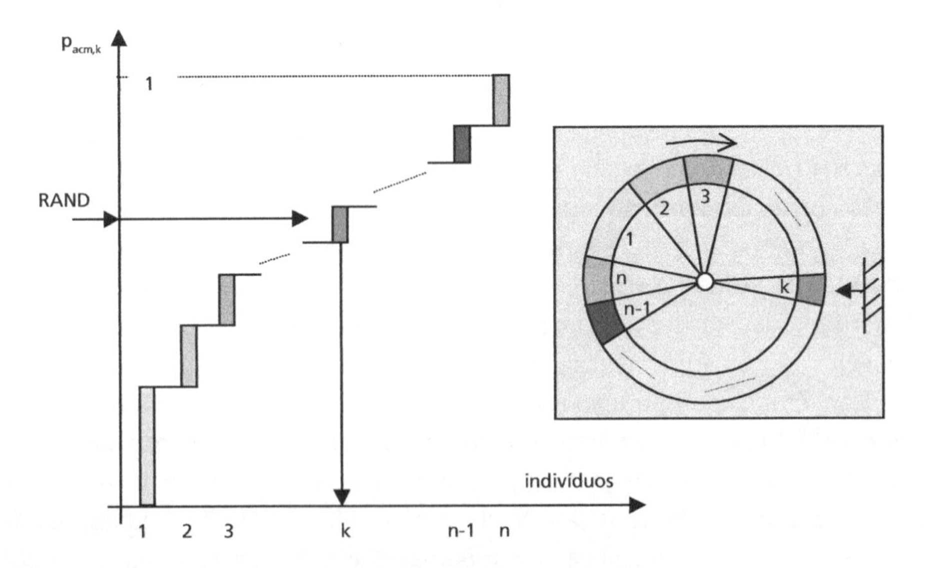

Figura 7.6 - Seleção de indivíduos pelo método da roleta

Na Figura 7.6, no eixo das ordenadas, são dispostos os valores das funções de avaliação acumuladas e normalizadas pela respectiva soma, de modo que cada indivíduo contribua com um comprimento proporcional à sua probabilidade. A probabilidade acumulada de um indivíduo k é dada pela seguinte expressão:

$$p_{acm,k} = \frac{\sum_{j=1}^{k} f_{aval,j}}{\sum_{j=1}^{n} f_{aval,j}} \qquad (7.6)$$

O procedimento acima garante que aqueles indivíduos mais ajustados tenham maior probabilidade de serem reproduzidos na geração posterior. Nota-se que existe, neste processo de reprodução, uma total dependência na definição da função de avaliação para o problema que está sendo tratado pelo AG.

Diferenças altas entre os valores na função de avaliação podem levar à convergência prematura do algoritmo, sem ser encontrada a solução ótima, o que é facilmente explicado pelo método de reprodução, que privilegia aqueles indivíduos mais ajustados. Este fato pode ocorrer principalmente no início do processo em AGs com populações pequenas, quando é comum ocorrerem poucos indivíduos muito bem avaliados e muitos indivíduos pouco ajustados.

Outra situação pode ocorrer mais adiante no processamento do algoritmo, em gerações mais avançadas quando, apesar de existir diversidade na avaliação de indivíduos da população, o valor médio e o valor máximo da função de avaliação naquela população são muito próximos; neste caso, os indivíduos com valor médio ou máximo têm praticamente o mesmo número de cópias nas gerações futuras.

Um método que contorna os dois problemas expostos acima, no início do processo e em gerações mais avançadas, é denominado de normalização da função de avaliação. Vários maneiras de normalização podem ser propostas, mas neste trabalho apenas a normalização linear é considerada. Para tanto, previamente ao operador de reprodução, modifica-se a função de avaliação pela seguinte transformação:

$$f'_{aval,i} = a.f_{aval,i} + b \qquad (7.7)$$

O cálculo dos coeficientes a e b, conforme ilustrado na Figura 7.7, é realizado para cada população/geração de modo a garantir que:

- os valores médios de f_{aval} e f'_{aval} sejam os mesmos;
- a relação entre os valores máximo e médio de f'_{aval} seja dada por um valor pré-definido (C_{mult}).

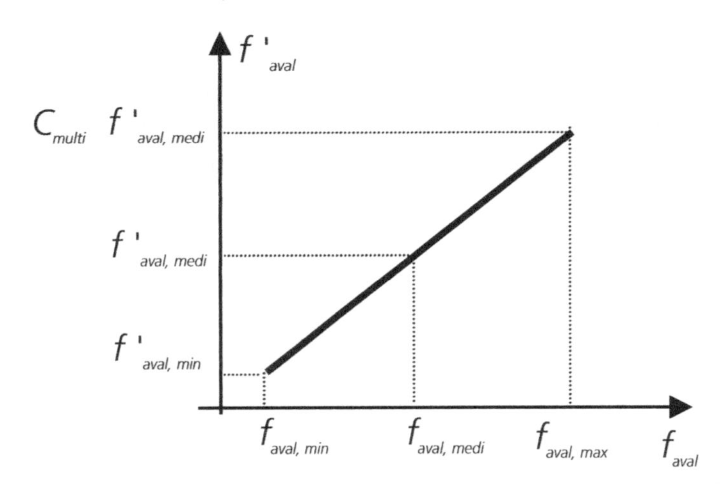

Figura 7.7 - Normalização da função de avaliação

Deve-se notar que, no processo exposto de cálculo dos coeficientes, quando os valores máximo e médio de f_{aval} tornam-se muito próximos, existe a possibilidade do valor mínimo de f'_{aval} resultar negativo, o que acarretaria problemas no operador de reprodução; neste caso, os valores médios de f_{aval} e f'_{aval} são mantidos iguais, porém a imposição da relação entre valores máximo e médio de f'_{aval} é descartada e o valor mínimo de f'_{aval} é feito igual a zero. Em geral, esta imposição não provoca problemas, pois ocorre em gerações mais avançadas, quando o algoritmo já está em direção à convergência.

7.2.5 Cruzamento e mutação

Conforme o diagrama de blocos do AG básico na Figura 8.3, depois da operação de reprodução sobre a população em uma dada geração, são executados os operadores genéticos de cruzamento e mutação.

O operador cruzamento opera sobre pares de *strings* escolhidos aleatoriamente. Obviamente, estes pares são escolhidos a partir dos indivíduos gerados pelo operador de reprodução. A partir do par de *strings*, em particular os indivíduos i e j, a operação de cruzamento pode ser realizada de várias formas mas, no algoritmo básico aqui adotado, ela será realizada pelo procedimento descrito a seguir, conforme Figura 7.8.

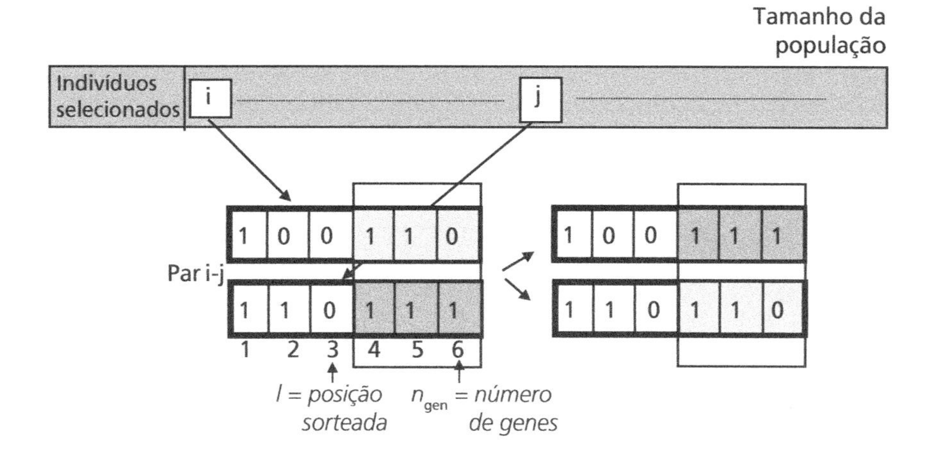

Figura 7.8 - Operador cruzamento

Ou seja:

- Gera-se aleatoriamente um *locus*, posição de gene, identificada por l, entre 1 e $n_{gen}-1$;
- Trocam-se os valores dos *bits* (ou alelos) dos dois *strings*, entre as posições $l+1$ e. n_{gen}.

Obviamente, o sorteio do par de *strings* i e j na população e o sorteio da posição l dos *strings*, com distribuições uniformes, são facilmente implementados em computador, a partir da função *RAND*.

Nem todos os pares de indivíduos selecionados passam pela operação de cruzamento. Isto é controlado, em AGs, através de um valor de probabilidade fornecido a priori, denominado aqui de taxa de cruzamento, p_c. Ou seja, uma certa porcentagem dos indivíduos na nova população são simplesmente copiados, sem ocorrência de trocas de informações (material genético) entre elementos da população. Em geral, por experiência prática, esta taxa é mantida entre 0,6 e 0,8[1]; porém tal valor poderia ser pesquisado para cada problema específico.

No exemplo da Figura 7.8, o par de indivíduos 3 e 5, quando submetido ao operador cruzamento, cria dois novos indivíduos para a nova geração, denominados $(3x5)_a$ e $(3x5)_b$. Tais indivíduos, e codificações correspondentes, são repre-

1 Sua implementação é simples: basta chamar a função *RAND*, e comparar o valor gerado com a taxa de cruzamento; se for menor ou igual a p_c, a operação de cruzamento é realizada; caso contrário, o par é mantido intacto.

sentados na Tabela 7.2. É interessante notar o fato dos dois indivíduos, depois de decodificados, resultarem em soluções viáveis, com relação às restrições de radialidade e balanço de demanda (todos os blocos são atendidos, isto é, rede conexa). Nota-se claramente que a troca de material genético pode ser bastante produtiva, denotado neste caso particular por viabilizar as configurações relativas aos dois indivíduos gerados. Na realidade, durante o procedimento, inúmeras tentativas de trocas são realizadas pelo operador cruzamento na busca por indivíduos cada vez mais ajustados.

Os operadores de reprodução e cruzamento representam grande parte do sucesso de AGs. Porém, utiliza-se também, no algoritmo básico, o operador genético de mutação. De acordo com Goldberg [4]:

> "... apesar da reprodução e cruzamento efetivamente buscarem e recombinarem noções existentes, tais operações podem tornar-se por demais zelosas e resultarem na perda de algum material genético importante em determinado locus, ... que pode ser recuperado através do operador de mutação."

Em AGs, o operador de mutação simplesmente altera, ocasionalmente, o valor de um *bit* de um *string* da nova população criada a partir dos dois outros operadores. Ou seja, se o valor do *bit* vale *1*, o operador o altera para *0*, e vice-versa.

A probabilidade de mutação em um dado *bit* é também estipulada a priori, e será designada por p_m. Obviamente, sua implementação em computador também é realizada pela função *RAND*, analogamente a aplicação da probabilidade de cruzamento a um dado par de *strings*[1]. Valores práticos desta taxa estão em torno de 0,001, ou seja, 1 mutação a cada milhar de *bits*.

A título de exemplo, a ocorrência de mutação no 6° bit do indivíduo 3 ou do indivíduo 5 da Tabela 7.1, modifica-os para os indivíduos designados por (3)6° e (5)6°, respectivamente, apresentados na Tabela 7.2. Em particular, as configurações correspondentes tornam-se viáveis; no primeiro caso pelo fechamento da chave Ch6 e no segundo caso pela sua abertura.

Tabela 7.2 - Indivíduos resultantes dos operadores cruzamento e mutação, e suas configurações

Indiv.	String	Configuração
$(3x5)_a$	1 2 3 4 5 6 1 0 0 1 1 1	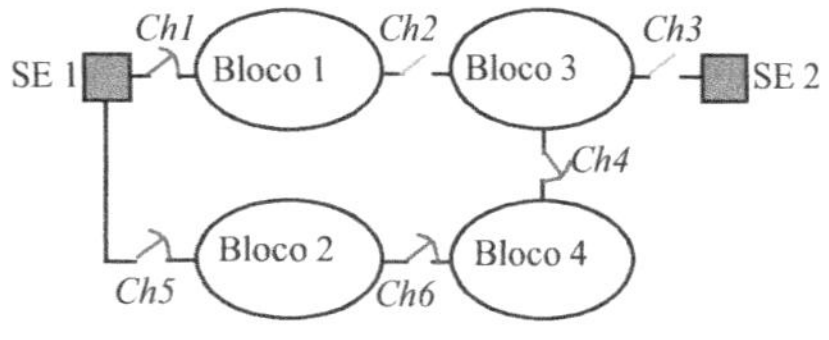 SE 1 Ch1 Bloco 1 Ch2 Bloco 3 Ch3 SE 2 Ch4 Bloco 2 Bloco 4 Ch5 Ch6
$(3x5)_b$	1 2 3 4 5 6 1 1 0 1 1 0	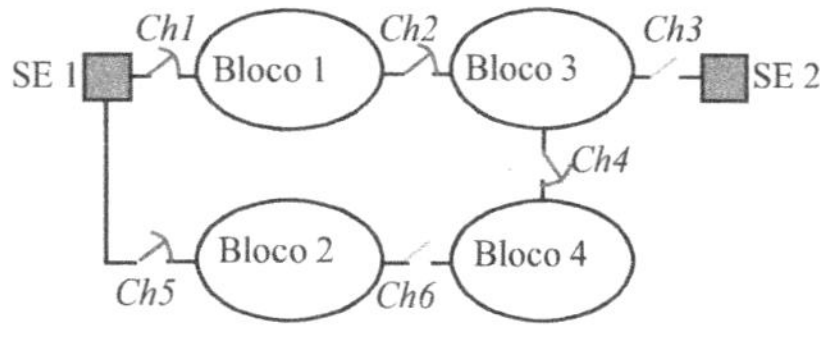 SE 1 Ch1 Bloco 1 Ch2 Bloco 3 Ch3 SE 2 Ch4 Bloco 2 Bloco 4 Ch5 Ch6
$(3)_{6°}$	1 2 3 4 5 6 1 0 0 1 1 1	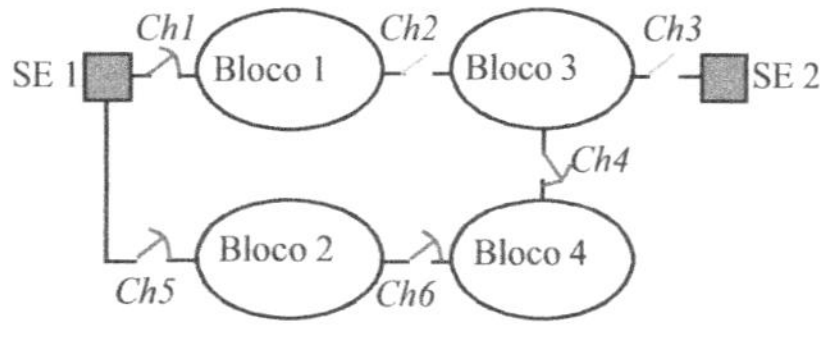 SE 1 Ch1 Bloco 1 Ch2 Bloco 3 Ch3 SE 2 Ch4 Bloco 2 Bloco 4 Ch5 Ch6
$(5)_{6°}$	1 2 3 4 5 6 1 1 0 1 1 0	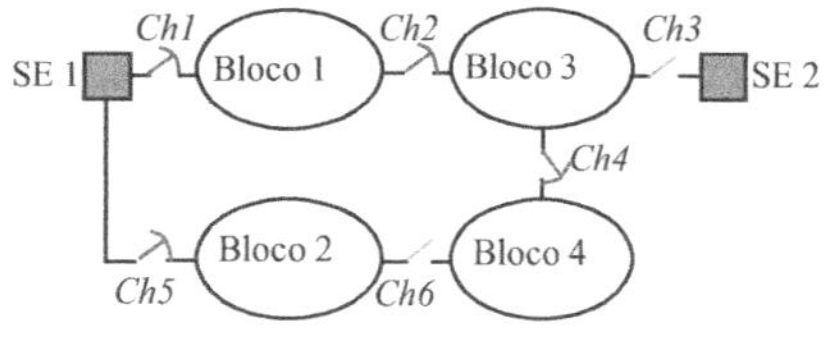 SE 1 Ch1 Bloco 1 Ch2 Bloco 3 Ch3 SE 2 Ch4 Bloco 2 Bloco 4 Ch5 Ch6

7.3 ESTRATÉGIAS EVOLUTIVAS

As Estratégias Evolutivas (EE) foram desenvolvidas por Rechenberg e Schwefel. Estes iniciaram os estudos neste campo nos anos 60 na Technical University of Berlin, na Alemanha. A metodologia inicial, denominada (1+1)-EE [1], utilizava um único indivíduo e este gerava através de mutação um único descendente. O operador seleção era então aplicado nestes indivíduos, pai e filho, e o melhor indivíduo permanecia na próxima geração. Na prática este algoritmo de otimização possui duas grandes desvantagens: (1) o passo constante de variação em cada geração tornava o processo lento para convergir para uma solução ótima, e (2) a fragilidade do método de busca ponto-a-ponto poderia tornar o processo suscetível a estagnar em um mínimo local.

Schwefel desenvolveu o uso de múltiplos pais e filhos em estratégias evolutivas como sucessão do trabalho de Rechenberg que usava múltiplos pais porém um único filho gerado através dos operadores mutação e recombinação. Duas propostas têm sido amplamente exploradas, denominadas por (μ+λ)-EE e (μ,λ)-EE. Na primeira proposta, μ pais são utilizados para criar λ filhos e todas soluções competem pela sobrevivência de μ novos pais para a próxima geração. Na última proposta somente os λ filhos competem pela sobrevivência e os μ pais são completamente alterados a cada geração.

A representação dos indivíduos em estratégias evolutivas é baseada em valores reais diretamente ligados aos parâmetros de otimização que representam solução do problema. Esta representação pode ser expressa de forma geral através da equação a seguir:

$$f : \mathbf{M} \subseteq \Re^n \rightarrow \Re \tag{7.8}$$

Conforme visto no item 7.2.5, em algoritmos genéticos a mutação foi introduzida como um operador de menor expressão, introduzindo variabilidade aos indivíduos através da mudança da informação genética contida em um locus do indivíduo. Este operador, em algoritmos genéticos, atua em uma pequena porcentagem dos indivíduos de acordo com uma função de distribuição de probabilidade.

Em EEs, a **mutação** consiste no principal operador de evolução. Os indivíduos consistem em variáveis do tipo:

$$x_i \in \Re \qquad (1 \leq i \leq n) \tag{7.9}$$

e são chamados de parâmetros estratégicos. O operador mutação atua em cada elemento do vetor de forma independente, com probabilidade de mutação p_m, adicionando um valor aleatório pertencente a uma distribuição normal com média zero e desvio padrão λ. Desta forma a geração de filhos é criada a partir da mutação como apresentado na equação a seguir:

$$x'_i = x_i + \sigma \cdot N_i(0,1) \tag{7.10}$$

Onde $N_i(0,1)$ é um número aleatório com desvio padrão unitário e média nula. O desvio padrão σ presente na equação representa o passo de mutação para a geração dos indivíduos filhos. Este passo, na formulação apresentada, permanece constante por toda evolução. Desta forma, para um passo de mutação pequeno a evolução é lenta e, conseqüentemente o algoritmo demorará em encontrar uma solução para o problema proposto. Por outro lado, a escolha de um passo maior de mutação proporcionará uma evolução mais rápida, porém a grande variação dos indivíduos em torno da solução ótima pode direcioná-los para um ótimo local ou apresentar dificuldade na convergência do algoritmo.

Como mencionado em [2], Schwefel introduziu novos parâmetros na representação dos indivíduos de forma a controlar o passo de mutação ou passo de evolução. Tais parâmetros proporcionaram a auto-adaptação dos indivíduos. Neste procedimento, detalhado na referência [3], o passo de mutação passa a representar uma variável que também sofre mutação e ao mesmo tempo fornece instruções ao indivíduo de como sofrer mutação [1].

Formalmente um indivíduo $\vec{a} = (\vec{x}, \vec{\sigma})$ consiste em variáveis $\vec{x} \in \Re^n$ e parâmetros estratégicos $\vec{x} \in \Re^n$. Desta forma a mutação com auto-adaptação ocorre como apresentado na equação a seguir:

$$\sigma'_i = \sigma_i \cdot exp(\tau' \cdot N(0,1) + \tau \cdot N_i(0,1))$$
$$x'_i = x_i + \sigma'_i \cdot N_i(0,1) \tag{7.11}$$

Onde:

σ'_i: variação do parâmetro σ de índice i

σ_i: passo de mutação

$N_i(0,1)$: valor sorteado a cada geração com distribuição normal de média 0 e desvio padrão 1

$N(0,1)$: valor sorteado com distribuição normal de média 0 e desvio padrão 1, este se mantém constante para cada indivíduo

τ': taxa de aprendizado $(\propto (\sqrt{2\beta})^{-1})$

τ: taxa de aprendizado $(\propto (\sqrt{2\beta})^{-1})$

Neste esquema de mutação utiliza-se freqüentemente $\beta=2$, como mencionado na referência [2]. As vantagens deste esquema sobre o mecanismo auto-adaptativo original de adição, advindo dos algoritmos de programação evolutiva, foram indicadas após extensivas investigações empíricas.

O operador **recombinação**, aliado à mutação, tem por objetivo introduzir variabilidade à busca aleatória da solução do problema. Parte-se do princípio que a troca de informações "genéticas" entre indivíduos de uma mesma espécie pode resultar em indivíduos melhores, ou também, evitar que o algoritmo convirja para "ótimos" locais.

A operação de recombinação ou cruzamento consiste em criar um novo indivíduo que contenha informação genética resultante da combinação das informações genéticas de seus pais.

Uma forma de se realizar a recombinação em estratégias evolutivas consiste em obter os parâmetros de cada indivíduo gerado por um processo de reprodução, através da média aritmética dos parâmetros e dos passos dos indivíduos pais.

Os indivíduos pais utilizados pelo operador recombinação são escolhidos aleatoriamente e o número de recombinações por população é determinado pelo valor da probabilidade de combinação p_c, nos moldes apresentados no item 7.2.5.

Matematicamente, para dois indivíduos $indiv_1$ e $indiv_2$, um novo indivíduo $indiv_3$ pode ser obtido por recombinação através das equações que seguem.

$$x_i(indiv_3) = \frac{x_i(indiv_1) + x_i(indiv_2)}{2}$$

$$\sigma_i(indiv_3) = \frac{\sigma_i(indiv_1) + \sigma_i(indiv_2)}{2} \tag{7.12}$$

A **avaliação** dos indivíduos da população deve indicar o quão perto da melhor solução está um indivíduo, considerando que cada indivíduo representa uma solução para o problema.

Sendo assim, o algoritmo genérico para as EE envolve tipicamente três passos que devem ser repetidos até que um determinado número limite de iterações seja excedido ou que uma solução desejável seja obtida:

1. Uma população de possíveis soluções é escolhida aleatoriamente, representando uma população inicial de indivíduos pais. O número de indivíduos na população é altamente relevante para a velocidade da otimização, mas não há meios de saber de antemão qual o número apropriado de indivíduos.
2. Cada população de pais é replicada em uma nova população. Cada uma das soluções descendentes é modificada de acordo com operadores de mutação e recombinação.
3. Cada solução descendente é avaliada pela computação de sua adequação. Tipicamente são empregados métodos estocásticos para determinar N soluções que serão mantidas na população de soluções, entretanto isso é ocasionalmente feito de modo determinístico. O tamanho da população não precisa necessariamente ser mantido constante, nem um número fixo de descendentes é determinado para cada progenitor.

Os processos de mutação e recombinação, conhecidos como operadores, não dependem, a priori, da natureza do problema. Já a formulação do indivíduo e o método de avaliação devem ser adaptados ao problema específico.

A Figura 7.9 apresenta um fluxograma para o desenvolvimento de um algoritmo de EE. Como apresentado, uma população inicial é gerada e em seguida avaliada. O critério de parada é verificado para a população inicial embora a probabilidade de se obter uma solução ótima para o problema nesta etapa seja desprezível para a maioria dos casos. Após a primeira avaliação e verificação do critério de parada, uma população de indivíduos filhos é gerada caso o critério não seja verificado. Os indivíduos filhos são gerados através dos operadores mutação e recombinação. Novamente a atual geração de indivíduos é avaliada e nesta etapa pode também ser selecionada a população de pais para a próxima etapa, que pode ser a próxima geração de indivíduos pais ou a solução do problema. O critério de parada é novamente verificado e, caso não o seja atendido, o procedimento retorna à etapa de geração dos indivíduos filhos.

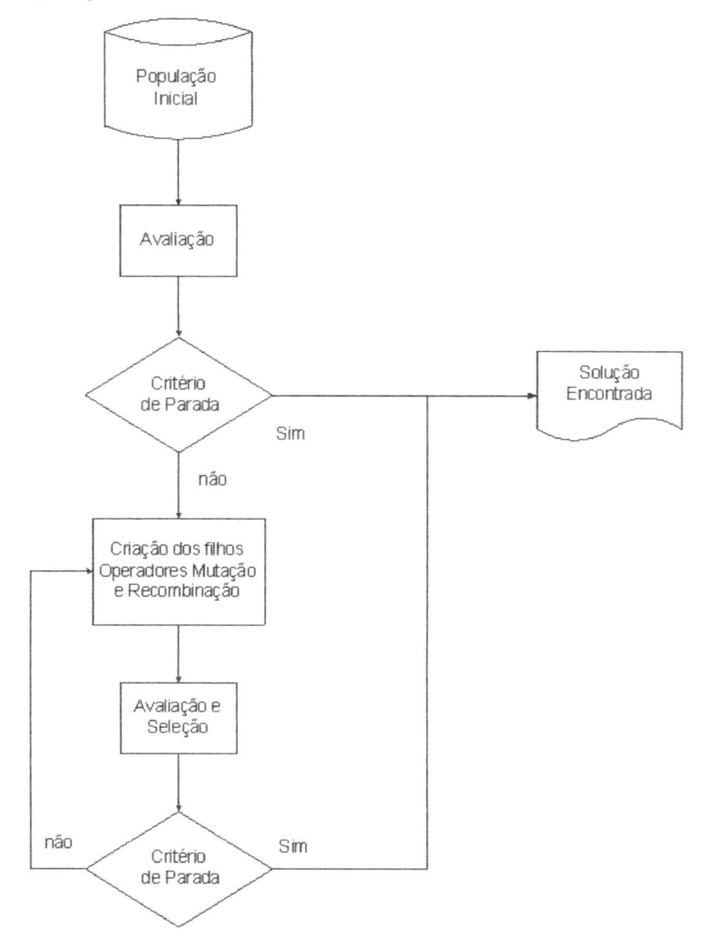

Figura 7.9 - Fluxograma representativo do algoritmo de Estratégia Evolutiva

Graficamente pode-se descrever o funcionamento do algoritmo de EE utilizando a função F(x) apresentada na Figura 7.10. Com o objetivo de maximizar esta função, tem-se:

- Os indivíduos de EE representarão um valor de x.
- A avaliação fornecerá uma maior nota para os indivíduos (valores de x) que resultarem em maior valor de F(x), por exemplo, o próprio valor de F(x).

- A seleção será realizada pela escolha dos indivíduos com maiores notas, ou seja, os indivíduos mais próximos do valor máximo da função.
- Serão sorteados oito indivíduos dentro do intervalo [-1, 1] e cada indivíduo sofrerá duas mutações. A recombinação será apresentada durante a evolução em apenas uma geração.
- O objetivo dos indivíduos sorteados é atingir o ponto em destaque na Figura 7.10, que representa o valor máximo da função.

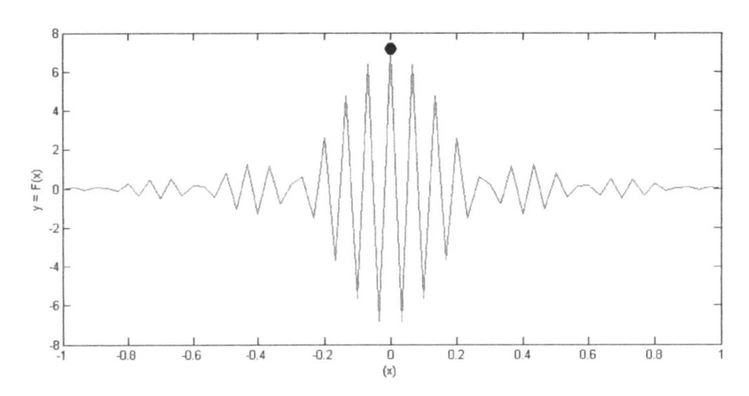

Figura 7.10 - Função exemplo do algoritmo de EE – ponto máximo da função em destaque

Os indivíduos sorteados para a população inicial estão apresentados como círculos em cor cinza na Figura 7.1. Cada um destes círculos/indivíduos será submetido à mutação e gerará outros dois indivíduos, chamados filhos. A Figura 7.12 apresenta os indivíduos filhos gerados por mutação, juntamente com os indivíduos pais.

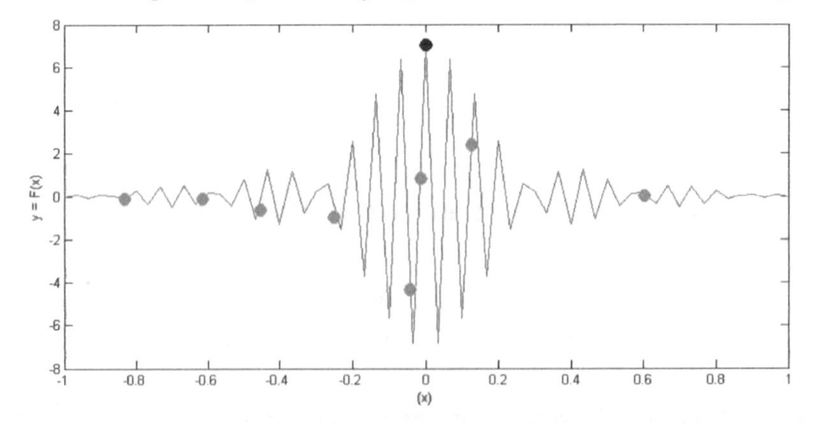

Figura 7.11 - Indivíduos da população inicial representados pelos círculos em cor cinza

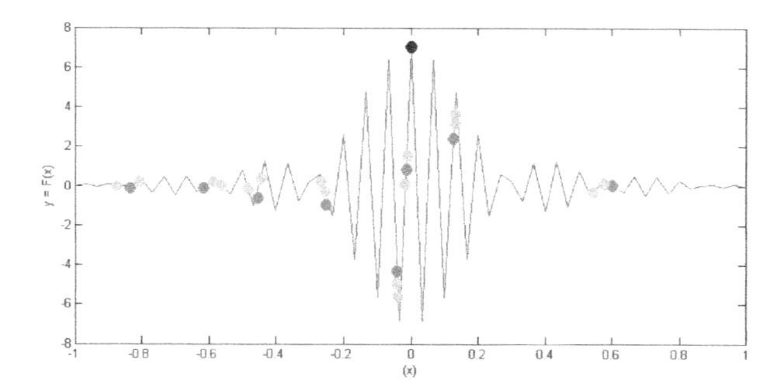

Figura 7.12 - Indivíduos filhos em cor cinza claro gerados por mutação a partir dos indivíduos pais em cor cinza escuro

As funções de avaliação e seleção são então acionadas de forma a se obter os melhores indivíduos no conjunto dos pais, juntamente com os filhos. Este método de seleção em que os pais e os filhos são considerados na seleção é chamado de método ($\mu+\lambda$). A Figura 7.13 apresenta os indivíduos selecionados para a próxima geração. Nesta análise, os indivíduos que se encontram mais à direita do gráfico possuem maiores notas que os indivíduos no centro. Este fato indica a dificuldade de se encontrar o ótimo global neste problema, uma vez que os indivíduos com maiores notas seguem para um ótimo local. Ainda assim, o algoritmo é capaz de encontrar o ponto de máximo da função, tendo-se os indivíduos localizados no centro da figura com boas notas.

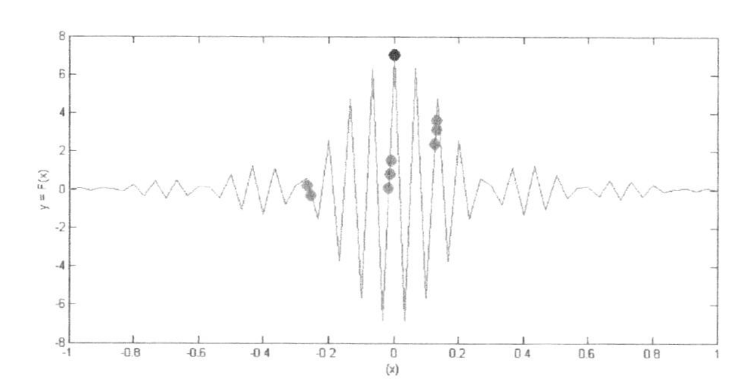

Figura 7.13 - Indivíduos selecionados para a segunda geração

Novamente os indivíduos selecionados sofrem mutação (Figura 7.14). Nesta etapa é também apresentado o efeito do operador recombinação em que um indivíduo, em destaque na Figura 7.14, é gerado a partir da troca de informações entre dois indivíduos pais previamente escolhidos.

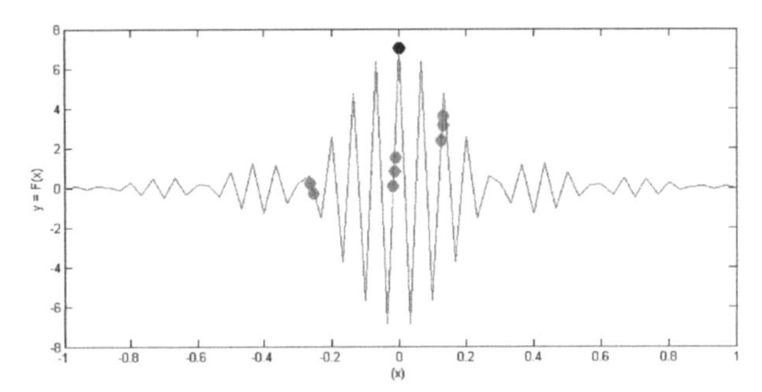

Figura 7.14 - Indivíduos da segunda geração em cinza escuro, seus filhos gerados por mutação em cinza claro e um indivíduo gerado por recombinação em preto

Novamente os melhores indivíduos são escolhidos (Figura 7.15) gerando a terceira geração de indivíduos pais. Estes serão submetidos à mutação e seleção até que um critério de parada seja satisfeito.

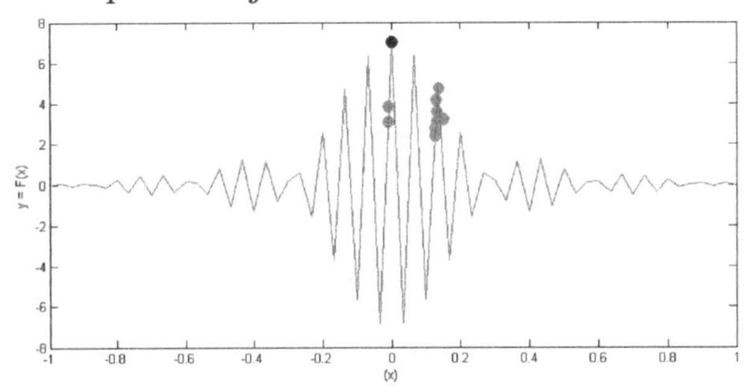

Figura 7.15 - Indivíduos selecionados para a terceira geração

A Figura 7.16 apresenta os indivíduos da terceira geração com seus filhos gerados por mutação. Nesta geração os indivíduos localizados próximos do máximo global da função adquirem notas superiores aos indivíduos mais a direita da figura. Este fato garante a convergência do algoritmo para o máximo global, uma vez que no conjunto dos melhores indivíduos estarão presentes os indivíduos mais próximos do máximo global.

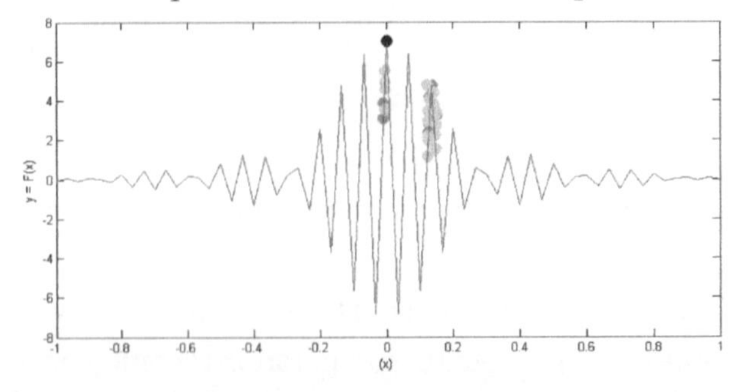

Figura 7.16 - Indivíduos da terceira geração em cinza escuro e seus filhos

gerados por mutação em cinza claro

A Figura 7.17 apresenta mais um passo de evolução, com os indivíduos da quarta geração tendo gerado seus filhos por mutação. Na Figura 7.18 os indivíduos pais da sexta geração, supostamente, satisfazem o critério de parada do problema indicando a convergência do algoritmo.

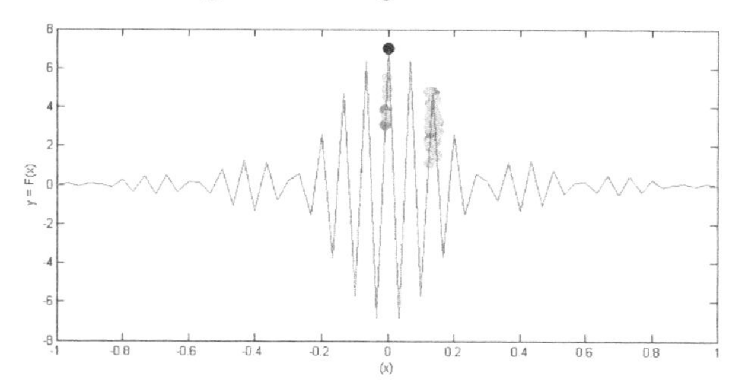

Figura 7.17 - Indivíduos da quarta geração em cinza escuro e seus filhos gerados por mutação em cinza claro

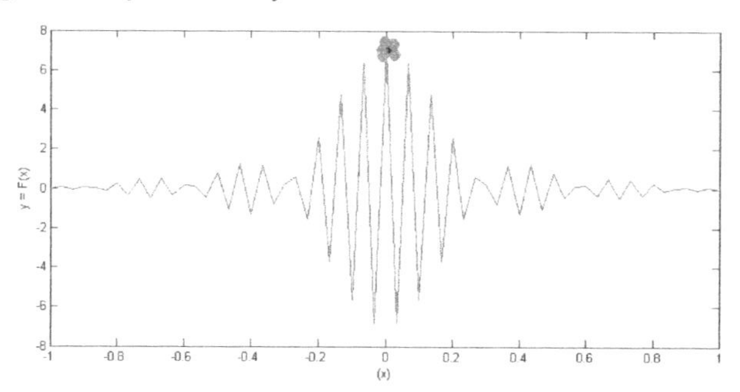

Figura 7.18 - Indivíduos da sexta geração em cinza escuro e ponto de máximo global em preto

7.4 EXEMPLOS ILUSTRATIVOS

7.4.1 Considerações Gerais

Neste item apresentam-se exemplos ilustrativos para avaliação da potencialidade de algoritmos evolutivos na modelagem de problemas de sistemas elétricos de potência. Mesmo em problemas bastante simplificados, mostra-se que os algoritmos evolutivos permitem o tratamento de todas as características necessárias do problema, em particular, a consideração de funções objetivo não lineares.

Para ilustrar esse potencial, são utilizados três exemplos. O primeiro, em um pequeno sistema de distribuição, no qual se deseja minimizar o valor das perdas elétricas. O interesse deste exemplo está no fato que existe solução direta fácil para o problema, o que permite comparação da utilização dos métodos baseados em programação matemática, conforme já mostrado no Capítulo 2, sobre Programação Linear. Neste exemplo, a utilização dos algoritmos evolutivos para o problema é bastante distinta da apresentada nos itens anteriores, pois trabalha diretamente sobre as variáveis contínuas de fluxo de potência nas ligações da rede. Este exemplo é tratado com os dois algoritmos apresentados, isto é, modelado por algoritmos genéticos e por estratégias evolutivas.

Um segundo exemplo refere-se na aplicação ao problema de planejamento de sistemas de distribuição, ainda numa rede de dimensões pequenas. Neste modelo, a codificação do AG é muito parecida à mostrada no item 7.2, pois trabalha diretamente com as variáveis de decisão do problema (correspondentes às variáveis binárias dos modelos baseados em programação matemática), e não com as variáveis contínuas (por exemplo, fluxo de potência e queda de tensão).

O terceiro exemplo trata do problema de despacho de unidades de geração distribuída em sistemas de distribuição de energia elétrica, o que é ilustrado através de uma rede de dimensões bastante reduzidas. Neste caso, o objetivo é avaliar a melhor forma de operação da unidade de geração distribuída, isto é, avaliar o valor da tensão nos terminais do gerador e a injeção de potência ativa, de forma a ser otimizada uma dada função objetivo, neste caso, as perdas ativas na rede elétrica.

7.4.2 Exemplo 1 – Minimização das Perdas Elétricas

Um exemplo ilustrativo do problema de minimização de perdas elétricas foi apresentado no Capítulo 2, item 2.4.2. A Figura 2.11 ilustra uma rede de distribuição que conta com dois pontos de suprimento e uma carga, na qual se deseja minimizar o valor das perdas elétricas pelos trechos de ligação entre os suprimentos e a carga, o que consiste na solução da seguinte formulação:

$$\begin{aligned} &\min p_{tot} = r_1 X_1^2 + r_2 X_2^2 \\ &s.a. \quad X_1 + X_2 \geq D \end{aligned} \tag{7.13}$$

Para a modelagem do problema utilizando-se AG, deve-se inicialmente estabelecer-se a codificação dos *strings* que representarão uma possível alternativa de solução do problema. Deve-se notar que os dois parâmetros principais do problema são as variáveis contínuas de fluxos nas ligações, X_1 e X_2. As variáveis contínuas podem ser relacionadas ao *string* de um indivíduo de várias formas. A maneira adotada aqui é ilustrada na Figura 7.19.

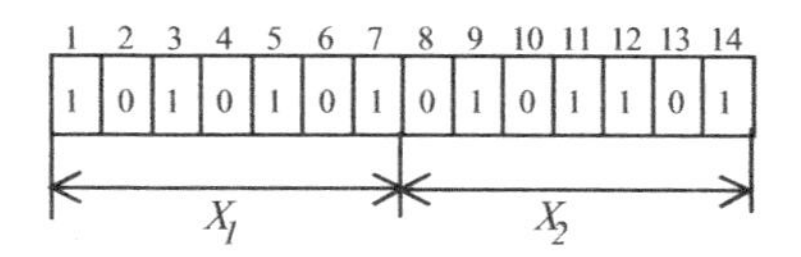

Figura 7.19 - Codificação para o Exemplo 1

Dado um indivíduo i, e seu *string* correspondente, os valores de $X_{1,i}$ e $X_{2,i}$ podem ser decodificados conforme (7.14) a seguir, onde $bit_{i,k}$ corresponde ao valor do *bit* na posição k do *string* i:

$$X_{1,i} = \frac{\left(2^0\,bit_{i,1} + 2^1\,bit_{i,2} + 2^2\,bit_{i,3} + 2^3\,bit_{i,4} + 2^4\,bit_{i,5} + 2^5\,bit_{i,6} + 2^6\,bit_{i,7}\right)}{\left(2^7 - 1\right)} X_{max}$$

$$X_{2,i} = \frac{\left(2^0\,bit_{i,8} + 2^1\,bit_{i,9} + 2^2\,bit_{i,10} + 2^3\,bit_{i,11} + 2^4\,bit_{i,12} + 2^5\,bit_{i,13} + 2^6\,bit_{i,14}\right)}{\left(2^7 - 1\right)} X_{max} \qquad (7.14)$$

Para a escolha da função de avaliação, utiliza-se o método das penalidades, conforme item 7.2.2. Assim, impõe-se sobre a função objetivo, f_{obj}, a ser minimizada, um 'custo adicional', proporcional ao quadrado da violação da restrição, ou seja:

$$f_{obj,i} = r_1 X_{1,i}^2 + r_2 X_{2,i}^2 + r\left\{max\left[0,\left(D - X_{1,i} - X_{2,i}\right)\right]\right\}^2 \qquad (7.15)$$

onde r é um fator multiplicativo da penalidade. O valor do desvio da restrição corresponde ao montante $\max\left[0,\left(D - X_{1,i} - X_{2,i}\right)\right]$, que é obviamente considerado somente quando a carga D não é atendida, ou seja a restrição de balanço de demanda não é satisfeita. A função de avaliação de um dado indivíduo i, para o exemplo em questão, é escolhida como sendo: $f_{aval,i} = 100/f_{obj,i}$.

Utilizando o mesmo exemplo numérico do Capítulo 2, assumem-se os seguintes dados: D = 0,08 pu; X_{max} = 0,08 pu; r_1 = 1,0 pu e r_2 = 1,5 pu.

Para resolução deste exemplo numérico por AG, utilizou-se a codificação apresentada na Figura 7.9. Os parâmetros básicos utilizados no algoritmo foram os seguintes:

Taxa de cruzamento: p_c = 80%
Taxa de mutação: p_m = 0,1%
Tamanho da população: *150* indivíduos
Número de gerações: 10

O AG foi implementado conforme diagrama de blocos da Figura 7.3, resultando no desenvolvimento da função de avaliação conforme mostrado na Figura 7.20a. Nas Figuras 7.20b e 7.20c mostram-se a evolução dos valores das variáveis, o desvio no valor das restrições e as perdas mínimas para cada geração. É interessante notar que desvios nulos correspondem a soluções viáveis, pois o desvio é dado por $max[0,(D - X_{1,i} - X_{2,i})]$, conforme eq. (7.15). A geração 5, em particular, apresenta perdas mínimas, como mostrado na Figura 7.20c, porém a função de avaliação não é a máxima geral, pois o desvio de restrição nesta geração relativamente alto impõe a penalização, isto é, a solução não é viável (o que explica as perdas serem até menores que as determinadas na solução ótima.

Os resultados finais para a simulação do AG são X_1=0,0479 pu e X_2=0,0315 pu, com perdas totais de 0,00378pu.

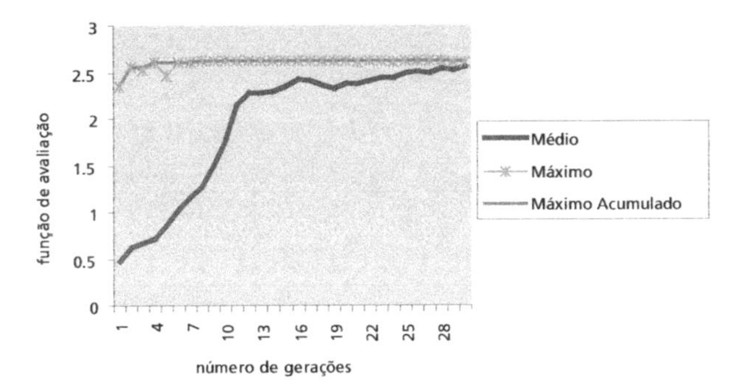

(a) Acompanhamento da função de avaliação

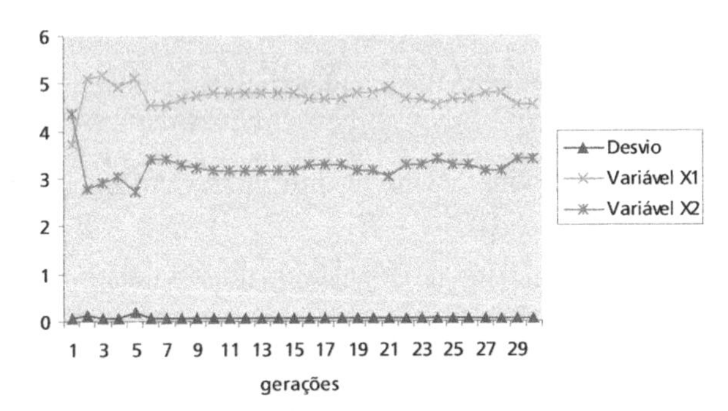

(b) Acompanhamento do desvio na restrição e variáveis do problema

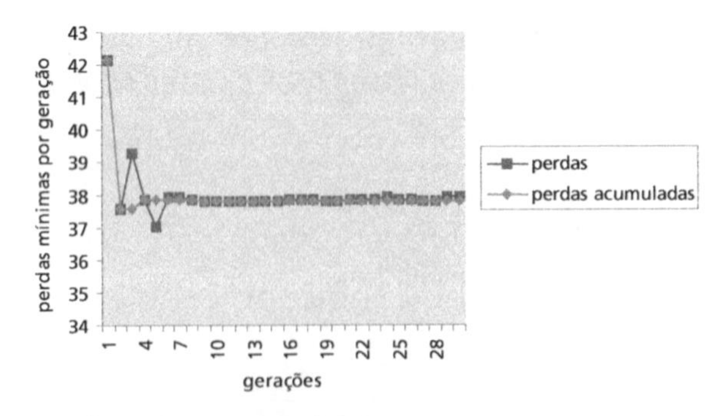

(c) Acompanhamento das perdas mínimas por geração

Figura 7.20 - Resultados para o Exemplo 1 por AG

O mesmo problema pode também ser resolvido por Estratégia Evolutiva (EE). Para tanto, cada indivíduo da EE pode ser simplesmente modelado com 2 *loci* correspondentes aos valores dos fluxos X_1 e X_2, com os respectivos desvios, σ_1 e σ_2, conforme ilustrado na Figura 7.21.

Locus 1	*Locus2*
X_1	X_2
σ_1	σ_2

Figura 7.21 - Indivíduo utilizado na Estratégia Evolutiva

Para a simulação, são adotados os seguintes parâmetros básicos utilizados no algoritmo EE:

Taxa de cruzamento:	p_c=50%
Taxa de mutação:	p_m=100%
Número de mutações por indíviduo:	10
Tamanho da população:	4 indivíduos
Número de gerações:	100
Idade máxima (em gerações):	5
Desvio inicial para X_1 e X_2:	0,04 pu
Limites para X_1 e X_2:	0 a 0,08 pu

O algoritmo foi implementado conforme diagrama de blocos da Figura 7.9. As Figuras 7.22a e 7.22b apresentam o desenvolvimento da função de avaliação, dos valores das variáveis e dos desvios, que tendem a zero a medida que o algoritmo alcança a convergência. Os resultados finais para a simulação da EE apresentam perdas totais de 0,00384pu, com valores das variaveis de fluxo X_1 e X_2 iguais a 0,0481e 0,0319 pu, respectivamente.

Na Tabela 7.3 apresentam-se os resultados para os cinco métodos utilizados, quais sejam, o cálculo exato, os modelos de programação linear (aproximações 1 e 2, resolvidos no Capítulo 2), o modelo baseado em AG e o modelo baseado em EE.

Cabe salientar que o método de busca heurística apresentado no Capítulo 6 não seria recomendado para a solução deste exemplo, que trata somente com as variáveis de fluxo de potência, e não com variáveis de decisão. A aplicação da técnica de busca heurística, neste caso, resultaria numa solução idêntica ao caso de PL na aproximação 1 (ou alimenta a carga pela ligação 1 ou pela ligação 2 e, como o custo da ligação 1 é menor acabaria por escolher esta para ser utilizada).

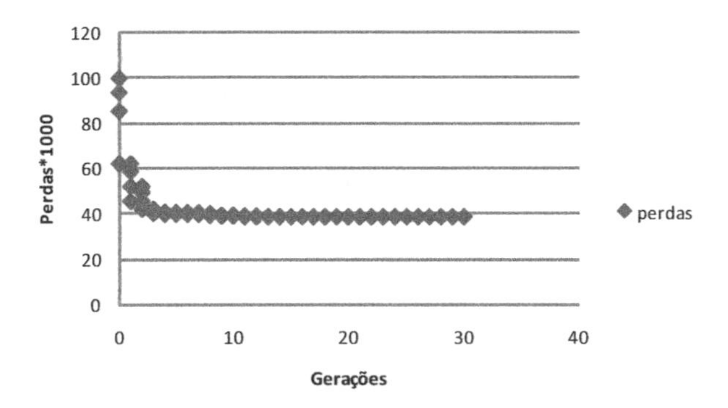

(a) Perdas

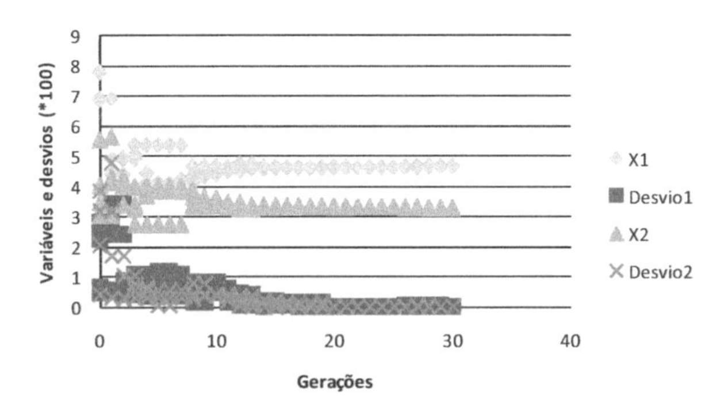

(b) Variáveis e desvios

Figura 7.22 - Evolução do algoritmo EE

Tabela 7.3 - Comparação dos modelos para resolução do Exemplo 1

Método Utilizado	Variável X_1		Variável X_2		Variável p_{tot}	
	(pu)	erro (%)	(pu)	erro (%)	(pu)	erro (%)
Exato	0,0480	0	0,0320	0	0,00384	0
PL - aproximação 1	0,0800	66,7	0,0000	100	0,00640	66,7
PL - aproximação 2	0,0400	16,7	0,0400	25,0	0,00400	4,2
AG	0,0479	0,2	0,0315	1,6	0,00378	1,6
EE	0,0481	0,2	0,0319	0	0,00384	0,0065

7.4.3 Exemplo 2 — Minimização de Investimentos no Planejamento

Neste segundo problema, analisa-se a parte de custo fixo dos problemas convencionais de configuração de redes, ou seja, aqueles custos que são provenientes de reforços no sistema. O exemplo corresponde ao já analisado no Capítulo 3, no item 3.4.2, no qual se deseja avaliar quais os trechos e subestações a serem instaladas entre os candidatos propostos na Figura 7.23. No entanto, aqui, o problema é resolvido por algoritmos genéticos.

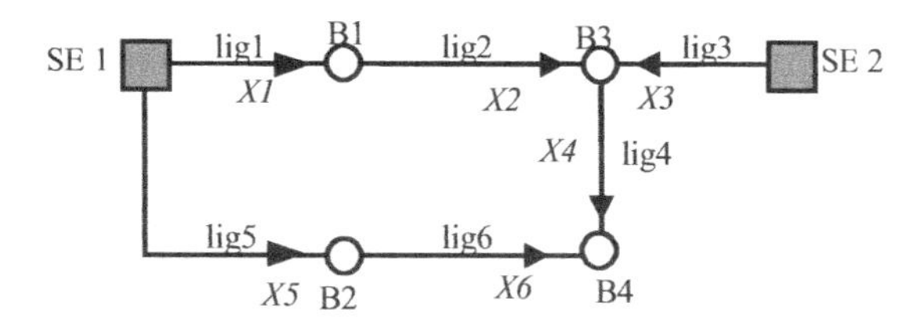

Figura 7.23 - Sistema para o Exemplo 2

É interessante notar também que a utilização do procedimento de busca heurística com estratégia construtiva, determina a solução ótima. A Figura 7.24 ilustra a árvore de busca para o exemplo onde, em cada nó de decisão, opta-se pela alternativa de menor custo fixo (conforme representado pelos valores em itálico nos ramos da figura).

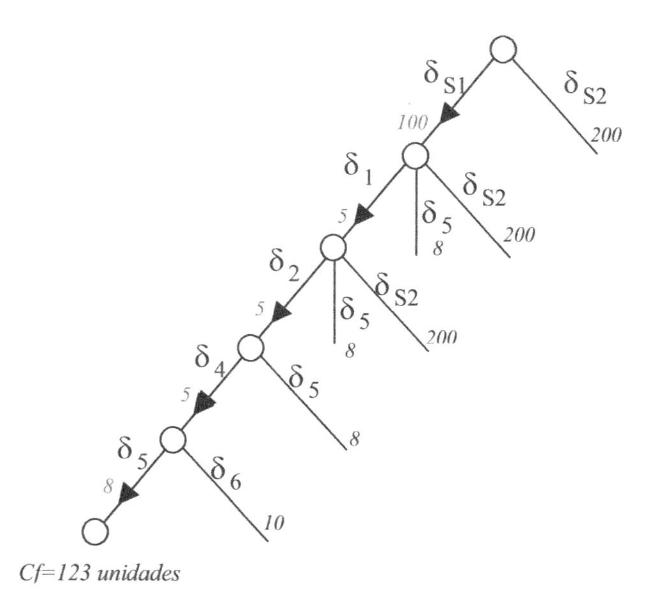

Figura 7.24 - Resolução por busca heurística *(hill climbing* - estratégia construtiva)

A resolução deste mesmo problema, utilizando AG, deve partir de uma codificação do *string*, ou seja, associar um indivíduo da população a uma dada solução possível. A rede elétrica do exemplo, conforme Figura 7.23, tem exatamente a mesma característica topológica da rede exemplo da Figura 7.2, apresentada no início deste capítulo. Basta substituir as chaves *(Ch)* por trechos candidatos (*lig*) e blocos de carga por barras. A mesma codificação do *string*, com 6 *bits*, da Figura 7.1 se aplica para este problema. A cada posição do *string*, associa-se um trecho candidato; não é necessária a explícita consideração de posições para a instalação ou não das subestações candidatas, pois a correspondente instalação pode ser definida com base nas informações dos respectivos alimentadores: a subestação SE1 deve ser instalada se uma das ligações *lig*1 ou *lig*5 for selecionada e a subestação SE2 deve ser instalada se a ligação *lig*3 for selecionada.

No sistema deste exemplo, dado um indivíduo i, para avaliação da restrição de balanço de demanda basta verificar se, na configuração correspondente:

a. o número de trechos é não menor que o número de nós de carga do sistema, que é dado pela diferença entre o número total de nós e o número de SEs instaladas;
b. todas as barras de carga da rede encontram-se conectadas por uma ligação;
c. pelo menos uma subestação seja instalada.

As condições acima, facilmente verificáveis para um dado *string*, garantem que as barras de carga sejam todas atendidas. Caso contrário, aplica-se uma penalização à função objetivo do problema, ou seja:

$$f_{obj,i} = C_{f,i} + r.penal_i \tag{7.16}$$

A penalização $penal_i$, para um dado indivíduo, é dada por:

- $penal = (n_{nos} - n_{ses} - n_{trechos})$, se a condição a acima não for satisfeita, com n_{nos} sendo o número total de nós do sistema, n_{ses} o número de subestações instaladas e $n_{trechos}$ o número de trechos instalados.
- $penal = (n_{btotal} - n_{bcon})$, se a condição b não for satisfeita, com n_{btotal} sendo o número total de barras de carga e n_{bcon} o número de barras de carga conectadas;
- $penal = 1$ se a condição c não for satisfeita.

Finalmente, a função de avaliação é determinada da mesma forma que no exemplo 1, isto é, $f_{aval,i} = 100/f_{obj,i}$.

O AG foi simulado com os seguintes parâmetros:

- Taxa de cruzamento: $p_c = 80\%$
- Taxa de mutação: $p_m = 5\%$
- Tamanho da população: 20 indivíduos
- Número de gerações: 20
- Fator de penalização (r): 1.000

Nas Figuras 7.25a e 7.25b são apresentadas as evoluções do custo fixo e função de avaliação ao longo das gerações, com a solução ótima (custo fixo total igual a 123 unidades) sendo obtida na 7ª geração. O número de indivíduos por população foi forçosamente feito baixo pois, dada a pequena dimensão do problema, o sorteio da população inicial, com tamanho da população maior, resultaria na determinação do ótimo já na primeira geração. Na Tabela 7.4, apresentam-se os indivíduos/*strings*, com as correspondentes funções de avaliação para a primeira, 10ª e 20ª gerações.

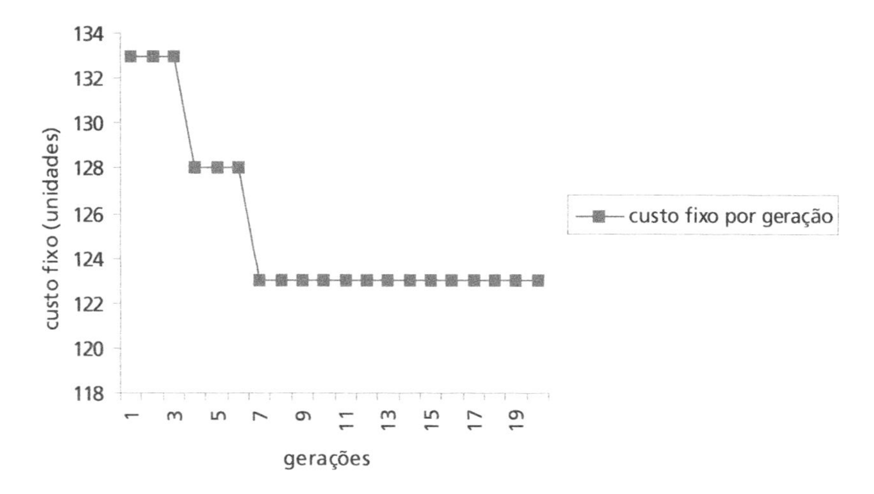

(a) Evolução da função objetivo

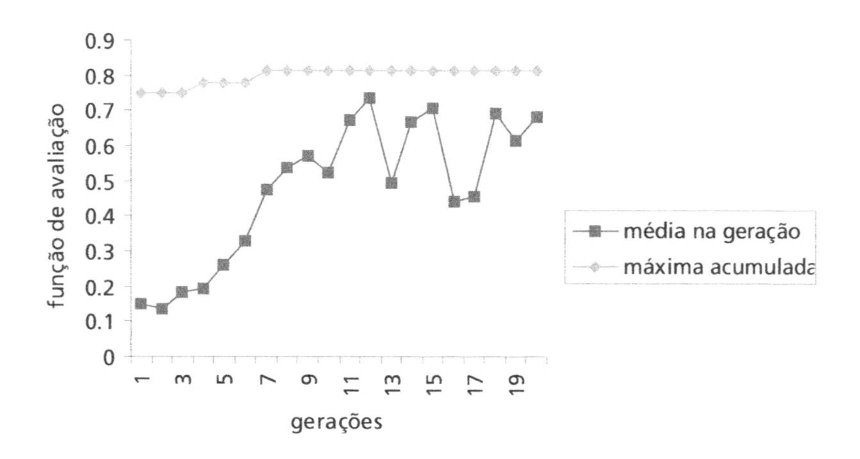

(b) Evolução da função de avaliação

Figura 7.25 - Resultados para todas as gerações no Exemplo 2

Tabela 7.4 - Evolução das populações em 20 gerações

Primeira Geração			10ª Geração			20ª Geração		
Indivíduo	*String*	*faval,i*	Indiví-duo	*String*	*faval,i*	Indiví-duo	*String*	*faval,i*
1	010110	0,089	1	100111	0,781	1	100111	0,781
2	011101	0,442	2	110111	0,752	2	110111	0,752
3	110000	0,024	3	110000	0,024	3	010111	0,781
4	001000	0,016	4	110011	0,781	4	110010	0,047
5	001111	0,075	5	010111	0,781	5	100111	0,781
6	010001	0,033	6	110011	0,781	6	110011	0,781
7	111011	0,299	7	110001	0,089	7	110111	0,752
8	111000	0,030	8	010111	0,781	8	010111	0,781
9	101111	0,299	9	110101	0,800	9	110011	0,781
10	100010	0,024	10	110111	0,752	10	100111	0,781
11	001001	0,031	11	110011	0,781	11	100111	0,781
12	001111	0,075	12	110111	0,752	12	000101	0,025
13	001001	0,031	13	110010	0,047	13	010101	0,050
14	101011	0,304	14	110111	0,752	14	110111	0,752
15	100001	0,032	15	110111	0,752	15	110110	0,813
16	111001	0,307	16	110111	0,752	16	110011	0,781
17	001101	0,045	17	000111	0,047	17	010111	0,781
18	011000	0,024	18	100111	0,781	18	100111	0,781
19	110111	0,752	19	110011	0,781	19	100111	0,781
20	001001	0,031	20	110011	0,781	20	100111	0,781
Mínimo		0,016	Mínimo		0,024	Mínimo		0,025
Máximo		0,752	Máximo		0,800	Máximo		0,813
Médio		0,133	Médio		0,627	Médio		0,667

7.4.4 Exemplo 3 – Despacho Ótimo de Unidades de Geração Distribuída

Outro exemplo ilustrativo de aplicação do algoritmo de Estratégia Evolutiva (EE) é um problema de avaliação das variáveis de controle de unidades de geração distribuída (GD) de modo a otimizar determinada função objetivo. No exemplo da Figura 7.26, tem-se um alimentador primário com tensão nominal de 13,8kV, que parte da subestação de distribuição SE1 para suprir uma carga na barra B1. Neste mesmo alimentador, é conectada uma unidade de geração distribuída, na barra B2.

A tensão na saída da SE1 vale $1{,}01\underline{/0}$ pu, a carga na barra B1 é de (5,0+j2,0) MVA, os trechos de alimentador (SE1-B1 e B1-B2) apresentam impedâncias de (0,19+j0,50) Ω/km e comprimentos de 3km.

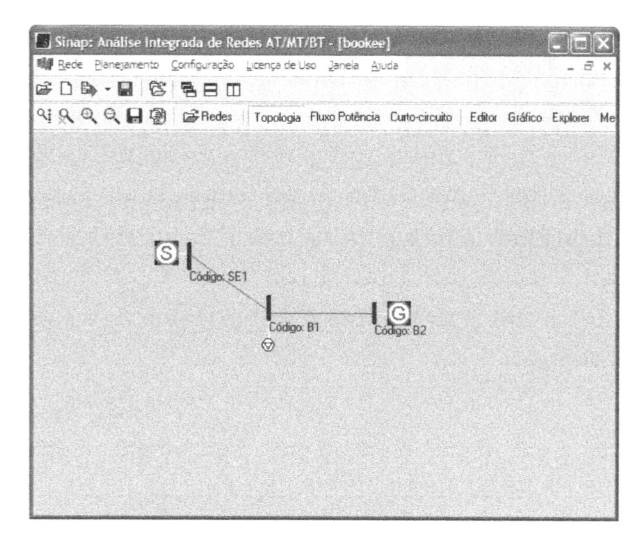

Figura 7.26 - Sistema para Despacho de GD

A unidade de GD é inicialmente ajustada para gerar 1,0 MW de potência ativa, com tensão nos terminais de $1{,}0\angle 0$ pu. Utilizando-se um programa convencional de Fluxo de Carga, são determinadas as tensões das barras, potências injetadas pelo suprimento (SE1) e pela unidade de GD, além dos fluxos nos trechos do alimentador primário, conforme mostra a Figura 7.27. Como resultado, nota-se que a subestação SE1 apresenta potência ativa de 4,058 MW. Como o gerador G2 na barra B2 gera 1,0 MW, e a carga é de 5,0 MW, resulta que as perdas globais no sistema são de 0,058 MW ou 58 kW.

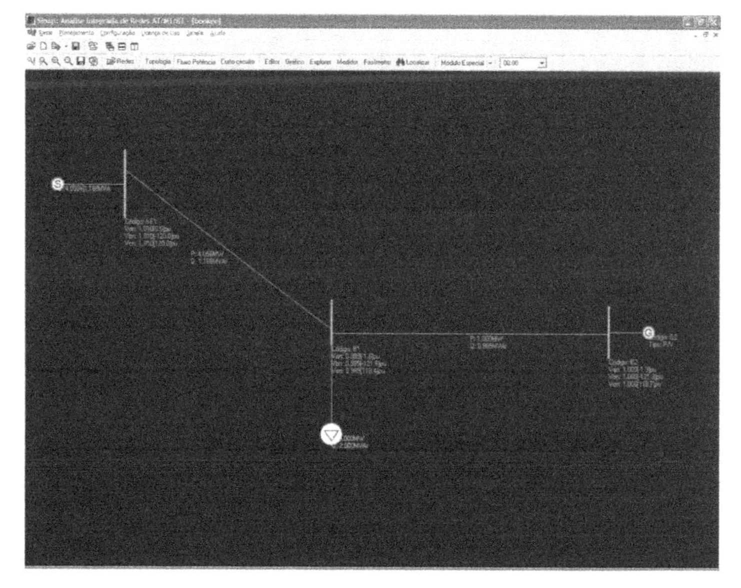

Figura 7.27 - Sistema para Despacho de GD

O ajuste da unidade de GD não necessariamente é o mais adequado (ou otimizado) a uma situação em que as tensões e carregamentos da rede estão em certa faixa admissível com as perdas no alimentador mínimas. Para avaliar esta condição, pode-se utilizar o algoritmo de EE para avaliar qual o valor de módulo de tensão nos terminais e potência ativa injetada pela unidade de GD. Neste caso, formula-se um indivíduo com as características ilustradas na Figura 7.28, onde o *locus 1* representa os valores de módulo da tensão (V_G) nos terminais do gerador e seu desvio σ_V e o *locus 2* representa o valor da potência injetada (P_G) pelo gerador e seu desvio σ_P.

Locus 1	*Locus 2*
V_G	P_G
σ_V	σ_P

Figura 7.28 - Indivíduo utilizado na Estratégia Evolutiva

Os parâmetros básicos utilizados no algoritmo EE foram os seguintes:

Taxa de cruzamento:	$p_c = 80\%$
Taxa de mutação:	$p_m = 100\%$
Número de mutações por indíviduo:	5
Tamanho da população:	5 indivíduos
Número de gerações:	20
Idade máxima (em gerações):	4
Desvio inicial para P_G:	1 MW
Desvio inicial para V_G:	0,01 pu
Limites para P_G:	0 a 8 MW
Limites para V_G:	0,93 a 1,03 pu

O algoritmo EE é desenvolvido, sendo que, para cada geração, são avaliados os indíviduos através de uma função de avaliação que gradua os indivíduos de acordo com as perdas ativas e com os níveis de tensão e carregamento da rede. Quanto menor o valor das perdas, sem transgressões nos níveis de tensão ou carregamento, maior é a nota de avaliação de dado indivíduo.

Na Figura 7.29 apresenta-se a população inicial, no plano (V;P), ou seja, as abscissas representadas pelos valores de tensão nos terminais da unidade de GD e as ordenadas representadas pelos valores de potência injetada pelo gerador. Também foram capturados na imagem alguns indivíduos gerados pelos operados de mutação e recombinação.

A Figura 7.30 apresenta a última geração do algoritmo EE, quando todos os indíviduos caminham para a solução (1,01pu; 2,55MW), que corresponde à situação de perdas mínimas na rede. Além de todos os indivíduos caminharem para o mesmo ponto, a convergência é consolidada pelo valor dos desvios dos indíviduos que tendem para valores muito próximos de zero a medida que as gerações evoluem.

A Figura 7.31 ilustra a solução encontrada, na qual o valor das perdas no sistema é de 44kW, o que representa uma redução de aproximadamente 24% em relação às perdas com o despacho de potência e tensão do gerador originais.

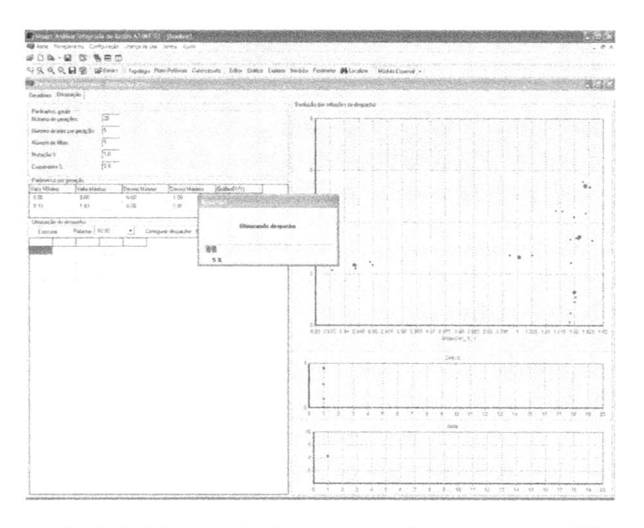

Figura 7.29 - Geração inicial – pais (em vermelho) e alguns filhos (em verde) gerados (imagem colorida no site www.blucher.com.br)

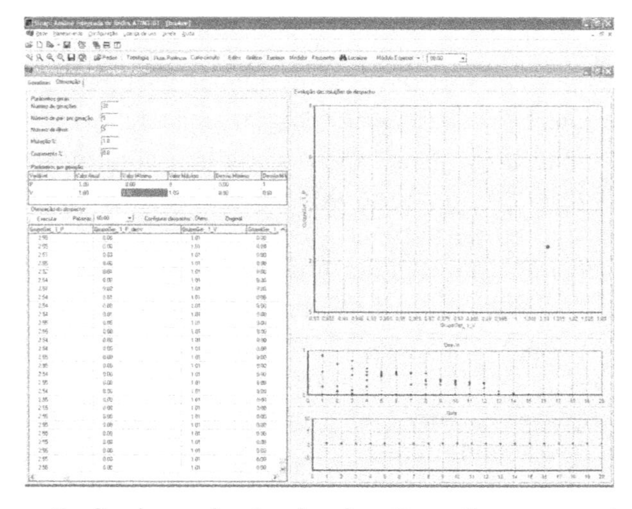

Figura 7.30 - Geração final – solução do algoritmo (imagem colorida no site www.blucher.com.br)

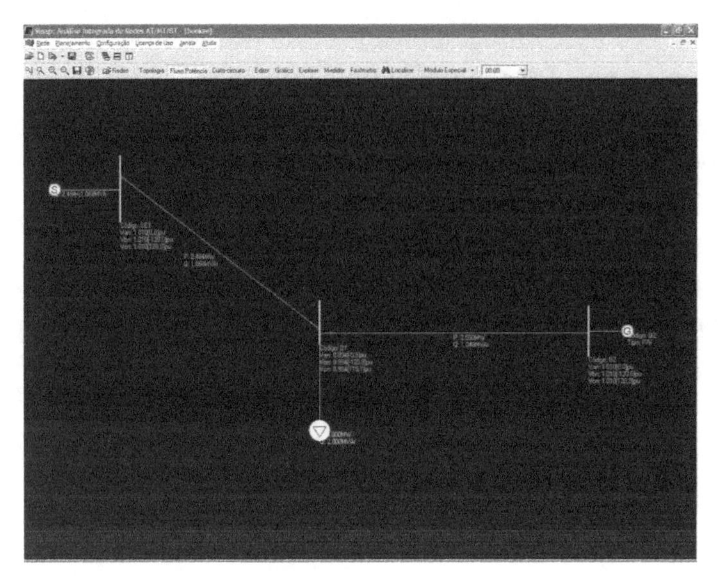

Figura 7.31 - Fluxo de potência para a solução obtida pela EE

7.4.5 Comentários Gerais

Apesar dos exemplos ilustrativos serem de pequena dimensão, eles demonstraram que os algoritmos evolutivos constituem-se numa interessante técnica para a modelagem de problemas de sistemas elétricos de potência. Conforme mencionado anteriormente, a geração (aleatória) de um indivíduo, que tem relação direta com uma possível solução do problema, por exemplo a configuração de rede de distribuição no caso do AG ou o melhor despacho de unidades GD na EE, através de uma decodificação previamente estabelecida, oferece enormes vantagens para esta nova ferramenta.

Talvez a maior vantagem a ser apontada é a possibilidade de serem simulados diversos programas de análise de redes para a avaliação de funções objetivo e correta representação de restrições do problema, bastante difíceis de serem modeladas por formulações baseadas em programação matemática.

Podem ser citadas diversas funções objetivo não lineares, como é o caso das perdas elétricas que, para um dado trecho, variam quadraticamente com o correspondente fluxo de potência além de outras funções objetivo que não podem ser escritas através de uma função explícita das variáveis (por exemplo, índices de confiabilidade obtidos por simulação). Quanto às restrições do problema, podem ser citadas aquelas correspondentes à radialidade da rede e aquelas que envolvem os níveis de tensão ao longo do sistema de distribuição. Na maioria dos modelos baseados em programação matemática, principalmente quando simulando redes de dimensões reais, estas restrições não são consideradas durante o processo de otimização. A consideração destas restrições em algoritmos evolutivos, no entanto, é relativamente simples utilizando-se algoritmos convencionais de fluxo de carga.

7.5 APLICAÇÕES COM O SOFTWARE OTIMIZA

O software OTIMIZA conta com duas aplicações utilizando algoritmos genéticos, que permitem ilustrar a utilização desta metodologia para aplicação em sistemas elétricos.

A primeira aplicação trata do problema de alocação de unidades de geração distribuída (GD) em redes de distribuição. Considera-se como hipótese de otimização uma função custo que considera os custos fixos de instalação das unidades de GD e os custos de perdas na rede de distribuição. A utilização de unidades de GD pode afetar substancialmente os níveis de tensão e de carregamento da rede de distribuição; nesta aplicação, didática, considera-se penalização na função objetivo devido a possíveis transgressões em carregamentos de componentes da rede de distribuição.

A segunda aplicação trata da minimização de perdas em redes de distribuição, através da mudança do estado de chaves, ou seja, reconfiguração de chaves, de maneira análoga ao apresentado nos exemplos dos itens anteriores, porém apresentando uma codificação mais eficiente dos *strings* que representam possíves alternativas de configuração da rede.

7.5.1 Alocação de Geração Distribuída

O problema de alocação de geração distribuída (GD) em redes de distribuição consiste em avaliar os locais mais indicados para a instalação de novas unidades de geração, que resultem em um benefício global para o sistema. Nesta aplicação didática, só são considerados os benefícios de GD para a redução das perdas elétricas na rede de distribuição e, obviamente, para o suprimento de cargas sem desrespeito aos critérios técnicos de operação do sistema de distribuição, tendo como contrapartida um custo adicional para cada unidade de GD alocada no sistema. Também, assume-se que as redes de distribuição são radiais e as unidades de geração distribuída podem ser simuladas como injeções de potência (ativa e reativa) em algum ponto qualquer do sistema.

Desta forma, a função objetivo a ser alcançada trata da soma dos custos fixos anualizados da instalação de unidades de GD na rede e os custos de perdas na rede de distribuição. Pela minimização desta função objetivo, podem ser avaliados os melhores locais, dentre aqueles sugeridos pelo usuário, para a instalação de novas unidades de GD.

Para cada local candidato de instalação de uma possível unidade de GD, o usuário deverá fornecer os correspondentes custos fixos de instalação e as potências ativa e reativa injetadas no sistema.

Também este problema é perfeitamente modelado na concepção de AGs, com uma codificação e cálculo de função de avaliação bastante simples, conforme descrito a seguir.

A idéia implementada neste problema relaciona cada gene do *string* com a alocação de uma unidade de geração distribuída, candidata a instalação, conforme proposição do engenheiro (ou usuário do software). Assim, para a rede da Figura 7.32, no caso de existirem 6 possíveis barras para a instalação de unidades de GD, o *string* em questão contaria com 6 genes. Cada bit unitário corresponde à instalação da unidade, e o bit nulo corresponderia à decisão de não instalar a unidade. A Figura 7.33 ilustra o *string* que corresponde aos três geradores instalados (instalação de GD nas barras 2, 3 e 5, correspondendo aos bits unitários).

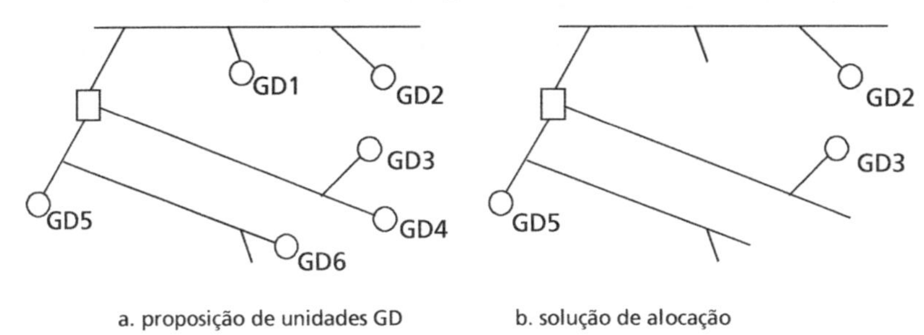

a. proposição de unidades GD   b. solução de alocação

Figura 7.32 - Alocação de unidades de GD por Algoritmo Genético

1	2	3	4	5	6
0	1	1	0	1	0
GD1	GD2	GD3	GD4	GD5	GD6

Figura 7.33 - *String* para alocação de GDs

Conforme mencionado acima, a função objetivo para o problema de alocação de unidades de geração distribuída, nesta implementação didática, será tratada simplesmente pela minimização dos custos fixos de instalação das unidades de GD, somada ao custo de perdas na rede de distribuição. A função de avaliação para um dado indivíduo é definida como sendo a seguinte:

$$fav_i = \frac{K}{Cperda\,(i) + C\,fixo\,(i)} \tag{7.17}$$

onde K é simplesmente um valor de referência ou uma constante arbitrária. $Cperda(i)$ corresponde à somatória dos custos de perda elétrica na rede e $Cfixo(i)$ corresponde à somatória dos custos fixos de unidades de GD para uma dada combinação de unidades obtida pelo processo de decodificação aplicado sobre o indivíduo i.

Cabe destacar que para uma dada configuração de rede, como a da Figura 7.32b, o software realiza um fluxo de potência, que permite o cálculo das perdas elétricas e os carregamentos em todos os trechos da rede. Nesta implementação didática, adotou-se que a rede de distribuição é radial, com as unidades de GD instaladas sendo tratadas como se fossem "cargas negativas".

As restrições do problema, consideradas indiretamente como uma penalização da função de avaliação ou da função objetivo, serão o carregamento de componentes da rede, trechos da rede e subestações de distribuição, incorporadas com penalização da função objetivo.

$$fav_i = \frac{K}{Cperda\,(i) + Cfixo\,(i) + Kpen \cdot Fpen\,(i)} \tag{7.18}$$

onde *Kpen* representa uma constante de penalização e *Fpen(i)* representa a função de penalização, determinada pelo número de componentes da rede (trechos ou transformadores de subestações) com carregamento excedido.

A Figura 7.34 ilustra uma rede disponibilizada no software OTIMIZA para estudo de alocação de unidades de GD. Para cada unidade de GD são disponibilizados os dados de potências ativa e reativa injetadas, bem como o custo fixo correspondente. Em cada carga do sistema, são fornecidos os dados de potência ativa e reativa absorvidas. Nos trechos de rede são fornecidos os dados de impedâncias e corrente admissível. Os dados gerais, ilustrados na janela da Figura 7.35, incluem o custo unitário das perdas, bem como os parâmetros básicos do AG, quais sejam, o número de gerações, o número de indivíduos na população, e as porcentagens para mutação e cruzamento. Desta forma, todos os dados necessários para o cálculo são interativamente fornecidos pelo usuário, através da interface amigável do software OTIMIZA. A Figura 7.36 ilustra o resultado alcançado depois das 20 gerações simuladas.

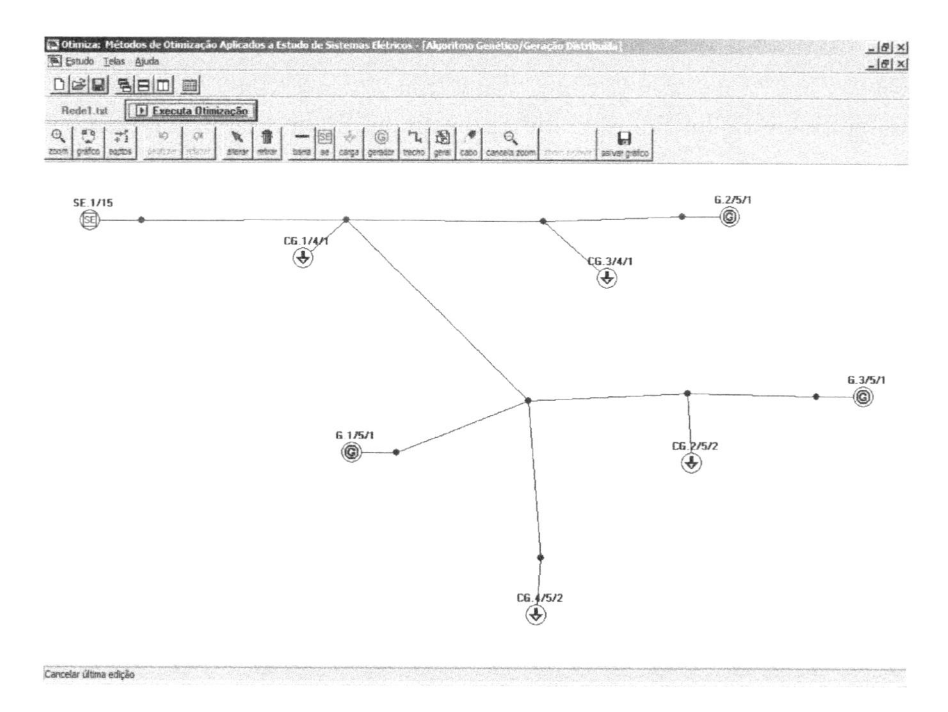

Figura 7.34 - Rede de distribuição com unidades de GD propostas

Edição da tabela GERAL

Insere | Retira | Confirma

#	SBASE	VBASE	CUSTO_PER	NUM_GER	NUM_IND	PROB_MUT	PROB_REP
1	10	13.8	100	20	50	1	1

descrição: Potência de base
unidade: MVA
default: 10

Figura 7.35 - Dados gerais do caso

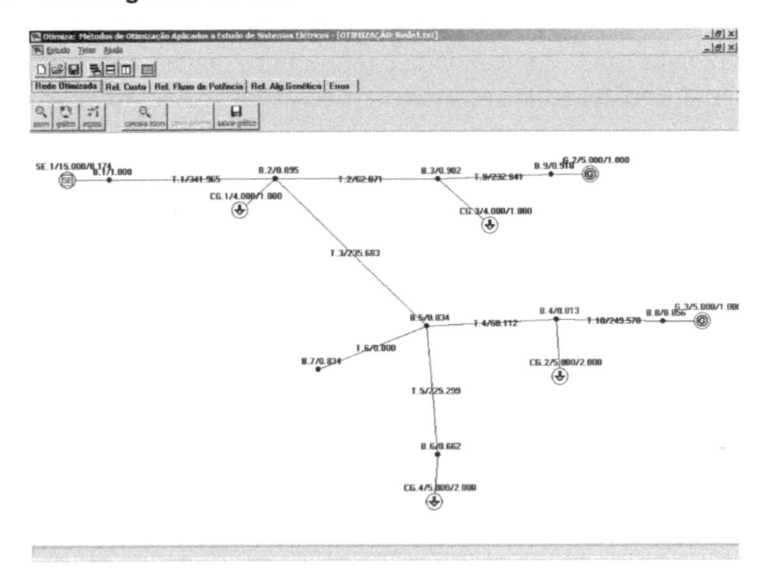

Figura 7.36 - Solução do AG para alocação de GD

O software OTIMIZA, além de apresentar a Rede Otimizada, ainda permite outros tipos de relatório, conforme ilustrado na Figura 7.37. Os relatórios consistem em apresentação dos custos da solução otimizada determinada pelo AG, resultados de tensões e correntes na rede otimizada e evolução do algoritmo genético, geração a geração.

Figura 7.37 - Opções de relatórios do AG no software OTIMIZA

7.5.2 Minimização de Perdas

O software OTIMIZA conta também com uma aplicação que determina a melhor configuração de chaves numa rede de distribuição de modo a minimizar as perdas elétricas totais. Assim, o problema aqui estudado consiste em avaliar o estado das chaves para que as perdas sejam mínimas, as cargas sejam atendidas, sem transgressões de critérios técnicos. Neste caso particular, são observadas as restrições de carregamento dos trechos e das subestações de distribuição.

Um ponto que deve ser maior destacado nesta aplicação é a codificação dos strings, ou dos indivíduos da população do AG, que representam soluções alternativas para o estado das chaves. Esta codificação é feita de forma tal a gerar preferencialmente redes radiais e conexas, o que é uma restrição estrutural das redes de distribuição aéreas. Além disso, a função de avaliação é apresentada, formulada de modo a levar em conta a minimização das perdas com atendimento aos critérios de carregamento.

7.5.2.1 Codificação dos Strings

Uma alternativa imediata para codificação dos *strings* foi apresentada no item 7.2, Figuras 7.1 e 7.2, no qual cada o valor do bit do *string* associa-se diretamente ao estado de cada chave do sistema. Entretanto, considerando as restrições relacionadas com radialidade e conectividade da rede de distribuição, esta modelagem se torna inconveniente pelo fato de resultarem muitas combinações inviáveis (ou seja, são geradas malhas ou sistemas isolados, que deveriam ser penalizados, conforme foi ilustrado no Exemplo Ilustrativo 2, conforme item 7.3.3). Sob tais condições, o funcionamento do AG seria semelhante a uma busca aleatória, sem direção definida, em um vasto espaço de possibilidades e repleto de indivíduos com avaliação igual a zero, o que certamente não traria resultado algum, mesmo considerando populações maiores ou muitas gerações.

Conforme mencionado anteriormente, uma codificação mais interessante para redes de distribuição surge quando inserimos o conceito de blocos de carga e famílias de blocos. Blocos de carga compreendem os conjuntos de barras e demais equipamentos do sistema, delimitados por chaves ou finais de linha. Codificando os indivíduos segundo as chaves incidentes em cada bloco e notando que em redes de distribuição, radiais e conexas, cada bloco se conecta ao restante do sistema através de uma única chave, temos que o número de chaves fechadas no sistema equivale ao seu número de blocos.

Considerando esta codificação, são consideradas as chaves do sistema e seus blocos de carga, ao invés das ligações de rede e nós do sistema. A partir da rede ilustrada na Figura 7.38, o seu correspondente *string* seria codificado de acordo com o ilustrado na Figura 7.39.

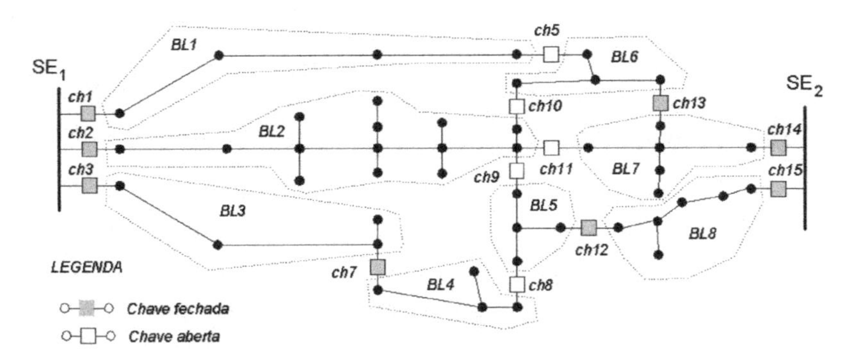

Figura 7.38 - Exemplo de blocos de carga em uma rede de distribuição

<table>
<tr><td>BL_1</td><td colspan="2">BL_2</td><td>BL_3</td><td>BL_4</td><td colspan="2">BL_5</td><td colspan="2">BL_6</td><td colspan="2">BL_7</td><td>BL_8</td></tr>
<tr><td>0</td><td>0</td><td>0</td><td>0</td><td>0</td><td>1</td><td>0</td><td>1</td><td>0</td><td>1</td><td>0</td><td>1</td></tr>
<tr><td>b_{11}</td><td>b_{10}</td><td>b_9</td><td>b_8</td><td>b_7</td><td>b_6</td><td>b_5</td><td>b_4</td><td>b_3</td><td>b_2</td><td>b_1</td><td>b_0</td></tr>
<tr><td>$\mathbf{ch_1}$
ch_5</td><td colspan="2">$\mathbf{ch_2}$
ch_9
ch_{10}
ch_{11}</td><td>$\mathbf{ch_3}$
ch_7</td><td>$\mathbf{ch_7}$
ch_8</td><td colspan="2">ch_8
ch_9
$\mathbf{ch_{12}}$</td><td colspan="2">ch_5
ch_{10}
$\mathbf{ch_{13}}$</td><td colspan="2">ch_{11}
ch_{13}
$\mathbf{ch_{14}}$</td><td>ch_{12}
$\mathbf{ch_{15}}$</td></tr>
</table>

Figura 7.39 - Representação para a rede da Figura 7.22, seguindo a codificação utilizada

Dado que os *strings* empregados pelo AG são escritos com emprego do alfabeto binário {0,1}, um número n de bits por bloco de carga permitirá a representação de até 2^n chaves incidentes. No exemplo anterior, os blocos BL_1, BL_3, BL_4, BL_8 têm duas chaves incidentes e, portanto, empregou-se apenas um bit para representá-las. Para valor '0', considera-se fechada a primeira chave da lista ou, caso o valor seja '1', a segunda.

Como o bloco BL_2 possui quatro chaves, foram alocados dois bits, onde cada combinação se refere à chave que deverá ser fechada, conforme a relação de chaves incidentes neste bloco: 00 para a primeira, 01 para a segunda, 10 para terceira e 11 para a última.

Já os blocos BL_5, BL_6, e BL_7 possuem três chaves incidentes, o que obriga a alocação de dois bits no *string*. Sempre que o número de chaves incidentes é menor que o total de combinações permitidas pelo número de bits alocados para um determinado bloco, haverá combinações que levarão ao fechamento de uma chave inexistente. Caso o *string* empregue uma combinação que resultaria no fechamento de uma chave inexistente, será considerado, arbitrariamente, o fechamento da última chave da lista.

Como conseqüência, haverá situações onde strings distintos irão corresponder à configurações de rede idênticas. Isto não traz inconvenientes à convergência do AG, pois não se inibe o surgimento de qualquer configuração e, desta forma, qualquer solução viável poderá ser gerada ao longo da execução.

A simples escolha de chaves utilizando o método acima não necessariamente leva a uma configuração radial e conexa. O procedimento de associação da topologia da rede ao *string* é realizado de forma um pouco mais complexa, aqui denominado processo de decodificação. Analisa-se seqüencialmente cada bloco e vão sendo escolhidas, desde que possível, as chaves correspondentes em função dos valores dos *bits*. No entanto, se existe possibilidade de fechamento de malha (o que é controlado internamente no algoritmo de decodificação), a chave não é fechada – procura-se uma outra chave incidente no bloco que não provoca fechamento de malha. Ao final de percorrer todos os blocos e respectivos *bits*, verifica-se ainda se existe algum bloco que resultou não conexo ao resto do sistema – se isso ocorrer, uma das chaves de suprimento daquele bloco é fechada.

O processo de decodificação, sucintamente descrito, é bastante rápido e, obviamente, deve ser realizado para todos indivíduos de cada população, assegurando que estes correspondam a possíveis soluções viáveis do problema, dado que o processo leva ao atendimento das restrições de radialidade e conectividade da rede.

7.5.2.2 Função de Avaliação

Após definida a maneira de codificar e decodificar os strings, deve-se compor uma função de avaliação para os indivíduos, a partir da função objetivo e restrições do problema.

A cada indivíduo avaliado, decodificado em uma dada configuração de rede, será relacionado um valor de perdas elétricas, obtido através do respectivo cálculo do fluxo de potência, na rede por ele representada.

Uma possibilidade para composição de uma função de avaliação para o problema de minimização de perdas, empregando-se AG, seria atribuir um valor de avaliação zero para aqueles indivíduos que correspondem a redes inviáveis. Entretanto, semelhantemente ao que ocorre no processo de decodificação, onde não se inibe o surgimento de qualquer indivíduo, a alternativa de se atribuir avaliação zero para qualquer indivíduo que transgrida minimamente uma restrição irá resultar no surgimento de muitos indivíduos com avaliação zero, o que prejudicará o desempenho do AG, de maneira geral. Deve-se sempre procurar avaliar os indivíduos de maneira gradual, mesmo se ocorrerem violações das restrições, pois as informações trazidas por estes indivíduos devem ser consideradas, para que as possibilidades de evolução possam aumentar. Do contrário, a expectativa maior é que o AG acabe vagando entre inúmeros indivíduos de avaliação zero, sem possibilidade de apresentar uma resposta satisfatória.

Uma possibilidade para definição da função de avaliação, f_{aval}, é a seguinte:

$$f_{aval,i} = \frac{perda_{ref}}{perdas_i + \sum_{j=1}^{n_{rest}} r_j P_{i,j}} \tag{7.19}$$

onde a $perda_{ref}$ corresponde a uma perda de referência (por exemplo, o valor da perda na configuração existente na rede original) e cada fator de penalização, $P_{i,j}$, definidos conforme as restrições do problema, será aplicado ao indivíduo i, se houver transgressão daquela restrição. Consideram-se nesta aplicação as restrições de excesso de carregamento das subestações, P_{SEi}, a sobrecarga em trechos dos circuitos, P_{Tri}, e a existência de cargas não atendidas no sistema, P_{Ci}, conforme a rede representada pelo indivíduo i, da seguinte maneira:

$$P_{SE_i} = \sum_{n=0}^{n_{SE}} k_{SE} \tag{7.20}$$

$$P_{Tr\,i} = \sum_{t=0}^{n_{Tr}} k_{Tr} \tag{7.21}$$

$$P_{C_i} = n_c \tag{7.22}$$

onde:

$k_{SE} = k_{SE0}$, se a subestação SE_n estiver desconectada do sistema e $k_{SE} = k_{SE1}$, se a subestação SE_n tiver carregamento acima de seu nominal;

$k_{Tr} = k_{Tr0}$, se o trecho t estiver desconectado do sistema e $k_{Tr} = k_{Tr1}$, se fluxo no trecho t estiver acima do nominal.

n_c é o número de cargas não atendidas.

Definidos os critérios de penalizações, compõe-se o fator de penalização final, associado a cada indivíduo i, $P_{i,j}$,somando-se os valores de P_{SEi}, P_{Tri} e P_{Ci}:

$$P_{i,j} = P_{SE_i} + P_{Tr_i} + P_{C\,i} \tag{7.23}$$

7.5.2.3 Aplicação no Software OTIMIZA

A Figura 7.40 ilustra a aplicação do problema de minimização de perdas, utilizando algoritmo genético, no software OTIMIZA. Para isso foi definida uma rede teste com 7 chaves manobráveis, 14 trechos de rede, duas subestações de distribuição e 4 centros de carga.

Da mesma forma, nesta aplicação, podem ser fornecidos valores específicos dos parâmetros do algoritmo genético (número de gerações, tamanho da população, probabilidades de mutação e cruzamento) através do botão de dados gerais.

A Figura 7.41 ilustra a configuração otimizada, isto é, na qual foram realizadas 20 gerações com populações de 50 indivíduos. O software também disponibiliza relatórios de perdas, do fluxo de potência na rede otimizada e da evolução do algoritmo genético ao longo das gerações.

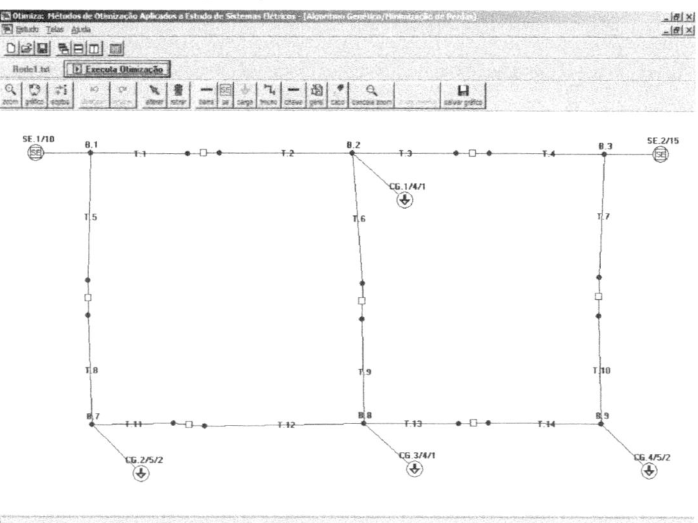

Figura 7.40 - Rede para minimização de perdas através de alteração do estado das chaves

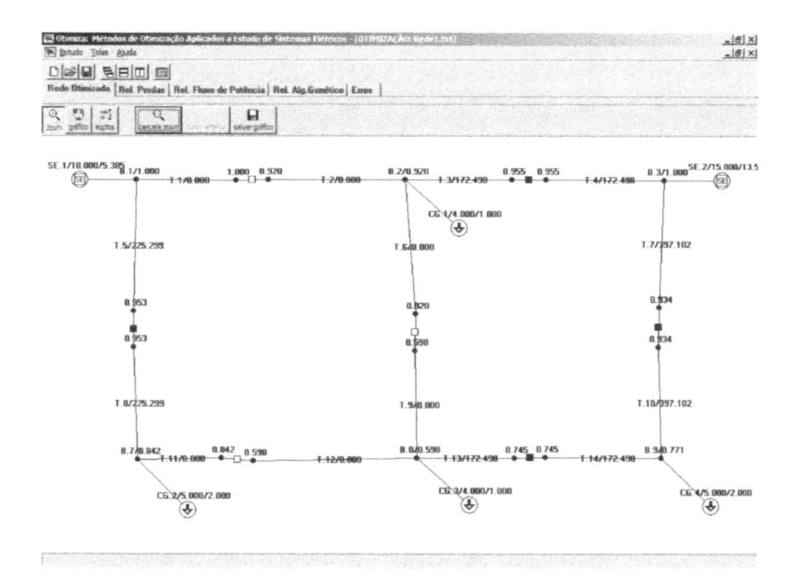

Figura 7.25 - Rede otimizada

REFERÊNCIAS BIBLIOGRÁFICAS

[1] D. B. Fogel. *Evolutionary computation:* toward a new philosophy of machine intelligence. Piscataway, NJ: IEEE Press, 1995.

[2] T. Back and H.-P. Schwefel. *Evolutionary computation:* an overview. In: Proceedings of IEEE International Conference on Evolutionary Computation, 1996, pp. 20-29.

[3] H.-P. Schwefel. *Numerical optimization of computer models*. Chichester; New York: John Wiley & Sons, 1981.

[4] D. E. Goldberg: *Genetic algorithms in search, optimization, and machine learning*, Addison-Wesley Publishing Company, Inc. USA, 1953.

[5] A. G. Novaes: *Métodos de otimização:* aplicação aos transportes, Blücher, 1978.

[6] N. Kagan. *Configuração de redes de distribuição através de algoritmos genéticos e tomada de decisão fuzzy*, Tese de Livre Docência: EPUSP, 1999.

8 Programação Não-Linear

Método de Newton

8.1 INTRODUÇÃO

Os problemas de otimização abordados nos Capítulos 2, 3 e 4 possuem uma importante característica em comum: neles, a função objetivo e as restrições são representadas por funções lineares nas variáveis de decisão. A Programação Não-Linear (PNL) aborda problemas onde a função objetivo e as restrições são representadas por funções não-lineares. Devido às dificuldades próprias dos problemas não-lineares, a PNL é uma área relativamente menos desenvolvida que a área de Programação Linear. Conseqüentemente, na PNL há relativamente menos opções ou então opções menos robustas de algoritmos destinados à solução de problemas.

De uma forma geral, a grande dificuldade dos problemas de minimização na PNL reside na existência de vários mínimos locais, o que dificulta consideravelmente a determinação do mínimo global desejado. A Figura 8.1 ilustra duas funções não-lineares, uma apresentando diversos mínimos locais e a outra apresentando mínimo local único coincidente com o mínimo global.

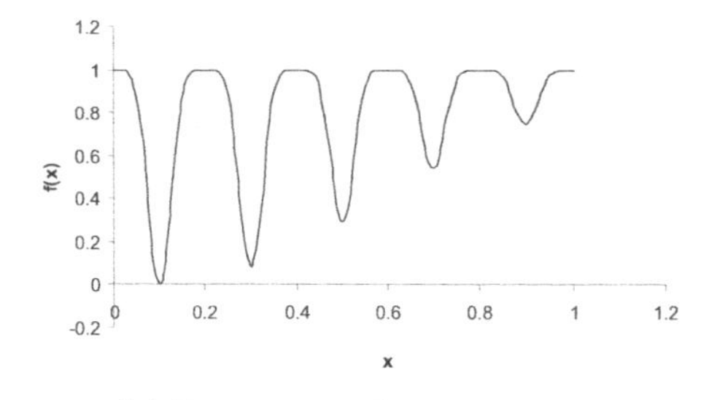

(a) Função com diversos mínimos locais

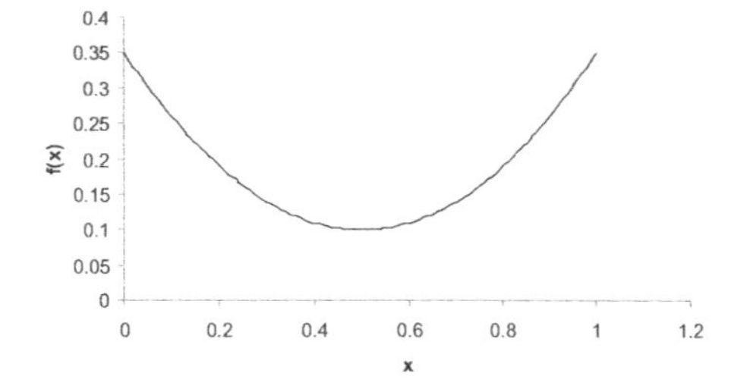

(b) Função com mínimo local único

Figura 8.1 - Exemplos de funções não-lineares

Métodos de otimização baseados no cálculo de derivadas, tais como o Método do Gradiente e o Método de Newton, normalmente apresentam desempenho insatisfatório no caso de funções com vários mínimos locais. Isto porque as derivadas, responsáveis pela atualização das variáveis de decisão ao longo da trajetória de estados, se tornam nulas nesses pontos, impedindo que a solução avance em direção ao mínimo global uma vez alcançado um ponto de mínimo local.

A Programação Quadrática constitui um subconjunto importante da PNL, no qual são tratados problemas em que a função objetivo e as restrições são representadas por funções quadráticas nas variáveis de decisão. Dentro da PNL, a Programação Quadrática é provavelmente a área mais desenvolvida, oferecendo alguns algoritmos eficientes para a solução de problemas.

No presente capítulo será apresentado o Método de Newton e sua aplicação em dois problemas de minimização de perdas em redes de distribuição de energia elétrica. A formulação desenvolvida em ambos casos é quadrática, o que permite explorar alguns aspectos interessantes do Método de Newton. Será visto também que as formulações desenvolvidas conduzem sempre a problemas *convexos* (com mínimo local único), eliminando assim o principal inconveniente do Método de Newton.

Inicialmente será apresentada uma breve discussão dos métodos de otimização baseados em trajetórias de estado, colocando o Método de Newton em perspectiva com relação aos demais métodos.

Na primeira aplicação do Método de Newton o problema será formulado como um problema quadrático contínuo, onde as variáveis de decisão representam a corrente nas ligações da rede e o objetivo é minimizar a perda total resultante na rede, respeitando as restrições da Primeira Lei de Kirchhoff (PLK) e de capacidade de condução de corrente das ligações. Neste caso considera-se que a configuração da rede elétrica é fixa, ou seja, ela não é alterada pelo processo de otimização.

Na segunda aplicação o problema será modificado para incorporar as chaves existentes na rede elétrica, cujo estado pode ser aberto ou fechado. O processo de otimização deve neste caso encontrar uma distribuição de corrente nas ligações aliada a um perfil de chaves que minimize a perda total na rede (a configuração da rede pode ser alterada pelo processo de otimização). Além das restrições da PLK e da capacidade das ligações, será considerada uma restrição adicional, de radialidade da rede. A questão da radialidade ocupa um papel fundamental em sistemas de distribuição e por essa razão ela será abordada em detalhe. O estado aberto ou fechado das chaves é estabelecido através de procedimento de busca em profundidade.

É importante destacar que o presente capítulo tem por finalidade apenas apresentar duas aplicações do Método de Newton em problemas de minimização de perdas em redes de distribuição. Em particular, ele não constitui uma abordagem abrangente da PNL nem da Programação Quadrática. O leitor interessado em tais assuntos deverá consultar as referências indicadas [1-4].

8.2 MÉTODOS BASEADOS EM TRAJETÓRIAS DE ESTADO

Um estado, ou solução, é qualquer conjunto de valores que as variáveis de decisão do problema de otimização podem assumir. Uma trajetória de estado é a seqüência de estados determinados pelo algoritmo de otimização em sua busca pela solução ótima, destacando que em tudo quanto se segue serão considerados problemas de minimização. No presente contexto são de particular interesse as trajetórias de estado discretas, já que os métodos apresentados a seguir são iterativos e assim estabelecem soluções parciais que são obtidas somando-se sucessivamente variações discretas a partir de uma solução inicial.

Uma trajetória é descrita pela seguinte regra geral de atualização das variáveis de estado:

$$\widetilde{x}^{(k+1)} = \widetilde{x}^{(k)} + \eta^{(k)} \cdot \widetilde{d}^{(k)} \tag{8.1}$$

Onde:

$\widetilde{x}^{(k)}$ indica o vetor coluna das variáveis de estado no passo (ou iteração) k

$\eta^{(k)}$ indica o valor do parâmetro de controle do tamanho das correções no passo k

$\widetilde{d}^{(k)}$ indica o vetor coluna direção de deslocamento no passo k

Cada método em particular é caracterizado por uma regra própria de atualização das variáveis de estado, conforme será visto a seguir.

a) Método do gradiente (maior aclive)

Neste caso o vetor direção é dado pelo negativo do vetor gradiente da função objetivo $E(\widetilde{x}^{(k)})$ no passo k:

$$\widetilde{d}^{(k)} = -\nabla E(\widetilde{x}^{(k)}) \tag{8.2}$$

onde o vetor gradiente é o vetor coluna dado por:

$$\nabla E(\widetilde{x}^{(k)}) = \left[\frac{\partial E}{\partial x_1} \quad \frac{\partial E}{\partial x_2} \quad \cdots \quad \frac{\partial E}{\partial x_n} \right]^t \tag{8.3}$$

O vetor gradiente fornece a direção de maior crescimento da função objetivo e, como o problema é de minimização, o método utiliza a direção contrária à direção de máximo crescimento local.

b) Método de Newton

Neste caso a função objetivo em um determinado ponto é substituída por uma função aproximadora quadrática, e esta função aproximadora é minimizada exatamente. Para uma função $f(x)$ com uma única variável independente x, a expansão em série de Taylor em torno de um determinado ponto x_0 fornece:

$$f(x) = f(x_0) + (x - x_0) \cdot f'_{x_0} + \frac{1}{2} \cdot (x - x_0)^2 \cdot f''_{x_0} + \ldots \tag{8.4}$$

em que os sobrescritos ' e " indicam as derivadas primeira e segunda da funçao em relação a x, respectivamente. A função aproximadora quadrática, $g(x)$, é obtida a partir de $f(x)$ desprezando-se os termos de ordem superior a 2:

$$g(x) = f(x_0) + (x - x_0) \cdot f'_{x_0} + \frac{1}{2} \cdot (x - x_0)^2 \cdot f''_{x_0} \tag{8.5}$$

O objetivo é determinar um valor para x tal que o valor da função aproximadora resulte mínimo (em vez do valor da função original). Isto é obtido derivando-se a função aproximadora em relação a x e igualando o resultado a zero:

$$\frac{d}{dx} g(x) = f'_{x_0} + (x - x_0) \cdot f''_{x_0} = 0 \tag{8.6}$$

Da Eq. (8.6) resulta finalmente a correção d procurada (minimização exata da função aproximadora):

$$d = x - x_0 = -\frac{f'_{x_0}}{f''_{x_0}} \tag{8.7}$$

A generalização da Eq. (8.7) para uma função escalar $E(\tilde{x})$ com n variáveis independentes conduz a:

$$\tilde{d}^{(k)} = \tilde{x}^{(k)} - \tilde{x}_0 = -\left[\nabla^2 E(\tilde{x}^{(k)})\right]^{-1} \cdot \nabla E(\tilde{x}^{(k)}) \tag{8.8}$$

em que $\nabla^2 E(\tilde{x}^{(k)})$ indica a **matriz Hessiana** da função objetivo no passo k:

$$\nabla^2 E(\tilde{x}^{(k)}) = \nabla\left(\nabla E(\tilde{x}^{(k)})\right)^t = \begin{bmatrix} \frac{\partial^2 E}{\partial x_1^2} & \frac{\partial^2 E}{\partial x_2 \partial x_1} & \cdots & \frac{\partial^2 E}{\partial x_n \partial x_1} \\ \frac{\partial^2 E}{\partial x_1 \partial x_2} & \frac{\partial^2 E}{\partial x_2^2} & \cdots & \frac{\partial^2 E}{\partial x_n \partial x_2} \\ \cdots & \cdots & \cdots & \cdots \\ \frac{\partial^2 E}{\partial x_1 \partial x_n} & \frac{\partial^2 E}{\partial x_2 \partial x_n} & \cdots & \frac{\partial^2 E}{\partial x_n^2} \end{bmatrix} \quad (8.9)$$

O método de Newton apresenta convergência quadrática para pontos próximos do mínimo. No caso de funções quadráticas o método apresenta a importante propriedade teórica de convergir em uma única iteração (neste caso a função aproximadora coincide com a função objetivo original, e a minimização exata da função aproximadora é a própria minimização exata da função original).

c) Método de Newton amortecido

Uma das desvantagens do método de Newton é a possibilidade de a matriz Hessiana ser singular em algum ponto da trajetória, o que pode dificultar ou mesmo impedir a solução numérica do problema em análise. O método de Newton amortecido (ou regularização de Marquardt-Levenberg) busca eliminar essa dificuldade adicionando um termo positivo aos elementos da diagonal da matriz Hessiana:

$$\tilde{d}^{(k)} = -\left[\nabla^2 E(\tilde{x}^{(k)}) + \nu^{(k)} \cdot I\right]^{-1} \cdot \nabla E(\tilde{x}^{(k)}) \quad (8.10)$$

em que I indica a matriz identidade e $\nu^{(k)}$ é o termo adicionado, o qual deve ser não-negativo e deve tender a zero conforme as iterações se sucedem:

$$\nu^{(k)} \geq 0$$
$$\lim_{k \to \infty} \nu^{(k)} = 0 \quad (8.11)$$

d) Métodos "quasi" Newton

No método de Newton, o cálculo da matriz Hessiana pode introduzir algumas dificuldades computacionais, as quais são evitadas nos chamados métodos "quasi" Newton. A partir de informações obtidas do gradiente da função objetivo ao longo da trajetória, estes métodos utilizam uma aproximação para a inversa da matriz Hessiana, em vez de calculá-la diretamente:

$$\tilde{d}^{(k)} = -H^{(k)} \cdot \nabla E(\tilde{x}^{(k)}) \quad (8.12)$$

em que $H^{(k)}$ indica uma matriz simétrica positiva definida que aproxima a inversa da matriz Hessiana. Dentre as variantes mais conhecidas deste método estão as denominadas BFGS e Banes-Rosen [5].

e) **Métodos estocásticos**

Todos os métodos descritos anteriormente apresentam a desvantagem de freqüentemente convergirem para mínimos locais da função objetivo, em vez do mínimo global desejado. Uma alternativa para resolver este problema é a utilização de métodos estocásticos [5], nos quais alterações aleatórias são introduzidas no vetor direção, através da seguinte modificação na função objetivo:

$$E'(\tilde{x}, N) = E(\tilde{x}) + c(t) \cdot \sum_i x_i \cdot N_i(t) \tag{8.13}$$

Onde:

$E'(\tilde{x}, N)$: forma perturbada da função objetivo

$N_i(t)$: indica fontes de ruído normais (Gaussianas) independentes ("ruído branco")

$c(t)$: parâmetro de controle da perturbação, devendo tender a zero conforme o tempo tende a infinito

Os termos $N_i(t)$ entram diretamente no cálculo do gradiente, significando que as correções resultantes no vetor direção possuem uma componente aleatória. Desta forma, a possibilidade de que mínimos locais sejam evitados aumenta consideravelmente.

Uma outra alternativa para evitar mínimos locais é o chamado *recozimento simulado* ("simulated annealing") [5], através do qual uma temperatura computacional é introduzida na função objetivo. Correções aleatórias são também introduzidas no vetor direção, e a temperatura computacional permite controlar a taxa de aceitação daquelas correções que significam aumento (ou piora) da função objetivo. Desta forma o algoritmo apresenta a possibilidade de que a solução escape de mínimos locais.

8.3 PROBLEMA 1: DISTRIBUIÇÃO DE CORRENTES PARA MINIMIZAÇÃO DE PERDAS

8.3.1 Considerações Gerais

Neste item será apresentada uma aplicação do Método de Newton na qual procura-se determinar a distribuição de correntes nas ligações de uma rede elétrica de forma que a perda total seja mínima. Conforme mencionado anteriormente, neste caso a rede será considerada fixa, ou seja, o procedimento de otimização não altera sua configuração. Por outro lado a restrição de radialidade não é considerada neste caso, significando que as redes poderão operar em malha (pelo menos um nó de carga recebendo energia de pelo menos dois nós distintos).

A seguir será apresentada a formulação do problema, incluindo o cálculo do vetor gradiente e da matriz Hessiana, e será discutida a questão da convexidade, a qual é de fundamental importância na utilização do Método de Newton. Em seguida será apresentado um exemplo ilustrativo e serão discutidos os resultados obtidos.

8.3.2 Apresentação do Problema

Neste item serão discutidos os principais aspectos conceituais do problema de determinar a distribuição de correntes em uma rede elétrica de forma que a perda total seja mínima, respeitando ainda a Primeira Lei de Kirchhoff nos nós de carga.

A Figura 8.2 apresenta uma rede elétrica simples, com dois nós de geração (1 e 2) e um nó de carga (3). Neste caso deve-se determinar as correntes i_1 e i_2 que tornam mínima a soma das perdas nas ligações 1-3 e 2-3.

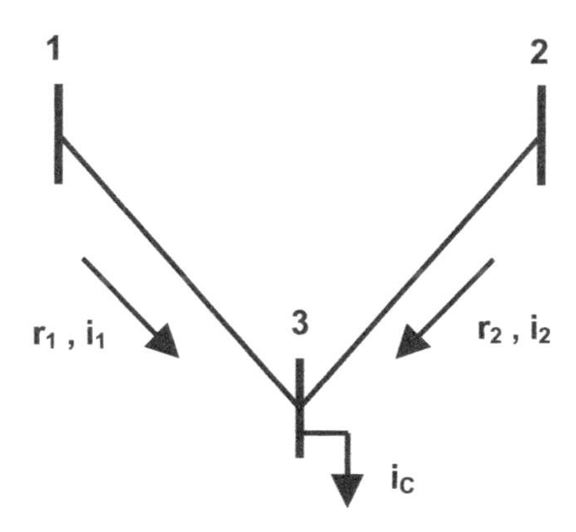

Figura 8.2 - Rede elétrica

Nesta figura as correntes i_1 e i_2 e as resistências r_1 e r_2 são representadas através de valores por-unidade (pu) [6]. Nestas condições, a perda total em pu é dada por:

$$p(i_1,i_2)=r_1\cdot i_1^2+r_2\cdot i_2^2 \tag{8.14}$$

e a PLK aplicada ao nó 3 impõe o seguinte vínculo entre as correntes i_1 e i_2:

$$i_1 + i_2 = i_C \tag{8.15}$$

em que i_C representa a corrente de carga em pu, cujo valor é conhecido e fixo.

A Eq. (8.15) permite exprimir a corrente i_2 em função de i_1 e i_C; substituindo o resultado na Eq. (8.14) obtém-se a expressão da perda total em função da única variável i_1:

$$p(i_1) = (r_1 + r_2) \cdot i_1^2 - (2 \cdot r_2 \cdot i_C) \cdot i_1 + (r_2 \cdot i_C^2) \tag{8.16}$$

A expressão (8.16) representa uma função quadrática em i_1 cujo valor mínimo é dado por:

$$p_{\min} = \frac{r_1 \cdot r_2}{r_1 + r_2} \cdot i_C^2 \tag{8.17}$$

o qual ocorre para:

$$i_1 = \frac{r_2}{r_1 + r_2} \cdot i_C \tag{8.18}$$

Substituindo este resultado na Eq. (8.15) resulta:

$$i_2 = i_C - i_1 = \frac{r_1}{r_1 + r_2} \cdot i_C \tag{8.19}$$

Para interpretar graficamente este problema observa-se inicialmente que, quando $r_1 = r_2$, a expressão (8.14) representa um parabolóide de rotação. No caso geral $r_1 \neq r_2$ e assim a superfície resultará "deformada" de acordo com o valor relativo das resistências. A Figura 8.3 apresenta graficamente a função perda total (expressão (8.14)) para o caso particular em que $i_C = 10$.

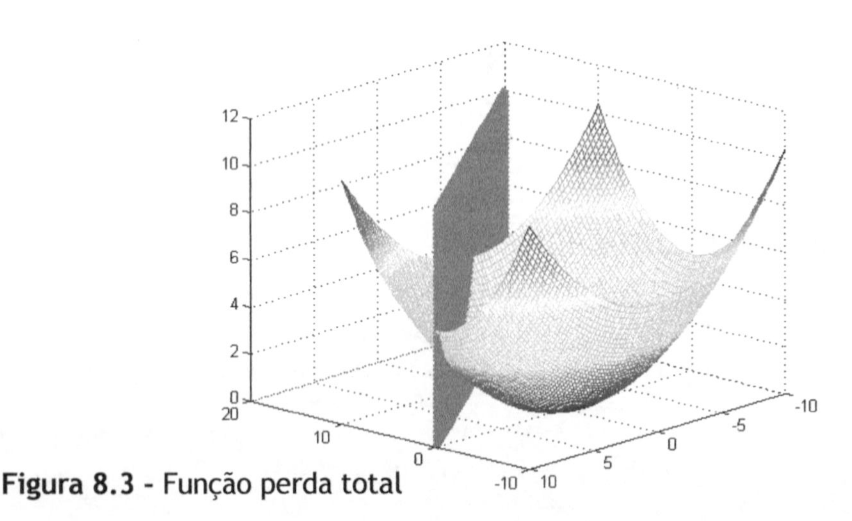

Figura 8.3 - Função perda total

Na mesma figura está representado também o plano descrito pela restrição da PLK (Eq. (8.15)). A intersecção entre a função perda total e o plano, destacada nas duas vistas da Figura 8.4, corresponde à parábola da expressão (8.16).

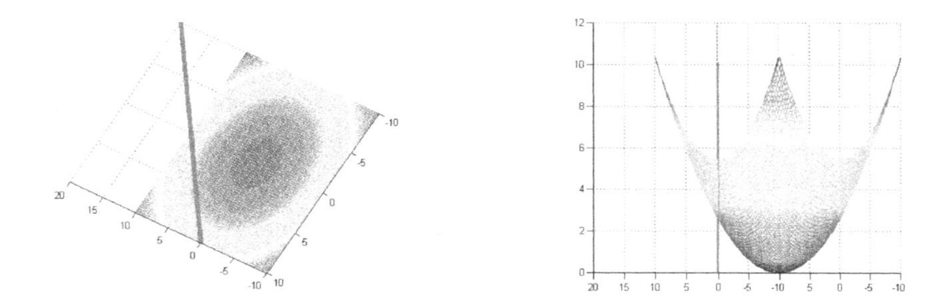

Figura 8.4 - Vistas da intersecção entre a função perda total e o plano da Primeira Lei de Kirchhoff

Note-se que neste caso simples a incorporação da PLK na função perda total conduziu a uma função quadrática de uma variável, cujo valor mínimo é único e de fácil determinação. No caso geral haverá um elevado número de variáveis e de equações da PLK (uma para cada nó de carga), não sendo possível reduzir o problema a uma função quadrática de uma variável. Entretanto, conforme será visto mais adiante, a unicidade do valor mínimo da função perda total é garantida pela convexidade da função objetivo.

Neste capítulo, as restrições da PLK são incorporadas à função objetivo através do Método das Penalidades Externas [5]. Por este método, termos de penalização são adicionados ao objetivo principal, de forma que o não cumprimento das restrições aumente o valor da função objetivo que se deseja minimizar. O próprio procedimento de minimização conduz a solução a um ponto onde as restrições resultam satisfeitas. Em outras palavras, o Método das Penalidades Externas permite transformar um problema de otimização com restrições em um problema de otimização sem restrições, mais simples de resolver. Combinando as Eqs. (8.14) (objetivo principal) e (8.15) (restrição da PLK) acima, obtém-se a seguinte função objetivo a ser minimizada:

$$p(i_1, i_2) = r_1 \cdot i_1^2 + r_2 \cdot i_2^2 + K(i_1 + i_2 - i_C)^2 \tag{8.20}$$

em que K é uma constante positiva, usualmente de valor relativamente elevado.

Note-se que o termo da PLK aparece elevado ao quadrado. Isto foi feito para que o desvio da PLK contribua sempre com sinal positivo na função a ser minimizada (se o desvio pudesse ser negativo o problema de minimização conduziria a uma solução com o maior desvio negativo possível). Desta forma o menor valor possível para o termo de penalização é zero, condição que equivale ao cumprimento da PLK. Além disso, o artifício de elevar o desvio da PLK ao quadrado preserva a natureza quadrática da função objetivo, que é uma característica muito importante na aplicação do Método de Newton.

A seguir será abordada a aplicação do Método de Newton à formulação (8.20). Inicialmente supõe-se que valores iniciais para as correntes i_1 e i_2 sejam conhecidos e dados por:

$$i_1^{(0)} \quad e \quad i_2^{(0)}$$

em que o superescrito (0) indica valor na iteração 0 (inicial). Neste caso, o vetor gradiente da função objetivo (8.20) será dado por:

$$\nabla p^{(0)} = \begin{bmatrix} \dfrac{\partial p}{\partial i_1} \\ \dfrac{\partial p}{\partial i_2} \end{bmatrix} = \begin{bmatrix} 2r_1 i_1^{(0)} + 2K\left(i_1^{(0)} + i_2^{(0)} - i_C\right) \\ 2r_2 i_2^{(0)} + 2K\left(i_1^{(0)} + i_2^{(0)} - i_C\right) \end{bmatrix} \tag{8.21}$$

e a matriz Hessiana será dada por:

$$\nabla^2 p = \nabla[\nabla p]^t = \begin{bmatrix} \dfrac{\partial^2 p}{\partial i_1^2} & \dfrac{\partial^2 p}{\partial i_2 \partial i_1} \\ \dfrac{\partial^2 p}{\partial i_1 \partial i_2} & \dfrac{\partial^2 p}{\partial i_2^2} \end{bmatrix} = \begin{bmatrix} 2r_1 + 2K & 2K \\ 2K & 2r_2 + 2K \end{bmatrix} \tag{8.22}$$

Note-se que a matriz Hessiana resultou constante (independente das variáveis de decisão i_1 e i_2). Esta propriedade decorre da formulação ser quadrática, e está relacionada com a propriedade já mencionada de o Método de Newton convergir em apenas uma iteração no caso de formulações quadráticas.

A atualização das variáveis i_1 e i_2 na iteração atual (0) é obtida através das correções especificadas pelo Método de Newton (Eq. (8.8)):

$$\begin{aligned} \begin{bmatrix} \Delta i_1^{(0)} \\ \Delta i_2^{(0)} \end{bmatrix} &= -\left[\nabla^2 p\right]^{-1} \cdot \nabla p^{(0)} \\ &= -\frac{1}{2\left(r_1 r_2 + r_1 K + r_2 K\right)} \cdot \begin{bmatrix} r_2 + K & -K \\ -K & r_1 + K \end{bmatrix} \cdot \begin{bmatrix} 2r_1 i_1^{(0)} + 2K\left(i_1^{(0)} + i_2^{(0)} - i_C\right) \\ 2r_2 i_2^{(0)} + 2K\left(i_1^{(0)} + i_2^{(0)} - i_C\right) \end{bmatrix} \end{aligned}$$

Após alguma manipulação algébrica, obtém-se:

$$\begin{bmatrix} \Delta i_1^{(0)} \\ \Delta i_2^{(0)} \end{bmatrix} = -\frac{1}{r_1 r_2 + r_1 K + r_2 K} \cdot \begin{bmatrix} r_2\left(r_1 i_1^{(0)} - K i_C\right) + \left(r_1 + r_2\right) K i_1^{(0)} \\ r_1\left(r_2 i_2^{(0)} - K i_C\right) + \left(r_1 + r_2\right) K i_2^{(0)} \end{bmatrix} \tag{8.23}$$

O novo valor das variáveis (na iteração 1) é finalmente obtido através de:

$$\begin{bmatrix} i_1^{(1)} \\ i_2^{(1)} \end{bmatrix} = \begin{bmatrix} i_1^{(0)} \\ i_2^{(0)} \end{bmatrix} + \begin{bmatrix} \Delta i_1^{(0)} \\ \Delta i_2^{(0)} \end{bmatrix} = \begin{bmatrix} i_1^{(0)} \\ i_2^{(0)} \end{bmatrix} - \frac{1}{r_1 r_2 + r_1 K + r_2 K} \cdot \begin{bmatrix} r_2\left(r_1 i_1^{(0)} - K i_C\right) + \left(r_1 + r_2\right) K i_1^{(0)} \\ r_1\left(r_2 i_2^{(0)} - K i_C\right) + \left(r_1 + r_2\right) K i_2^{(0)} \end{bmatrix}$$

$$= \frac{1}{r_1 r_2 + r_1 K + r_2 K} \cdot \begin{bmatrix} i_1^{(0)} \cdot \left(r_1 r_2 + r_1 K + r_2 K\right) - r_2\left(r_1 i_1^{(0)} - K i_C\right) - \left(r_1 + r_2\right) K i_1^{(0)} \\ i_2^{(0)} \cdot \left(r_1 r_2 + r_1 K + r_2 K\right) - r_1\left(r_2 i_2^{(0)} - K i_C\right) - \left(r_1 + r_2\right) K i_2^{(0)} \end{bmatrix}$$

$$= \frac{1}{r_1 r_2 + r_1 K + r_2 K} \cdot \begin{bmatrix} r_2 i_C K \\ r_1 i_C K \end{bmatrix} \tag{8.24}$$

A Eq. (8.24) mostra que as correntes na iteração 1 não dependem do valor delas na iteração anterior, o que significa que a convergência ocorre em uma iteração qualquer que seja o valor inicial adotado. Além disso, para K tendendo a infinito a solução tende a:

$$\begin{bmatrix} i_1^{(1)} \\ i_2^{(1)} \end{bmatrix} = \begin{bmatrix} \dfrac{r_2}{r_1 + r_2} i_C \\ \dfrac{r_1}{r_1 + r_2} i_C \end{bmatrix} \tag{8.25}$$

que é a mesma solução obtida anteriormente (Eqs. (8.18) e (8.19)).

Para que a restrição da PLK seja satisfeita na solução final o termo de penalização dever resultar nulo. Teoricamente isto é conseguido através de valor infinito para o parâmetro K. Entretanto, devido aos erros de truncamento inerentes às máquinas de precisão finita (como é o caso dos computadores digitais), as operações numéricas envolvendo valores com ordens de grandeza muito distintas conduzem a soluções numéricas espúrias. Na prática isto impõe um valor máximo para o parâmetro K, o qual pode ser facilmente obtido através de algumas poucas tentativas e assegurando que o desvio da restrição da PLK seja suficientemente pequeno em relação ao valor da função objetivo completa. Em todos os casos processados no presente capítulo foi utilizado o valor 10^4 para o parâmetro K.

8.3.3 Formulação do Problema

A Figura 8.5 mostra a representação das ligações da rede e as grandezas que as descrevem.

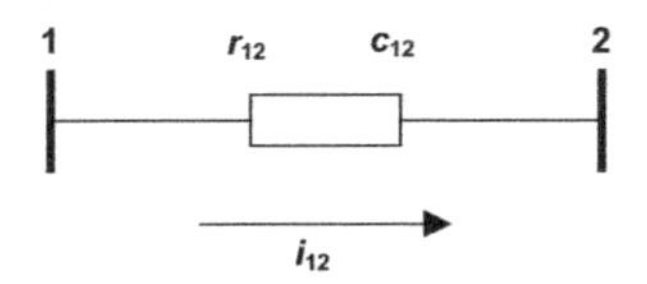

Figura 8.5 - Representação das ligações da rede elétrica

O significado dos símbolos na Figura 8.5 é o seguinte:

$i_{12} = \dfrac{I_{12}}{I_{adm\ cabo}}$	corrente na ligação 1-2, em pu (por unidade) da corrente admissível do cabo existente na ligação
I_{12}	corrente na ligação 1-2 (A)
$I_{adm\ cabo}$	corrente admissível do cabo existente na ligação 1-2 (A)
r_{12}	resistência da ligação 1-2 (pu)
$c_{12} = \pm\dfrac{I_{adm\ cabo}}{I_{base}}$	fator de capacidade da ligação 1-2 (pu)
I_{base}	corrente de base (A)

A corrente na ligação foi definida desta forma para que a expressão

$$-1 \leq i_{12} \leq 1 \quad \text{ou} \quad i_{12}^2 \leq 1 \tag{8.26}$$

traduza adequadamente a restrição de carregamento das ligações. O sinal do fator de capacidade da ligação indica se a corrente "entra" ou "sai" de cada um dos nós terminais da ligação (cf. PLK mais adiante).

Nestas condições, a corrente que atravessa a ligação 1-2 vale, em pu do sistema de normalização adotado:

$$c_{12} \cdot i_{12} = \frac{I_{12}}{I_{base}} \tag{8.27}$$

e a perda em pu causada pela corrente i_{12} é dada por:

$$r_{12} \cdot (c_{12} \cdot i_{12})^2 = r_{12} \cdot c_{12}^2 \cdot i_{12}^2 \tag{8.28}$$

A partir da Eq. (8.28), a perda total em pu é calculada imediatamente através de:

$$P_t = \sum_{jk \in \Omega_L} r_{jk} \cdot c_{jk}^2 \cdot i_{jk}^2 \tag{8.29}$$

em que o símbolo Ω_L indica o conjunto de todas as ligações da rede.

A restrição da PLK é dada, para cada nó de carga p, por:

$$\sum_{jk \in \Omega_p} c_{jk} \cdot i_{jk} + I_p = 0 \tag{8.30}$$

em que o símbolo Ω_p indica o conjunto de todas as ligações das quais o nó de carga p faz parte, e I_p é a corrente em pu injetada na rede pela carga no nó p ($I_p < 0$ para carga). Nesta formulação considera-se que (i) todas as cargas possuem o mesmo fator de potência, e (ii) o ângulo da tensão é o mesmo em todas as barras[1]. Assim, todas as correntes na rede resultam com o mesmo ângulo e a soma de correntes na Eq. (8.30) pode ser feita considerando apenas a magnitude das mesmas.

Destaca-se que na Eq. (8.30) é de fundamental importância atribuir adequadamente o sinal do coeficiente c_{jk}. A corrente i_{jk} contribui positivamente ("entra") no nó k e contribui negativamente ("sai") no nó j. Assim, o sinal de c_{jk} será positivo quando for considerada a PLK para o nó k , e negativo quando for considerada a PLK para o nó j. A Figura 8.6 ilustra ambas situações. A vantagem de transferir o sinal das correntes das equações da PLK para os coeficientes c_{jk} é a simplicidade que se obtém no momento de calcular as derivadas em relação às correntes (não é mais necessário preocupar-se com o sinal das correntes; todas elas contribuem positivamente, conforme mostra a Eq. (8.30)).

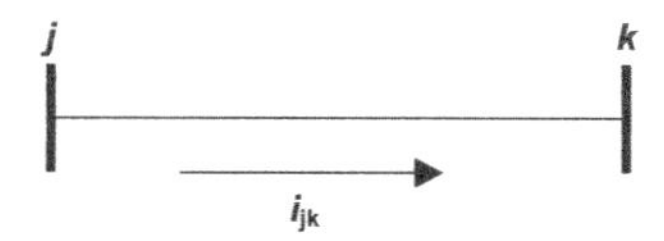

Figura 8.6 - A corrente i_{jk} entra no nó k ($c_{jk} > 0$) e sai do nó j ($c'_{jk} = -c_{jk} < 0$)

1 Particularmente no caso de alimentadores primários de distribuição, pode-se demonstrar que pela natureza indutiva das cargas e pelos valores de resistência e reatância dos condutores tipicamente utilizados, a variação do ângulo de tensão nas barras é muito pequena e pode ser desprezada na maioria das situações, sem incorrer em erros significativos [7].

Neste caso utiliza-se o Método das Penalidades Externas, do mesmo modo que foi feito no subitem precedente. Combinando as Eqs. (8.29) e (8.30), obtém-se a seguinte função objetivo:

$$\min \; E(\tilde{i}) = P \cdot \sum_{jk \in \Omega_L} r_{jk} \cdot c_{jk}^2 \cdot i_{jk}^2 + K \cdot \sum_{p} \left(\sum_{jk \in \Omega_p} c_{jk} \cdot i_{jk} + I_p \right)^2 \qquad (8.31)$$

Onde:

$E(\tilde{i})$: indica a função objetivo a ser minimizada

$\tilde{i}$: indica o vetor coluna de correntes (todas as ligações)

P , K : são constantes positivas que permitem ajustar o peso relativo das parcelas de perdas e de restrições da PLK, respectivamente.

Da mesma forma que no caso da PLK, a restrição de capacidade de condução de corrente das ligações é incorporada através do Método das Penalidades Externas. A formulação do problema passa a ser:

$$\min \; E(\tilde{i}) = P \cdot \sum_{jk \in \Omega_L} r_{jk} \cdot c_{jk}^2 \cdot i_{jk}^2 + K \cdot \sum_{p} \left(\sum_{jk \in \Omega_p} c_{jk} \cdot i_{jk} + I_p \right)^2 + C \cdot \sum_{jk \in \Omega_L} f(i_{jk}) \qquad (8.32)$$

Onde:

C : uma constante não-negativa para ajuste do peso relativo da restrição de capacidade

$f(i_{jk})$: função de penalização correspondente à restrição de capacidade

$$f(i_{jk}) = \begin{cases} (i_{jk} + 1)^2 & se \;\; i_{jk} < -1 \\ 0 & se \;\; -1 \le i_{jk} \le +1 \\ (i_{jk} - 1)^2 & se \;\; i_{jk} > +1 \end{cases} \qquad (8.33)$$

Da forma como a restrição de capacidade foi introduzida, resulta que a formulação do problema mantém a sua característica quadrática.

É importante destacar que o parâmetro *P* é normalmente fixado no valor 1, já que isoladamente ele não tem nenhum significado. Os parâmetros *K* e *C* dependem do valor fixado para *P* e são determinados experimentalmente através de tentativa e erro. Esta determinação é muito rápida, bastando executar alguns poucos casos e verificando os desvios totais das restrições (PLK e capacidade das ligações) em relação à perda total. Os parâmetros *K* e *C* devem ser tais que na solução final os desvios totais das restrições resultem desprezíveis face à perda total, que é o objetivo principal a ser minimizado.

8.3.4 Cálculo do Vetor Gradiente

A formulação (8.32) é composta por termos de perdas, da PLK e da restrição de capacidade, cujas contribuições no vetor gradiente serão apresentadas a seguir. O tamanho do vetor gradiente é o próprio número de ligações da rede elétrica.

a) Termos de perdas

$$\frac{\partial E}{\partial i_{jk}}: \quad g_{jk} += 2P \cdot r_{jk} \cdot c_{jk}^2 \cdot i_{jk} \tag{8.34}$$

em que g_{jk} indica o elemento jk do vetor gradiente e o símbolo "+=" indica atribuição igual à soma do novo valor com o valor já existente no elemento do vetor.

b) Termos da PLK

$$\frac{\partial E}{\partial i_{jk}}: \quad g_{jk} += 2K \cdot c_{jk} \cdot \left(\sum_{mn \in \Omega_p} c_{mn} \cdot i_{mn} + I_p \right) \tag{8.35}$$

Para a inclusão da contribuição dos termos da PLK no vetor gradiente executa-se uma varredura no conjunto de nós de carga. Em cada nó de carga p a parcela entre parênteses na Eq. (8.35) é calculada uma única vez. A contribuição indicada pela Eq. (8.35) é calculada para cada uma das ligações jk que têm o nó p como extremidade (o conjunto de índices mn inclui o índice jk).

c) Termos da restrição de capacidade

Em cada iteração verifica-se alguma das ligações resultou em sobrecarga. Em caso afirmativo, é adicionado o correspondente termo de penalização na função objetivo. A contribuição destes termos no vetor gradiente é:

$$\begin{aligned} &\frac{\partial E}{\partial i_{jk}}: \quad g_{jk} += 2C \cdot (i_{jk} + 1), \qquad para \quad i_{jk} < -1 \\ &\frac{\partial E}{\partial i_{jk}}: \quad g_{jk} += 2C \cdot (i_{jk} - 1), \qquad para \quad i_{jk} > +1 \end{aligned} \tag{8.36}$$

8.3.5 Cálculo da Matriz Hessiana

Pela definição da matriz Hessiana resulta que no caso de formulações quadráticas, como é o caso da Eq. (8.32), os termos da matriz são constantes (não dependem das variáveis de decisão). O número de linhas e colunas da matriz Hessiana é o próprio número de ligações da rede elétrica. A seguir é apresentada a contribuição dos termos de perdas, da PLK e da restrição de capacidade na matriz Hessiana.

a) Termos de perdas

$$\frac{\partial^2 E}{\partial i_{jk}^2}: \quad H_{jk,jk} += 2P \cdot r_{jk} \cdot c_{jk}^2 \tag{8.37}$$

em que $H_{jk,jk}$ indica o elemento da diagonal jk da matriz Hessiana.

b) Termos da PLK

$$\frac{\partial^2 E}{\partial i_{jk}^2}: \quad H_{jk,jk} += 2K \cdot c_{jk}^2 \tag{8.38}$$

$$\frac{\partial^2 E}{\partial i_{jk} \partial i_{mn}}: \quad H_{jk,mn} += 2K \cdot c_{jk} \cdot c_{mn}$$

em que $H_{jk,mn}$ indica o elemento da linha jk e coluna mn da matriz Hessiana. Para a inclusão da contribuição dos termos da PLK na matriz Hessiana executa-se uma varredura no conjunto de nós de carga. Para cada cada nó de carga p executa-se uma varredura nas ligações jk que têm o nó p como uma extremidade:

1. Para a ligação jk inclui-se a correspondente contribuição na diagonal jk da matriz;
2. Executa-se uma outra varredura nas ligações mn que têm o nó p como uma extremidade. Para cada ligação $mn \neq jk$ inclui-se a correspondente contribuição no elemento jk,mn da matriz. Esta contribuição é automaticamente adicionada ao elemento recíproco mn,jk quando os índices jk e mn resultarem intercambiados, respeitando desta forma a simetria da matriz Hessiana.

c) Termos da restrição de capacidade

Em cada iteração verifica-se alguma das ligações resultou em sobrecarga. Em caso afirmativo, é adicionado o correspondente termo de penalização na função objetivo. A contribuição destes termos na matriz Hessiana é:

$$\frac{\partial^2 E}{\partial i_{jk}^2}: \quad H_{jk,jk} += 2C \quad , \quad para \quad i_{jk} < -1 \quad ou \quad i_{jk} > +1 \tag{8.39}$$

Do exposto acima verifica-se que os elementos fora da diagonal na matriz Hessiana são gerados exclusivamente pela aplicação da PLK aos nós de carga (os termos de perdas e da restrição de capacidade contribuem somente na diagonal da matriz). Como a PLK reflete a topologia da rede, resulta que a estrutura da matriz Hessiana também reflete a topologia da rede. Normalmente, em redes elétricas reais cada nó se liga a no máximo 3 ou 4 outros nós, e assim a matriz Hessiana resulta esparsa (poucos elementos diferentes de zero em cada linha). Por esta razão, toda implementação computacional voltada para redes de médio ou grande porte deve incorporar técnicas computacionais de armazenamento e fatoração de matrizes que explorem esta característica.

8.3.6 Convexidade da Função Objetivo

A convexidade das formulações (8.31) e (8.32) será mostrada através da rede exemplo ilustrada na Figura 8.7

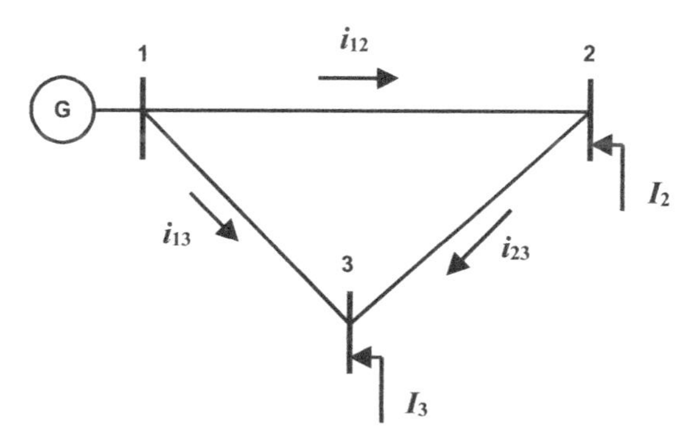

Figura 8.7 - Rede de 3 barras

Neste caso, a função objetivo (8.31) se torna:

$$\begin{aligned} E(i_{12}, i_{13}, i_{23}) &= r_{12}c_{12}^2 i_{12}^2 + r_{13}c_{13}^2 i_{13}^2 + r_{23}c_{23}^2 i_{23}^2 \\ &+ K\left(c_{12}i_{12} + c'_{23}i_{23} + I_2\right)^2 \\ &+ K\left(c_{13}i_{13} + c_{23}i_{23} + I_3\right)^2 \end{aligned} \tag{8.40}$$

A Eq. (8.40) pode ser rescrita como:

$$
\begin{aligned}
E(i_{12}, i_{13}, i_{23}) = & \left(\sqrt{r_{12}} c_{12} i_{12} + 0 \cdot i_{13} + 0 \cdot i_{23} - 0\right)^2 \\
& + \left(0 \cdot i_{12} + \sqrt{r_{13}} c_{13} i_{13} + 0 \cdot i_{23} - 0\right)^2 \\
& + \left(0 \cdot i_{12} + 0 \cdot i_{13} + \sqrt{r_{23}} c_{23} i_{23} - 0\right)^2 \\
& + \left(\sqrt{K} c_{12} i_{12} + 0 \cdot i_{13} + \sqrt{K} c'_{23} i_{23} - \left(\sqrt{K} I_2\right)^2\right) \\
& + \left(0 \cdot i_{12} + \sqrt{K} c_{13} i_{13} + \sqrt{K} c_{23} i_{23} - \left(-\sqrt{K} I_3\right)^2\right)
\end{aligned}
$$

ou, usando notação matricial:

$$
E(i_{12}, i_{13}, i_{23}) = \left\| A \cdot \begin{bmatrix} i_{12} \\ i_{13} \\ i_{23} \end{bmatrix} - \begin{bmatrix} 0 \\ 0 \\ 0 \\ -\sqrt{K} \cdot I_2 \\ -\sqrt{K} \cdot I_3 \end{bmatrix} \right\|^2 = \left\| w - b \right\|^2 \tag{8.41}
$$

em que a matriz A é dada por:

$$
A = \begin{bmatrix} \sqrt{r_{12}} c_{12} & 0 & 0 \\ 0 & \sqrt{r_{13}} c_{13} & 0 \\ 0 & 0 & \sqrt{r_{23}} c_{23} \\ \sqrt{K} c_{12} & 0 & \sqrt{K} c'_{23} \\ 0 & \sqrt{K} c_{13} & \sqrt{K} c_{23} \end{bmatrix}_{5x3} \tag{8.42}
$$

Na Eq. (8.41) o vetor w pode ser visto como uma combinação linear das colunas C_1, C_2 e C_3 da matriz A; sendo assim, ele pertence ao espaço S gerado por essas colunas, como representado na Figura 8.8.

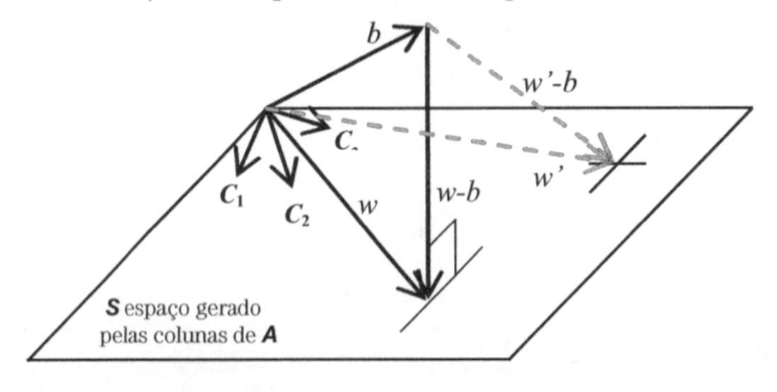

Figura 8.8 - Representação gráfica da Eq. (8.41)

Na Figura 8.8 duas combinações lineares diferentes foram representadas (w e w'). O vetor independente b também foi representado. Da Eq. (8.41), a função objetivo $E(.)$ pode ser vista como o quadrado da norma do vetor (w-b). A figura mostra claramente que o valor mínimo da função será obtido quando o vetor (w-b) for ortogonal a S. A condição de ortogonalidade é imposta fazendo com que o produto escalar do vetor (w-b) com cada uma das colunas de A seja igual a zero:

$$\langle w-b, C_1 \rangle = 0$$
$$\langle w-b, C_2 \rangle = 0$$
$$\langle w-b, C_3 \rangle = 0$$

o que equivale a:

$$\langle w, C_1 \rangle = \langle b, C_1 \rangle$$
$$\langle w, C_2 \rangle = \langle b, C_2 \rangle$$
$$\langle w, C_3 \rangle = \langle b, C_3 \rangle$$

Lembrando que:

$$w = A \cdot \begin{bmatrix} i_{12} \\ i_{13} \\ i_{23} \end{bmatrix} \quad \text{e} \quad A^t = \begin{bmatrix} C_1^t \\ C_2^t \\ C_3^t \end{bmatrix}$$

tem-se finalmente:

$$A^t \cdot A \cdot \begin{bmatrix} i_{12} \\ i_{13} \\ i_{23} \end{bmatrix} = A^t \cdot b \tag{8.43}$$

A Eq. (8.43) permite calcular o vetor $\tilde{i}$ através da resolução de um sistema linear de equações. Além disso, nota-se que as três primeiras linhas da matriz A possuem elementos não-nulos apenas na diagonal; assumindo que as resistências e os fatores de capacidade sejam todos estritamente positivos, resulta que o posto da matriz A é igual a 3, que é o próprio número de ligações da rede elétrica. Por esta razão, a matriz $A^t \cdot A$ na Eq. (8.43) é não-singular, o que prova que a formulação (8.31) é convexa. Esta propriedade é válida também para qualquer rede, porque os termos de perdas somente contribuem para os elementos da diagonal, como pode ser visto nas Eqs. (8.40) e (8.42).

Em relação à solução direta pela Eq. (8.43), o Método de Newton apresenta a importante vantagem de permitir facilmente a inclusão de outras restrições, tais como a restrição de capacidade das ligações. Por esta razão, neste capítulo utiliza-se o Método de Newton para determinar a distribuição de correntes que minimiza a perda total.

8.3.7 Exemplo

A Figura 8.9 apresenta uma rede elétrica simples, com 8 nós, 8 ligações e 4 chaves, identificada neste capítulo como "Rede A", a qual será utilizada para ilustrar o procedimento descrito nos subitens precedentes. Inicialmente as chaves serão consideradas todas fechadas sem possibilidade de manobra, conduzindo assim a uma rede em malha.

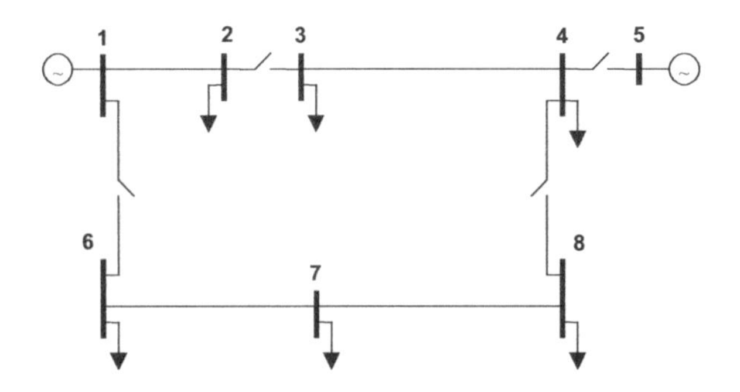

Figura 8.9 - Rede A

Os dados de nós, ligações e cabos da Rede A são apresentados nas Tabelas 8.1, 8.2 e 8.3, respectivamente.

Tabela 8.1 - Dados de nós da Rede A

Nó	Tensão nominal (kV)	Tipo	Potência ativa de carga (kW)	Pot. reativa de carga (kVAr) (1)
1	13,8	Geração (SE)	-	-
2		Carga	800	600
3		Carga	1200	900
4		Carga	700	525
5		Geração (SE)	-	-
6		Carga	800	600
7		Carga	1500	1125
8		Carga	800	600
		Total	5800	4350
		(1) Todas as cargas possuem fator de potência 0,8 indutivo.		

Tabela 8.2 - Dados de ligações da Rede A

Nó inicial	Nó final	Chave?	Comprimento (km)	Cabo
1	2	Não	0,5	336.4 MCM
1	6	Sim	0,7	336.4 MCM
2	3	Sim	0,8	336.4 MCM
3	4	Não	2,3	4/0 AWG
4	5	Sim	0,4	336.4 MCM
4	8	Sim	1,0	336.4 MCM
6	7	Não	3,0	336.4 MCM
7	8	Não	2,5	4/0 AWG

Tabela 8.3 - Dados de cabos da Rede A

Código da bitola	Resistência (Ω/km)	Reatância (Ω/km)	Corrente admissível (A)
336.4 MCM	0,2	0,4	530
4/0 AWG	0,4	0,4	250

Este problema foi resolvido através da formulação (8.31), utilizando-se os valores indicados na Tabela 8.4 para os principais parâmetros.

Tabela 8.4 - Principais parâmetros – aplicação à Rede A

Parâmetro	Valor
Tolerância do método de Newton (pu)	10^{-16}
Constante P	1
Constante K	10^4
Constante C	0
Potência de base (MVA)	100

A formulação resultante neste caso é:

$$\min \ E(\widetilde{i}) = r_{12}c_{12}^2 i_{12}^2 + r_{16}c_{16}^2 i_{16}^2 + r_{23}c_{23}^2 i_{23}^2 + r_{34}c_{34}^2 i_{34}^2$$

$$+ r_{45}c_{45}^2 i_{45}^2 + r_{48}c_{482}^2 i_{48}^2 + r_{67}c_{67}^2 i_{67}^2 + r_{78}c_{78}^2 i_{78}^2$$

$$+10^4 \cdot \begin{pmatrix} (c_{12}i_{12} + c'_{23}i_{23} + I_2)^2 + (c_{23}i_{23} + c'_{34}i_{34} + I_3)^2 \\ + (c_{34}i_{34} + c'_{45}i_{45} + c'_{48}i_{48} + I_4)^2 \\ + (c_{16}i_{16} + c'_{67}i_{67} + I_6)^2 + (c_{67}i_{67} + c'_{78}i_{78} + I_7)^2 \\ + (c_{48}i_{48} + c_{78}i_{78} + I_8)^2 \end{pmatrix}$$

(8.43)

em que $c'_{jk} = -c_{jk} = -\dfrac{I_{adm\,cabo\;jk}}{I_{base}}$ conforme discutido na definição dos fatores de capacidade.

Como a rede possui 8 ligações, o vetor gradiente tem 8 elementos. Considerando valores iniciais nulos para todas as correntes, o vetor gradiente é dado por:

$$\nabla E(\widetilde{x}^{(0)}) = \begin{bmatrix} \dfrac{\partial E}{\partial i_{12}} & \dfrac{\partial E}{\partial i_{16}} & \dfrac{\partial E}{\partial i_{23}} & \dfrac{\partial E}{\partial i_{34}} & \dfrac{\partial E}{\partial i_{45}} & \dfrac{\partial E}{\partial i_{48}} & \dfrac{\partial E}{\partial i_{67}} & \dfrac{\partial E}{\partial i_{78}} \end{bmatrix}^t \quad (8.45)$$

com:

$$\frac{\partial E}{\partial i_{12}} = 2 \cdot 10^4 \cdot c_{12} \cdot I_2 \qquad \frac{\partial E}{\partial i_{16}} = 2 \cdot 10^4 \cdot c_{16} \cdot I_6$$
$$\frac{\partial E}{\partial i_{23}} = 2 \cdot 10^4 \cdot (c'_{23} \cdot I_2 + c_{23} \cdot I_3) \qquad \frac{\partial E}{\partial i_{34}} = 2 \cdot 10^4 \cdot (c'_{34} \cdot I_3 + c_{34} \cdot I_4)$$
$$\frac{\partial E}{\partial i_{45}} = 2 \cdot 10^4 \cdot c'_{45} \cdot I_4 \qquad \frac{\partial E}{\partial i_{48}} = 2 \cdot 10^4 \cdot (c'_{48} \cdot I_4 + c_{48} \cdot I_8)$$
$$\frac{\partial E}{\partial i_{67}} = 2 \cdot 10^4 \cdot (c'_{67} \cdot I_6 + c_{67} \cdot I_7) \qquad \frac{\partial E}{\partial i_{78}} = 2 \cdot 10^4 \cdot (c'_{78} \cdot I_7 + c_{78} \cdot I_8) \quad (8.46)$$

A matriz Hessiana tem dimensão 8 x 8, e seus elementos são dados por:

$$H_{12,12} = 2 \cdot r_{12} \cdot c_{12}^2 + 2 \cdot 10^4 \cdot c_{12}^2 \qquad H_{16,16} = 2 \cdot r_{16} \cdot c_{16}^2 + 2 \cdot 10^4 \cdot c_{16}^2$$
$$H_{23,23} = 2 \cdot r_{23} \cdot c_{23}^2 + 2 \cdot 10^4 \cdot (c_{23}'^2 + c_{23}^2) \qquad H_{34,34} = 2 \cdot r_{34} \cdot c_{34}^2 + 2 \cdot 10^4 \cdot (c_{34}'^2 + c_{34}^2)$$
$$H_{45,45} = 2 \cdot r_{45} \cdot c_{45}^2 + 2 \cdot 10^4 \cdot c_{45}'^2 \qquad H_{48,48} = 2 \cdot r_{48} \cdot c_{48}^2 + 2 \cdot 10^4 \cdot (c_{48}'^2 + c_{48}^2)$$
$$H_{67,67} = 2 \cdot r_{67} \cdot c_{67}^2 + 2 \cdot 10^4 \cdot (c_{67}'^2 + c_{67}^2) \qquad H_{78,78} = 2 \cdot r_{78} \cdot c_{78}^2 + 2 \cdot 10^4 \cdot (c_{78}'^2 + c_{78}^2)$$

$$H_{12,23} = H_{23,12} = 2 \cdot 10^4 \cdot c_{12} \cdot c'_{23} \qquad H_{23,34} = H_{34,23} = 2 \cdot 10^4 \cdot c_{23} \cdot c'_{34}$$
$$H_{34,45} = H_{45,34} = 2 \cdot 10^4 \cdot c_{34} \cdot c'_{45} \qquad H_{34,48} = H_{48,34} = 2 \cdot 10^4 \cdot c_{34} \cdot c'_{48}$$
$$H_{45,48} = H_{48,45} = 2 \cdot 10^4 \cdot c'_{45} \cdot c'_{48} \qquad H_{16,67} = H_{67,16} = 2 \cdot 10^4 \cdot c_{16} \cdot c'_{67}$$
$$H_{67,78} = H_{78,67} = 2 \cdot 10^4 \cdot c_{67} \cdot c'_{78} \qquad H_{48,78} = H_{78,48} = 2 \cdot 10^4 \cdot c_{48} \cdot c_{78}$$

$$(8.47)$$

A Tabela 8.5 apresenta os resultados obtidos pela aplicação do Método de Newton (8.8) à formulação (8.44), Caso 1.

Tabela 8.5 - Resultados para a Rede A – Caso 1

Ligação	Corrente (A)	Perda total (pu/kW)	Desvio total da PLK (pu)	Desvio total da restr. de capacidade (pu)	Função objetivo (pu)
1 - 2	94,826				
1 - 6	96,278				
2 - 3	52,989				
3 - 4	-9,765	2,0887e-4	5,1896e-9	0	2,0888e-4
4 - 5	-112,208	20,887			
4 - 8	65,836				
6 - 7	54,442				
7 - 8	-24,000				

Observa-se que neste caso o desvio total da restrição de capacidade é nulo, indicando que nenhuma ligação resultou em sobrecarga (o que também pode ser verificado comparando-se as correntes calculadas com as correspondentes capacidades).

Com o intuito de ilustrar o efeito da restrição de capacidade, foi executado o Caso 2 no qual a corrente admissível da ligação 4-5 foi fixada em 90 A, menor que a corrente de 112,208 A obtida no caso inicial. Ao mesmo tempo, o fator de ponderação dos desvios da restrição de capacidade dos trechos e chaves (constante C na Eq. (8.32)) foi fixado no valor 10. A Tabela 8.6 apresenta os resultados obtidos neste caso.

Tabela 8.6 - Resultados para a Rede A – Caso 2

Ligação	Corrente (A)	Perda total (pu/kW)	Desvio total da PLK (pu)	Desvio total da restr. de capacidade (pu)	Função objetivo (pu)
1 - 2	108.633				
1 - 6	104.676				
2 - 3	66.797				
3 - 4	4.042	2,2091e-4	8,7087e-9	2,3803e-10	2,2092e-4
4 - 5	-90.000	22,091			
4 - 8	57.437				
6 - 7	62.840				
7 - 8	-15.602				

Da Tabela 8.6 observa-se que a nova restrição de capacidade da ligação 4-5 provocou uma redistribuição de todas as correntes na rede, com o conseqüente aumento na perda total, que passou de 20,887 kW para 22,091 kW.

8.3.8 Discussão

Conforme discutido anteriormente, o Método de Newton apresenta a interessante propriedade teórica de fornecer a solução em apenas uma iteração quando aplicado a funções quadráticas. Esta propriedade nem sempre se verifica na prática, uma vez que os cálculos numéricos são efetuados com aritmética de precisão finita, o que leva ao surgimento e à propagação de erros de truncamento. O acréscimo no número de iterações causado pelos erros de truncamento depende da tolerância adotada para interrupção do processo iterativo, mas raramente é superior a 1. No Caso 1 verificou-se que o programa computacional converge em uma iteração para tolerância igual ou superior a 10^{-11} pu para as correntes (o que já é uma tolerância muito pequena), e em duas iterações para valores menores.

O Caso 2 converge em 2 iterações para tolerância igual a superior a 10^{-13} pu e em 3 iterações para valores menores. A iteração extra em relação ao Caso 1 ocorre devido à sobrecarga na ligação 4-5, a qual só é detectada após a primeira iteração. A existência de pelo menos uma nova sobrecarga conduz à montagem e fatoração de uma nova matriz Hessiana e, conseqüentemente, à execução de mais iterações.

Finalmente, destaca-se que a solução dos Casos 1 e 2 com o sistema computacional Otimiza será apresentada no próximo item.

8.4 PROBLEMA 2: DISTRIBUIÇÃO DE CORRENTES E CONFIGURAÇÃO DA REDE PARA MINIMIZAÇÃO DE PERDAS

8.4.1 Considerações Gerais

Neste item será apresentada uma segunda aplicação do Método de Newton para o problema de minimização de perdas. Neste caso a rede será configurada pelo próprio procedimento de otimização, através de abertura e fechamento das chaves existentes. A rede a ser alcançada é obrigatoriamente radial (cada nó de carga recebendo energia de um único nó).

Para um determinado estado das chaves da rede, a distribuição de correntes que minimiza a perda total é determinada de maneira idêntica à apresentada em 8.3. A configuração radial que minimiza a perda total é obtida através de um procedimento de busca em profundidade, pelo qual todas as chaves são inicializadas no estado fechado (rede operando em malha) e posteriormente vão sendo abertas, uma a uma, até que se obtenha uma rede radial conexa.

Cabe destacar que o procedimento de busca em profundidade não garante que a solução ótima seja alcançada, uma vez que a decisão sobre qual chave deve ser aberta em cada passo é feita com base apenas em informações disponíveis naquele passo, possibilitando que decisões erradas sejam tomadas ao longo do processo. Entretanto, as soluções sub-ótimas fornecidas por este procedimento são geralmente de alta qualidade, muito próximas da solução ótima. Esta característica, aliada à grande velocidade da busca em profundidade, tornam o procedimento muito atraente para aplicações de grande porte (redes com centenas ou milhares de ligações).

Inicialmente apresenta-se uma discussão detalhada da restrição de radialidade, evidenciando a grande dificuldade de seu modelamento através de expressões analíticas. O procedimento para determinar a configuração radial que minimiza a perda total é apresentado a seguir, sendo complementado por alguns exemplos de aplicação e pela discussão dos resultados obtidos.

8.4.2 A restrição de Radialidade

Uma rede radial com n_C nós de carga deve possuir exatamente n_C ligações condutoras (ligações sem chave somadas às ligações com chave fechada), independentemente do número de nós de suprimento, para garantir que cada nó de carga receba energia elétrica proveniente de um único nó. Esta propriedade permite obter facilmente o número necessário de chaves fechadas (n_{CF}):

$$n_{CF} = n_C - n_{jk} \tag{8.48}$$

em que n_{jk} indica o número de ligações que não possuem chave. A Eq. (8.48) é freqüentemente utilizada para garantir a radialidade da rede resultante em problemas de otimização em sistemas de distribuição de energia elétrica. Infelizmente, esta expressão é uma condição necessária mas não suficiente para garantir a radialidade da solução. Isto será ilustrado através da rede exemplo mostrada na Figura 8.10.

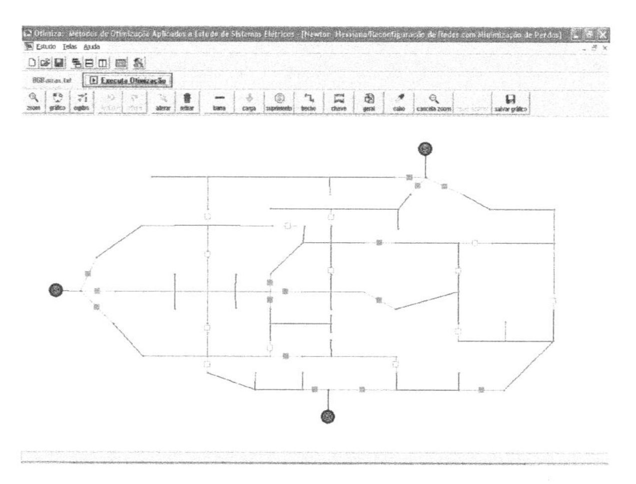

Figura 8.10 - Rede exemplo para discussão da restrição de radialidade

Na rede da Figura 8.10 o número de nós é 83, o número de ligações sem chave é 68 e o número total de chaves é 28. Da Eq. (8.48) resulta que o número de chaves que devem permanecer fechadas é 83 - 68 = 15. Conseqüentemente, o número de chaves que devem permanecer abertas é 28 - 15 = 13.

Um algoritmo de busca exaustiva foi implementado com o objetivo de avaliar a robustez da Eq. (8.48) e também para determinar a solução ótima e as primeiras 1.000 soluções sub-ótimas do problema de minimização de perdas. Os principais resultados obtidos por busca exaustiva são apresentados na Tabela 8.7.

Tabela 8.7 - Principais resultados obtidos por busca exaustiva

Parâmetro	Valor
Número total de soluções	2^{28} = 268.435.456
Número de soluções viáveis	853.158
Perda total da solução ótima (kW)	1.251,55
Perda total da pior solução (kW)	70.211,84
Perda total média - todas as soluções viáveis (kW)	10.592,21
Perda total média - 1000 melhores soluções viáveis (kW)	1.541,14
Número de soluções com 13 chaves abertas e 15 chaves fechadas	$C_{13}^{28}=C_{15}^{28}=\frac{28!}{13!\,15!}=37.442.160$
Tempo de processamento (processador de 2.66 GHz)	7 horas aprox.

Na Tabela 8.7, "solução viável" corresponde a um estado da rede elétrica sem nós desconexos nem malhas (rede radial conexa). Todas as soluções viáveis (853.158) possuem 13 chaves abertas e 15 chaves fechadas de acordo com a condição necessária (8.48), mas elas correspondem a apenas 2,3% de todas as soluções com 13 chaves abertas e 15 chaves fechadas (37.442.160). Isto significa que as soluções restantes (36.589.002, ou 97,7%) correspondem a redes com nós desconexos e malhas. Conclui-se que representar a restrição de radialidade através da Eq. (8.48) é inadequado e assim outras alternativas devem ser formuladas.

8.4.3 Busca em Profundidade em Conjunto com o Método de Newton

Para incorporar a restrição de radialidade no Método de Newton seria conveniente determinar uma função quadrática que, em função do estado das chaves, fornecesse a condição radial ou não de uma rede elétrica. Infelizmente a obtenção de tal função é extremamente difícil, senão impossível.

Por esta razão a restrição de radialidade será tratada de outra forma, através da interferência direta na abertura de chaves por um processo de busca em profundidade.

Inicialmente todas as chaves da rede são consideradas fechadas. As chaves são abertas uma a uma até que seja alcançado o número necessário de chaves para produzir uma rede radial, de acordo com a Eq. (8.48). Em cada passo (ou seja, em cada abertura de chave) determina-se a distribuição de correntes que minimiza a perda total, conforme descrito em 8.3. Para cada chave candidata a ser aberta (chave que ainda se encontra fechada) estima-se o aumento na perda total que sua abertura irá causar. As chaves candidatas são então ordenadas em ordem crescente deste aumento. A lista de chaves candidatas é percorrida até que seja encontrada uma chave cuja abertura não cause uma rede desconexa, o que é determinado através de análise topológica e considerando-se cada chave candidata temporariamente aberta. Se existir uma chave candidata cuja abertura não causa uma rede desconexa, sua abertura é efetivada e um novo passo é iniciado.

Este procedimento, de natureza *destrutiva* porque as chaves vão sendo abertas uma a uma, é apresentado esquematicamente na Figura 8.11 e discutido logo a seguir.

O número de chaves fechadas (n_{CF} no passo (2) do procedimento da Figura 8.11) é um valor necessário para se obter uma rede radial conexa, mas não suficiente (conforme discussão no sub-item precedente). Entretanto, como a abertura de chaves é efetuada uma a uma, resulta muito simples verificar, em cada passo, se a abertura da chave escolhida conduz a uma rede com nós desconexos ou não. Ao fim do procedimento resulta uma rede com o número necessário de chaves fechadas e nenhum nó desconexo. Logo, a rede final é garantidamente radial e conexa.

O passo (4) no procedimento da Figura 8.11 tem por finalidade determinar a próxima chave a ser aberta. O critério para escolha da chave é bem simples: escolhe-se a chave que produz o menor aumento na função objetivo (Eq. (8.31)). Este critério está baseado na constatação de que a perda total em uma rede na qual foi aberta uma chave é sempre maior ou igual à perda total na rede antes de abrir a chave (a abertura da chave significa uma restrição a mais para a distribuição de correntes e, em um problema de minimização, a função objetivo não pode ter seu valor reduzido quando é colocada uma restrição adicional).

1. Inicialização: todas as chaves são fechadas.
2. Teste de parada: se exatamente n_{CF} chaves ainda se encontram fechadas (Eq. (8.48)), encerra-se o procedimento. O estado atual da rede fornece a solução desejada.
3. Determina-se a distribuição de correntes que minimiza a perda total (Método de Newton aplicado à formulação 8.31).
4. Escolhe-se uma chave a ser aberta (o critério de escolha é detalhado a seguir).
5. Verificação de nós desconexos: se a abertura da chave escolhida conduz a uma rede com nós desconexos, retorna-se ao passo (4) para escolha de outra chave; caso contrário, o procedimento continua no passo (6).
6. Altera-se o estado da chave escolhida no passo (4) de "fechada" para "aberta".
7. Retorna-se ao passo (2).

Figura 8.11 - Procedimento para abertura de chaves através de Busca em Profundidade

Para estimar o aumento na função objetivo que a abertura da chave jk genérica irá causar são considerados dois procedimentos, um aproximado (Método A) e um exato (Método B). Ambos procedimentos são descritos a seguir.

a) Método A

Este procedimento permite determinar, aproximadamente e com baixo custo computacional, o impacto da abertura de uma chave na função objetivo. Neste caso parte-se da solução na configuração atual e aproxima-se a variação da função objetivo pela sua expansão em série de Taylor, considerando apenas os termos de primeira e segunda ordem:

$$E(\tilde{i}+\Delta\tilde{i}) = E(\tilde{i}) + \left(\Delta\tilde{i}^{\,t} \cdot \nabla E\right) + \left(\frac{1}{2} \cdot \Delta\tilde{i}^{\,t} \cdot \nabla^2 E \cdot \Delta\tilde{i}\right) \tag{8.49}$$

Onde:

$\tilde{i}$: vetor de correntes (pu) (todas as ligações sem chave e todas as ligações com chave fechada)

$\Delta\tilde{i}$: vetor de variação de correntes (pu), resultante da abertura da chave jk (pu)

$E(\tilde{i})$: valor atual da função objetivo (pu)

$E(\tilde{i}+\Delta\tilde{i})$: valor da função objetivo após a abertura da chave jk (pu)

∇E : gradiente da função objetivo na solução atual

$\nabla^2 E$: matriz Hessiana da função objetivo

Para calcular o vetor de variação de correntes resultante da abertura da chave jk considera-se que somente a corrente na ligação jk teve seu valor alterado. Naturalmente este cálculo é aproximado, pois a corrente nas demais ligações também se altera por força da PLK (redistribuição das correntes na rede), mas estas outras variações serão desprezadas por enquanto. Assim, o vetor $\Delta\widetilde{i}$ é um vetor com todos os elementos nulos exceto aquele correspondente à ligação jk, o qual vale:

$$\Delta i_{jk} = 0 - i_{jk} = -i_{jk} \tag{8.50}$$

em que i_{jk} representa o valor inicial da corrente na ligação jk (com a chave ainda fechada) e 0 é o valor final da corrente nessa ligação (após a abertura da chave).

Nestas condições, a variação na função objetivo, causada pela abertura da chave jk, é dada por (substitui-se a Eq. (8.50) na Eq. (8.49)):

$$E(\widetilde{i} + \Delta\widetilde{i}) - E(\widetilde{i}) = -i_{jk} \cdot g_{jk} + \frac{1}{2} \cdot i_{jk}^2 \cdot H_{jk,jk} \tag{8.51}$$

Onde:

g_{jk} : elemento jk do vetor gradiente na solução atual

$H_{jk,jk}$: elemento da diagonal jk da matriz Hessiana

A Eq. (8.51) mostra que os produtos vetor-vetor e matriz-vetor da Eq. (8.49) foram reduzidos a simples operações escalares, proporcionando uma redução significativa no custo computacional das operações aritméticas. Além disso, o vetor gradiente atual e a matriz Hessiana se encontram disponíveis praticamente sem nenhum custo adicional: o vetor gradiente foi avaliado na solução da rede no passo atual, e a matriz Hessiana foi calculada anteriormente e é constante se não foram detectadas sobrecargas em ligações.

O cálculo representado pela Eq. (8.51) é estendido a todas as chaves que ainda se encontram fechadas no passo atual (chaves candidatas a serem abertas). Em seguida as chaves candidatas são ordenadas em ordem crescente da variação calculada. Conforme explicado anteriormente, procura-se abrir a primeira chave na lista de chaves ordenadas, desde que ela não cause uma rede desconexa; caso isso ocorra, abandona-se essa chave e seleciona-se a próxima na lista, até que seja encontrada uma chave cuja abertura não cause uma rede desconexa.

b) Método B

Este método fornece o valor exato do aumento na perda total causado pela abertura de uma determinada chave, mas por outro lado apresenta custo computacional superior ao do Método A.

As primeiras n chaves (n fixado a priori pelo usuário), já ordenadas pelo critério aproximado (8.51), são abertas uma de cada vez. Para cada chave temporariamente aberta determina-se a distribuição de correntes que minimiza a perda total, de acordo com o Problema 1 anteriormente abordado (configuração fixa da rede). A diferença entre a perda total nesta configuração temporária e a perda na configuração atual (com todas as chaves candidatas fechadas) fornece o valor exato do aumento na perda causado pela abertura da chave. A chave candidata com o menor aumento é selecionada para abertura permanente, desde que sua abertura não implique rede desconexa.

O parâmetro n pode variar entre 1 (situação na qual o Método B equivale ao Método A) e o número de chaves candidatas em cada passo. Este parâmetro fornece um controle conveniente entre qualidade da solução e tempo de processamento (quanto mais alto o valor de n torna-se mais provável que uma solução melhor seja encontrada, às custas de um tempo de processamento maior).

8.4.4 Exemplo

O método apresentado no subitem precedente será aplicado à mesma rede exemplo do Problema 1, especificada na Figura 8.9 e Tabelas 8.1 a 8.3. Devido ao pequeno tamanho desta rede todas as soluções possíveis foram determinadas por busca exaustiva (sendo 4 chaves, o total de estados possíveis é $2^4 = 16$). A Tabela 8.8 apresenta todas as soluções, onde pode ser observado que apenas 5 soluções correspondem a redes radiais conexas.

Observa-se na Tabela 8.8 que as 5 soluções viáveis obedecem à condição necessária de radialidade (8.48):

$n_{CF} = n_C - n_{jk} = 6 - 4 = 2$ chaves fechadas, enquanto que a solução de número 7 também possui 2 chaves fechadas mas é inviável devido à existência de nós desconexos e fechamento de malha.

A Tabela 8.9 apresenta as 5 soluções viáveis ordenadas em ordem crescente da perda total.

Tabela 8.8 - Espaço de soluções da Rede A (0 indica chave aberta, 1 indica chave fechada)

Solução	Estado das chaves				Perda total (kW)	Obs.
	1-6	2-3	4-5	4-8		
1	0	0	0	0	-	1
2	0	0	0	1	-	1
3	0	0	1	0	-	1
4	0	0	1	1	90,127	
5	0	1	0	0	-	1
6	0	1	0	1	231,740	
7	0	1	1	0	-	1, 2
8	0	1	1	1	-	2
9	1	0	0	0	-	1
10	1	0	0	1	192,690	
11	1	0	1	0	56,085	
12	1	0	1	1	-	2
13	1	1	0	0	56,740	
14	1	1	0	1	-	2
15	1	1	1	0	-	2
16	1	1	1	1	-	2
(1) Solução inviável - nós desconexos						
(2) Solução inviável - fechamento de malha						

Tabela 8.9 - Soluções viáveis da Rede A em ordem crescente da perda total

Índice	Solução	Estado das chaves				Perda total (kW)	Obs.
		1-6	2-3	4-5	4-8		
1	11	1	0	1	0	56,085	Solução ótima
2	13	1	1	0	0	56,740	
3	4	0	0	1	1	90,127	
4	10	1	0	0	1	192,690	
5	6	0	1	0	1	231,740	

A Tabela 8.10 apresenta os principais dados utilizados na aplicação do procedimento de busca em profundidade à Rede A, enquanto que a Tabela 8.11 apresenta os resultados alcançados no primeiro caso de estudo (Caso 3).

Tabela 8.10 - Dados da aplicação da busca em profundidade à Rede A

Dado	Valor
Tolerância do método de Newton (pu)	10^{-16}
Constante P	1
Constante K	10^4
Constante C	10
Método de estimação do aumento da perda total	Método A

Tabela 8.11 - Resultados da aplicação da busca em profundidade - Caso 3

Passo	Chave aberta	Perda total (kW)	Desvio total da PLK (pu)	Função objetivo (pu)
1	-	20,887	5,1896e-9	0,00020888
2	2 - 3	31,473	1,3118e-8	0,00031474
3	4 - 8	56,085	5,1340e-8	0,00056090

A primeira linha da Tabela 8.11 contém a solução da rede com todas as chaves fechadas (rede em malha), que é a mesma solução determinada no Problema 1, Caso 1. A última linha contém a solução obtida após a abertura das chaves 2-3 e 4-8, que é a solução ótima do problema (conforme Tabela 8.9).

Da mesma forma que no Problema 1, com o objetivo de ilustrar o efeito da restrição de capacidade, foi realizado outro estudo (Caso 4) no qual a corrente admissível da ligação 4-5 foi fixada em 90 A, menor que a corrente de 112,208 A obtida com a rede em malha. A Tabela 8.12 apresenta os resultados obtidos.

Tabela 8.12 - Resultados da aplicação da busca em profundidade – Caso 4

Passo	Chave aberta	Perda total (kW)	Desvio total da PLK (pu)	Função objetivo (pu)
1	-	22,091	8,7087e-9	0,00022092
2	4 - 8	47,081	4,5021e-8	0,00047085
3	4 - 5	56,740	5,2541e-8	0,00056745

Como a capacidade da ligação 4-5 (que possui uma chave) foi substancialmente reduzida, a solução encontrada foi abrir sua chave para evitar sobrecargas. Esta chave foi aberta em lugar da chave 2-3 no Caso 3, conduzindo assim à segunda melhor solução do problema (conforme Tabela 8.9).

8.4.5 Utilização do Software OTIMIZA

Com o objetivo de ilustrar o uso do Método de Newton dentro do software Otimiza, neste item será apresentada a resolução dos Casos 1 e 3, estudados anteriormente, através do software.

A Figura 8.12 apresenta a tela inicial da aplicação "Newton_Hessiana", correspondente ao Método de Newton abordado no presente Capítulo. Neste exemplo será utilizado o arquivo de dados "Caso_3.txt", distribuído junto com o software, o qual contém os dados para a resolução dos Casos 1 e 3 (o arquivo de dados "Caso_4.txt", que contém os dados para a resolução dos Casos 2 e 4, também é distribuído junto com o software, mas não será discutido aqui).

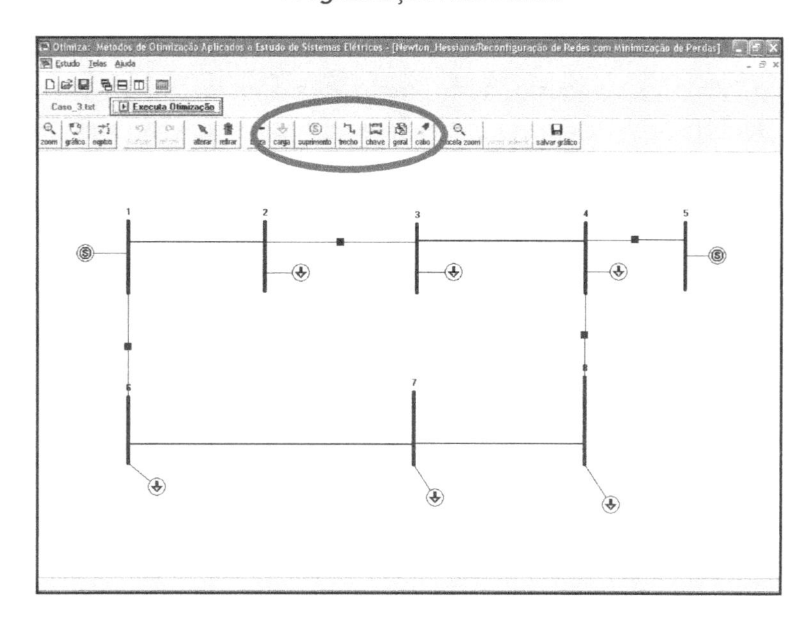

Figura 8.12 - Tela inicial da aplicação "Newton_Hessiana" - arquivo "Caso_3.txt"

Na Figura 8.12 foram destacados os botões para definição de dados gerais e dados de cabos, cargas, trechos e chaves, os quais serão abordados a seguir.

O botão **geral** permite editar os dados gerais do problema, armazenados na tabela denominada "GERAL". Esta tabela contém um único registro com os campos descritos na Tabela 8.13.

Tabela 8.13 - Campos da tabela GERAL

Nome do campo	Descrição do campo
SBASE	Potência de base para cálculos em pu (MVA).
VBASE	Tensão nominal da rede elétrica de distribuição, utilizada como valor de base para cálculos em pu (kV).
PRECISÃO	Tolerância de corrente em cada trecho/chave para convergência do processo iterativo (pu).
ITERAÇÕES	Número máximo de iterações do processo iterativo.
FATOR_POTENCIA	Fator de potência das cargas (pu).
FATOR_C	Fator de ponderação para os desvios correspondentes a sobrecarga em trechos/chaves (Eqs. (8.27) e (8.28)).
FATOR_K	Fator de ponderação para os desvios correspondentes à PLK (Eq. (8.27)).
FATOR_L	*Fator de ponderação para os termos de perdas (constante P na Eq. (8.27)).*
NUM_LFLOWS	*Número de cálculos de fluxo de potência a serem executados na determinação da chave que causa o menor aumento na perda total (parâmetro n discutido no item 8.4.3). Os valores 0 (zero) e 1 para este parâmetro especificam a utilização do Método A, enquanto que valores iguais ou maiores que 2 especificam a utilização do Método B.*
FLAG_AUTOVALORES	Chave para executar o cálculo dos autovalores da matriz Hessiana (valor zero significa não calcular os autovalores e valor 1 significa calculá-los).

O botão **cabo** permite editar os dados de cabos, armazenados na tabela denominada "CABO". Esta tabela possui normalmente mais de um registro, um para cada cabo definido na rede elétrica. A Tabela 8.14 apresenta a descrição dos campos da tabela CABO.

Tabela 8.14 - Campos da tabela CABO

Nome do campo	Descrição do campo
CÓDIGO	Código do cabo (seqüência de caracteres alfanuméricos).
IADM	Corrente admissível do cabo (A).
R	Resistência do cabo (Ω/km).

O botão **carga** permite introduzir uma nova carga, em barra previamente definida na rede elétrica. Uma vez escolhida a barra que receberá a nova carga, uma caixa de diálogo solicita o valor da potência ativa da nova carga, em kW.

O botão **trecho** permite introduzir um novo trecho de rede, entre duas barras previamente definidas. Uma vez escolhidas as barras terminais do novo trecho, uma caixa de diálogo solicita os seguintes valores:

- código do cabo utilizado no trecho. Este campo não pode ser digitado pelo usuário; através de uma lista de escolha o sistema permite que seja escolhido qualquer um dos cabos previamente definidos na tabela CABO;
- comprimento do novo trecho (km).

Finalmente, o botão **chave** permite introduzir uma nova chave na rede, entre duas barras previamente definidas. Uma vez escolhidas as barras terminais da nova chave, uma caixa de diálogo solicita os seguintes valores:

- estado inicial da chave. Este campo não pode ser digitado pelo usuário; através de uma lista de escolha o sistema permite que seja escolhido o valor "Aberta" ou "Fechada". O estado inicial da rede serve apenas para permitir o cálculo da perda total da rede em uma configuração inicial qualquer. Em particular, o estado inicial das chaves não afeta a solução obtida pelo processo de otimização, pois o mesmo parte sempre da configuração com todas as chaves fechadas;
- código do cabo utilizado no trecho de rede associado à chave. Este campo não pode ser digitado pelo usuário; através de uma lista de escolha o sistema permite que seja escolhido qualquer um dos cabos previamente definidos na tabela CABO;
- comprimento do trecho de rede associado à nova chave (km).

O procedimento de otimização é iniciado através do botão **Executa Otimização**. Uma vez completado este procedimento, é apresentada a tela de resultados, na qual as chaves que resultaram abertas são representadas por um pequeno quadrado vazado e as chaves que permaneceram fechadas são representadas por um pequeno quadrado cheio, conforme ilustrado na Figura 8.13.

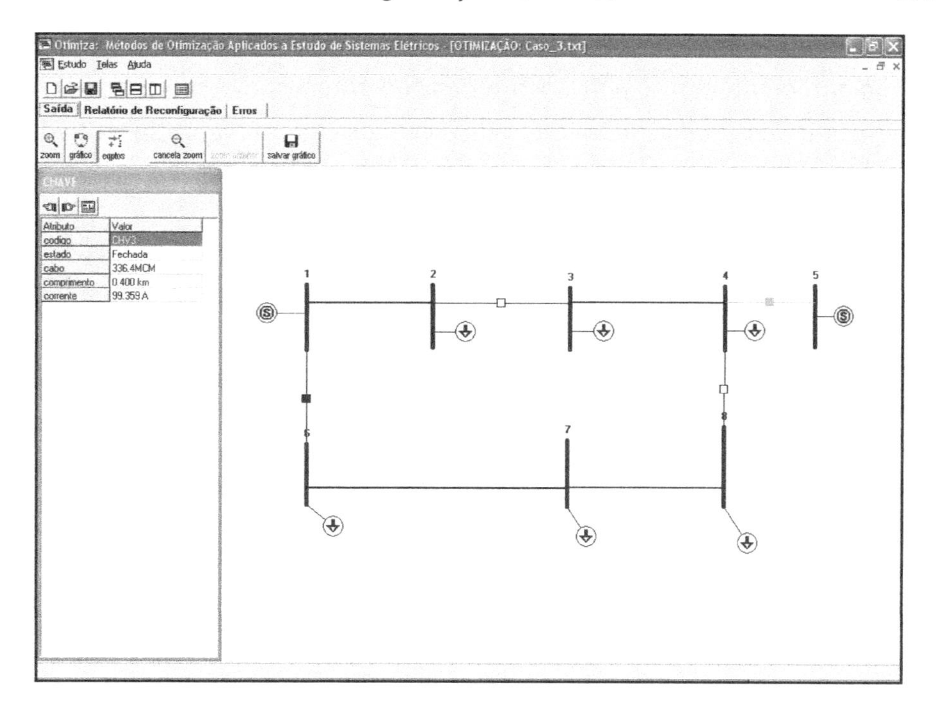

Figura 8.13 - Tela de resultados da aplicação "Newton_Hessiana" - Caso 3

Utilizando-se na tela de resultados o botão **eqptos** pode-se examinar em seguida as grandezas de interesse em cada tipo de equipamento, bastando para tanto deslizar o ponteiro do "mouse" em cima do elemento desejado. Por exemplo, para a chave 4-5 a corrente resultante no Caso 3 é 99,359 A, conforme mostra a Figura 8.13.

Ainda na tela de resultados, o botão **Relatório de Reconfiguração** comanda a exibição do relatório detalhado do procedimento de otimização, o qual inclui as seguintes informações:

- perda total, desvio total da PLK, desvio total da restrição de capacidade e valor total da função objetivo para o estado inicial da rede definido pelo usuário através do estado inicial de cada chave na rede;
- chaves que, durante o procedimento de otimização, tiveram seu estado alterado de "fechado" para "aberto" e de "aberto" para "fechado";
- trajetória da solução (passos), incluindo o primeiro passo (todas as chaves fechadas). Para cada passo, são fornecidas as seguintes informações:

  número de iterações executadas pelo Método de Newton;

  chave que foi aberta no passo;

  posição que a chave que foi aberta ocupava na lista ordenada de chaves candidatas, antes de sua abertura;

  menor autovalor da matriz Hessiana após a abertura da chave;

perda total, desvio total da PLK, desvio total da restrição de capacidade e valor total da função objetivo após a abertura da chave;

- corrente em cada ligação, em cada passo ao longo do procedimento de otimização. As ligações que eventualmente tenham resultado em sobrecarga são destacadas no relatório com um asterisco (*).

A Figura 8.14 apresenta parcialmente o relatório detalhado do presente caso (Caso 3). O Caso 1, no qual a otimização foi executada com todas as chaves fechadas (configuração fixa) corresponde ao estado inicial da rede no Caso 3 (isto é, o Caso 1 representa a condição inicial da rede no Caso 3).

```
Arquivo original:                                                         Caso_3.txt
Numero maximo de iteracoes (Newton):                                              50
Tolerancia em corrente (pu):                                                   1e-16
Num. de fluxos de potencia (abertura de chaves):                                   0
Flag para calculo dos autovalores:                                                 1
Flag para gerador de numeros aleatorios:                                           0
Fator L:                                                                    1.00e+00
Fator K:                                                                    1.00e+04
Expoente K:                                                                        2
Fator C:                                                                    0.00e+00

Numero de barras de carga:                                                         6
Numero de barras de geracao:                                                       2
Numero total de barras:                                                            8

Numero de ligacoes sem chave:                                                      4
Numero de ligacoes com chave:                                                      4
Numero total de ligacoes:                                                          8
Numero final de chaves NF:                                                         2
Numero final de chaves NA:                                                         2

Estado inicial das chaves
   Numero de chaves fechadas:                                                      4
   Numero de chaves abertas:                                                       0
   Numero de iteracoes (Newton):                                                   2
   Perda total (pu):                                                    2.088715e-04
   PLK total (pu):                                                      5.189649e-09
   Capacidade (pu):                                                     0.000000e+00
   Objetivo (pu):                                                       2.088767e-04
   Numero de ligacoes em sobrecarga (*):                                           0

==============================================================================================

 Estado inicial das chaves

1 1 1 1

Estado final das chaves

1 0 1 0

Chaves alteradas de FECHADA para ABERTA

     2-  3     4-  8

Trajetoria da solucao

Pass  N.it  H   Ch.aberta    D   R   Menor autov.   Perda total   PLK total     Capacidade     Objetivo
                                                       (pu)          (pu)          (pu)          (pu)

  1    0    0                        2.805825E-03  2.088715e-04  5.189649e-09  0.000000e+00  2.088767e-04
  2    2    0     2-   3     0   1   4.007927E-03  3.147288e-04  1.311832e-08  0.000000e+00  3.147420e-04
  3    1    0     4-   8     0   1   4.272506E+01  5.608516e-04  5.133967e-08  0.000000e+00  5.609029e-04

Corrente nas ligacoes (A)

 Passo 3 (ultimo) - Numero de ligacoes em sobrecarga (*): 0
    1-  2      41.837    3-  4     -62.752     6-  7    120.269    7-  8     41.830    1-  6    162.105
    2-  3   ---------    4-  5     -99.359     4-  8  ---------
```

Figura 8.14 - Relatório detalhado (parcial)

Finalmente, destaca-se que a aplicação "Newton_Hessiana" gera também um relatório com todos os dados do caso executado, o qual é bastante útil quando se quer verificar a exatidão dos dados fornecidos ao programa. O arquivo texto que contém relatório de dados possui o nome fixo "NH_Dados.txt" e é gerado no diretório Tmp do software Otimiza.

8.4.6 Discussão

O estado aberto ou fechado que define a operação das chaves no Problema 2 dificulta enormemente a solução do problema de minimização de perdas. O problema passa a ter natureza combinatória de solução difícil em casos não triviais (redes elétricas de médio e grande porte). O método de busca exaustiva torna-se inaplicável para redes com mais de 10 ou 15 chaves, consideradas pequenas.

O procedimento de busca em profundidade, escolhendo a cada passo a chave cuja abertura naquele instante causa o menor aumento na perda total, não garante que a solução ótima vá ser encontrada, mesmo quando os problemas intermediários resolvidos pelo Método de Newton são convexos. Esta situação (determinação de uma solução subótima em vez da ótima) não ocorreu nos exemplos analisados nesta seção devido ao tamanho reduzido da rede exemplo.

Apesar desta característica, a busca em profundidade se afigura como uma alternativa atraente no estudo de redes de grande porte (com mais de 100 chaves), devido à sua grande eficiência computacional (ou seja, baixos tempos de processamento).

REFERÊNCIAS BIBLIOGRÁFICAS

[1] F. S. Hillier, G. J. Lieberman. *Introduction to operations research*, 6th Edition, McGraw-Hill, 1995.

[2] R. Fletcher. *Practical methods of optimization*, John Wiley & Sons, New York, 1980.

[3] G. L. Nemhauser; L. A. Wolsey. *Integer and combinatorial optimization*, John Wiley & Sons, New York, 1988.

[4] C. A. Floudas. *Nonlinear and mixed-integer optimization*, Oxford University Press, New York, 1995.

[5] A. Cichocki; R. Unbehauen. *Neural networks for optimization and signal processing*, John Wiley and Sons, 1993.

[6] C. C. B de Oliveira; H. Prieto Schmidt; N. Kagan, E. J. Robba. *Introdução a sistemas elétricos de potência* – componentes simétricas, 2. ed. São Paulo: Edgard Blücher, 2000.

[7] N. Kagan; C. C. B de Oliveira; E. J. Robba. *Introdução aos sistemas de distribuição de energia elétrica*. São Paulo: Edgard Blücher, 2005.

[8] G. H. Golub; C. F. Van Loan. *Matrix computations*, 2nd edition, Johns Hopkins University Press, Baltimore, 1989.

[9] H. Prieto Schmidt. *Reconfiguração de redes de distribuição através de programação não-linear inteira mista*, Tese de Livre-Docência, Escola Politécnica da Universidade de São Paulo, 2005. Disponível em http://www.teses.usp.br/.